“十四五”时期国家重点出版物
出版专项规划项目

基础材料强国制造技术路线丛书

基础材料强国制造技术路线

有色金属材料卷

中国科协先进材料学会联合体
中国有色金属学会
组织编写

化学工业出版社
·北京·

内容简介

《基础材料强国制造技术路线 有色金属材料卷》分为精品制造、绿色制造和智能制造三个部分。“精品制造”部分主要介绍了铝合金、钛合金、镁合金、铜合金、高纯有色及稀有金属合金的需求分析和发展战略。“绿色制造”部分主要介绍了轻金属（铝、镁、锂），重金属（铜、铅、锌、钴镍与铂族），稀贵金属（钨、钼、铼、钛）和稀土冶炼的技术流程、资源综合利用、能耗及排放特征以及节能、环保的关键技术。“智能制造”部分主要介绍了有色金属行业智能制造发展现状与智能化需求，智能装备、智能系统、工业专用软件、新一代信息技术的应用以及智慧矿山、有色金属冶炼及加工智能制造的关键技术。

本书可供有色金属技术决策、技术管理人员及相关领域科技人员参考。

图书在版编目（CIP）数据

基础材料强国制造技术路线. 有色金属材料卷 / 中国科协先进材料学会联合体，中国有色金属学会组织编写. —北京：化学工业出版社，2024.5

“十四五”时期国家重点出版物出版专项规划项目

ISBN 978-7-122-45188-0

I. ①基… II. ①中… ②中… III. ①有色金属-金属材料-研究 IV. ①TB3②TG146

中国国家版本馆 CIP 数据核字（2024）第 049366 号

责任编辑：李玉晖　胡全胜　杨　菁　　文字编辑：陈立璞
责任校对：李露洁　　装帧设计：韩　飞

出版发行：化学工业出版社
（北京市东城区青年湖南街 13 号　邮政编码 100011）
印　　装：盛大（天津）印刷有限公司
787mm×1092mm　1/16　印张 13¼　彩插 1　字数 231 千字
2024 年 7 月北京第 1 版第 1 次印刷

购书咨询：010-64518888　　售后服务：010-64518899
网　　址：http://www.cip.com.cn
凡购买本书，如有缺损质量问题，本社销售中心负责调换。

定　　价：128.00 元

基础材料强国制造技术路线丛书

总编委会

基础材料强国制造技术路线　有色金属材料卷

编委会

序

“基础材料强国制造技术路线丛书”立足先进钢铁材料、先进有色金属材料、先进石化化工材料、先进建筑材料、先进轻工材料及先进纺织材料等基础材料领域，以市场需求为牵引，描述各行业领域先进基础材料所面临的问题和形势，摸清我国相应材料领域先进基础材料供需状况，深入分析未来先进基础材料发展趋势，统筹提出先进基础材料领域强国战略思路、发展目标及重点任务，制定先进基础材料2020～2035发展技术路线图，并提出合理可行的政策与保障措施建议，为我国材料强国2035战略实施提供基础支撑。

2017年12月，中国工程院化工、冶金与材料工程学部重大咨询项目“新材料强国2035战略研究”立项，“先进基础材料强国战略研究”是该项目研究中的一个课题。该课题依托中国科协先进材料学会联合体，充分发挥联合体下中国金属学会、中国有色金属学会、中国化工学会、中国硅酸盐学会、中国纺织工程学会和中国造纸学会六大行业学会的专家资源优势，聚焦各自行业的先进基础材料，历时近两年调研和多轮研讨，对课题进行研究。专家们认为：基础材料的强国战略应是精品制造、绿色制造、智能制造一体三面的战略方向。囿于课题经费，课题组只开展了精品制造的研究。继而在众多院士的呼吁和支持下，2018年12月中国工程院化工、冶金与材料工程学部重大咨询项目“2035我国基础材料绿色制造和智能制造技术路线图研究”立项。在这两个重大咨询项目研究成果的基础上形成本套丛书。

基于项目研究的认识，我国先进基础材料强国在于基础材料产品的精品制造、材料制备的绿色制造和材料生产流程的智能制造，并在三个制造的强国征途中发展服务型制造。精品制造是强国战略的根本，智能制造是精品制造的保证，绿色制造是精品制造的途径。这是一体多面的关系，相互支撑。这里所指的精品制造并非简单意义上的“高端制造”或“高价值制造”，而是指基础材料行业所提供的最终产品性能是先进的、质量是稳定的、每批次性能是一致的，服役的是安全的绿色产品。可以说，非精品无以体现基础材料制造强国的高度，非绿色无以实现基础材料制造强国的发展，非智能无以指明基础材料制造强国的方向。

值得欣慰的是，我们的认识符合了党中央对基础材料发展的要求。2020年10月29日，中国共产党第十九届中央委员会第五次全体会议通过的《中共中央关于制定国民经济和社会发展第十四个五年规划和二〇三五年远景目标的建议》第 11 条中提到：“推动传统产业高端化、智能化、绿色化，发展服务型制造。”本套丛书的出版为落实党中央的建议，提供了有力的支持。

本套丛书的编写，凝聚了六大行业一批顶级专家们的无数心血。“精品制造”由黄伯云院士、俞建勇院士和我共同负责，“绿色制造”由聂祚仁院士负责，“智能制造”由钱锋院士负责，三个“制造”的汇总由我负责。在六个学会领导的共同支持下，经近百位专家、学者和学会专职工作人员不懈努力完成编写，由化学工业出版社编辑出版。在此我向所有参与编写、审定的院士、专家表示衷心的感谢。真诚地希望本套丛书能为政府部门决策提供参考，为学者进行研究提供思路，为企业发展表明方向。

“芳林新叶催陈叶，流水前波让后波。”我坚信，通过一代代人的不断努力，基础材料制造强国的愿望一定能实现，也一定会实现。

中国工程院院士

庚子年腊月

前言

我国是有色金属材料生产和消费大国，有色金属制造业是强国战略的重要基础产业之一。为了满足国防、国家重大工程的发展需求，高性能有色金属材料的精品制造被列为优先发展方向之一。近些年来，依靠自主创新、集成创新以及消化吸收创新等途径，我国有色金属精品制造国际竞争力和影响力不断增强，基本满足了国防、国家重大工程等重点领域对高精尖产品的需求。与此同时我国在汽车、飞机、航天、电子等领域的一些轻量化关键材料方面仍需要部分进口，关键材料被卡脖子的风险日渐突出，自主创新迫在眉睫。随着全球能源、环境以及气候变化等问题日益突出，以及“双碳”战略目标的提出，绿色制造和智能制造成为有色金属行业的发展目标，是实现行业高质量发展、培育经济增长新动能、重塑竞争新优势的重要途径。以高端需求为目标，以绿色技术创新为抓手，全面构建高端有色金属新材料的绿色制造体系，是解决我国有色金属制造业进口替代、绿色产业链建设问题的关键，也是推进有色金属制造业高质量发展、重塑竞争新优势的重要途径，对抢抓新一轮有色金属产业变革新机遇，在危机中孕育新机，构建高层次、高质量双循环格局具有决定性影响。为此，及时梳理与思考有色金属产业发展的成果、问题与对策，对推动有色金属高端绿色制造具有重大战略意义。

《基础材料强国制造技术路线　有色金属材料卷》由中国有色金属学会组织编写。全书围绕有色金属精品制造、绿色制造和智能制造三个方面，全面系统地论述了有色及稀有金属的发展现状、发展需求，明确了有色金属的发展策略和目标，进而提出了优先行动计划和行业发展政策建议。本书可为有色金属科技决策及广大企业、相关研究机构的深入研究提供有价值的参考和借鉴。

本书在编写过程中得到了政府、企业、高校、科研院所的鼎力支持，在此表示衷心感谢。

因编者能力和时间有限，本书中难免有不妥之处，谨望读者不吝赐教。

编 者

目录

第1篇 精品制造

第 2 篇 绿色制造

第1篇 精品制造

第 1 章
高性能有色及稀有金属材料概述

1.1 高性能有色及稀有金属材料构成

高性能有色及稀有金属材料主要包括高性能轻合金材料、新一代铜合金材料和高纯有色及稀有金属材料。其中高性能轻合金材料主要指铝合金、镁合金、钛合金等先进轻合金材料，是用于航空航天、现代交通运输工具、海洋工程等领域的关键基础材料。新一代铜合金材料主要指高强高导铜合金、耐磨耐蚀铜合金、高铁含量铜合金等，在我国国防安全、重大工程和经济建设中具有重要战略地位。高纯有色及稀有金属材料主要包括核能领域的核级锆铪金属与合金材料，集成电路制造、平板显示、光伏太阳能和存储记录等领域的高纯铝、钛、铜、钽材料及靶材等。

1.2 发展特点

我国高性能有色及稀有金属材料产业的发展具有如下三个方面的特点。

（1）技术不断创新，材料科技水平显著提升

“十三五”以来，我国有色及稀有金属高端材料产业实施自主创新战略，通过产学研用结合，紧紧依靠科技进步与技术创新来提高有色及稀有金属高端材料质量的均一性，有效提高了中高端材料产业有效供给能力和水平。中国铝业集团有限公司（简称中铝）西南铝业试制出 C919 大飞机用铝合金“旅客观察窗窗框”和“轮毂精密模锻件”，填补了我国在这一领域的空白。宝钛集团先后直接和间接为 C919 大飞机研制生产多种规格钛合金材料。由中铝东北轻合金有限责任公司、西南铝业集团、西北铝业有限责任公司提供的关键铝合金材料装备的大批先进武器亮相点兵沙场。

（2）技术转型加快，生产成本进一步降低

新常态下，我国逐步改变以往高投入、高消耗、高污染、高排放的传统模式，向低投入、低消耗、高产出、低污染的发展模式转型，短流程、低成本、低能耗制备高性能有色及稀有金属材料的新工艺、新方法不断涌现。

（3）积极响应“一带一路”倡议，“走出去”取得实质性成果

我国有色及稀有金属高端材料产业响应“一带一路”倡议，积极开展国际合作。2017 年，山东南山铝业股份有限公司旗下中厚板公司获得美国波音公司的工程认证，进入波音公司全球供应商名录，标志着南山铝业在中国航空用铝材料的研发和批量生产方面实现了零的突破。

1.3 发展现状

1.3.1 高性能轻合金材料发展现状

高性能轻合金材料主要指铝合金、镁合金、钛合金等先进轻合金材料，是用于航空航天、现代交通运输工具、海洋工程等领域的关键基础材料。由于轻合金在发展高技术、改造和升级传统产业以及增强综合国力和国防实力方面起着重要的作用，世界各先进国家都非常重视轻合金材料的研究及产业化工作。随着经济实力的增强和制造业的快速发展，我国已成为轻合金的主要生产和消费国。近年来，我国在高强高韧铝合金、镁合金和大规格钛合金等轻合金材料的研制和产业化方面取得突破性进展，为我国国防建设、国民经济和高技术产业发展做出了重大贡献。

在铝合金方面，全球原铝产量 2003～2018 年持续增长，仅在 2019 年出现负增长，2020 年增长明显，达到 6527 万吨（图 1-1-1）。铝加工产业规模稳步扩张，全球铝加工业由粗加工向精深加工延伸，铝材产量不断提升。随着品种增加、品质提升，铝材也将更广泛地应用于交通运输、包装、家电、电子及机械设备等领域，市场需求有望继续释放。预计 2021～2023 年，全球铝材市场需求年复合增速约为 5%。到 2023 年，全球铝材的市场消耗量有望突破 7400 万吨。

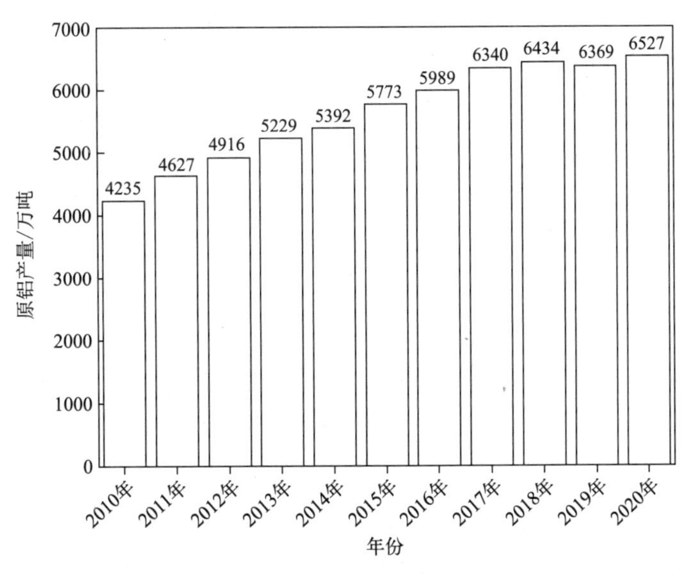

图 1-1-1 2010～2020 年全球原铝产量

2019 年，我国包括板带材、挤压材、箔材、线材、铝粉、锻件等在内的“铝加工材综合产量”为 4010 万吨，居世界首位。近年来，我国自行研制的新型高强高韧铸造铝合金、第三代铝锂合金、高性能铝合金型材的性能均达到国际先进水平。北京工业大学率先掌握了含铒的弥散强化型铝合金的制备和加工技术，5E××、7E××等 6 个系列列入国家标准。含铒铝合金冷轧薄板、热轧中厚板、挤压壁板、挤压管材、焊丝、导线、压铸件等产品综合性能比现用产品有显著提高，在国防军工领域获得重要应用，部分品种替代了进口产品。西南铝业、北京有色金属研究总院、中南大学等单位突破了大规格铸锭制备、强变形轧制、强韧化热处理及残余应力控制等一系列关键技术，研制出了全厚度范围的 7050 铝合金预拉伸超厚板，形成了质量稳定的高强高韧 7050 铝合金厚板工业化制造技术，进入了国际先进行列。中国中车联合相关高校针对高性能铝合金型材的挤压成形工艺与装备开展攻关，开发出了高性能铝合金材料的熔炼精炼、铝液纯净化、锭坯均匀化处理等技术，研制出了大型挤压模具和设备，使得相应的铝合金型材开发周期缩短 25%，成本降低 15% 以上，成品率提高到 62%，高于国际同类技术水平。东北大学等开发的连续流变挤压技术实现了从液态到高性能产品的一步短流程挤压，比传统工艺节能 40%，降低能耗 30%，而且通过该工艺可以实现超细晶铝材的制备，在该技术领域占据国际领先地位，采用此技术研制的高强高导铝合金在 53% IACS 电导率条件下，抗拉强度达到 400MPa 以上，达到国际先进水平。此外，在液态模锻大尺寸铝合金车轮、铸造-旋压铝合金汽车轮毂、航空航天用新型超强高韧耐蚀铝合金型材、海洋石油钻探用高强耐蚀铝合金管材、轨道交通与公路货运用超大规格铝合金型材等方面也取得了重要进展。多种高性能铝合金实现了稳定化批量生产，中铝东北轻合金有限责任公司、西南铝业集团、南山铝业股份有限公司等企业生产研制的几十个品种、上百个规格的高精度、高性能铝合金管材、棒材、型材、线材、板材和锻件已成功应用于我国重大航空装备、载人飞船及运载工具等领域，为我国航空航天的发展做出了重要贡献。

在镁合金方面，目前，除中国外生产原镁的国家有 8 个，分别是美国、俄罗斯、以色列、哈萨克斯坦、巴西、马来西亚、韩国和土耳其。2019 年，全球原镁产量为 110.0 万吨。全球原镁产量主要来自中国，2019 年我国原镁产量达 96.9 万吨，同比增长 12.2%，占全球产量的 88%；镁合金产量为 33.42 万吨。近年来，我国针对国际上镁合金存在力学性能较差的弱点，开展了高性能镁合金的研制工作，在稀土镁合金、大尺寸铸棒、大型复杂件的工程技术方面取得重要突破，研制的部分高强镁合金大尺寸复杂铸件、高强耐热镁合金大规格挤压型材/锻件等达到世界先进水平。重庆大学国家镁合金材料工程技术研究中心研制出 40 多种新型镁合金，其中 16 种合金成为国家标准牌号，十几种合金得到工程应用和产业化推广。VW84M、VW93M 超高强高塑性变形镁合金强度和塑性等综合性能达到国际领先水平；VW92M 高强度高塑性铸造镁合金、AQ80M 中强耐热变形镁合金综合力学性能达到国际领先水平，在航空航天关键装备中获得成功应用；ZE20M、ZM61M、AZ30M 等高成形性低成本镁合金挤压件、锻件等材料在汽车、3C、航天、兵器等领域获得成功应用。上海交通大学、中南大学和长春应用化学研究所等单位开发出高强高韧稀土镁合金、高性能压铸镁合金和稀土镁合金批量生产技术，也成功应用于航空航天、国防军工、汽车等领域，并大幅降低了稀土镁合金产品的成本，提升了产品的市场竞争力，填补了国内相关领域的空白。

在钛合金方面，2019 年我国生产加工用钛合金材 75265t，同比增长 18.72%。近年来，钛合金熔炼、铸造、成形等技术得到了极大的发展。目前，我国钛合金材料的研发应用水平得到了大幅提升，经过“仿制、改造+创新”的研究历程，在高强及损伤容限钛合金、高温钛合金、阻燃钛合金、低温钛合金、船用钛合金和耐腐蚀钛合金等领域成功开发出大量高性能新产品，一些新合金已批量生产，满足国家工程的需求。航空航天用钛合金板材、3D 打印钛合金复杂结构件、船舶与海洋工程用钛合金等均取得突破性进展，为我国航空航天和国防军工提供了关键材料。宝钛集团有限公司成功研制出 4500m 深潜器用 TC4ELI 钛合金载人球壳，填补了多项国内空白，整体技术达到国际先进水平，其中球壳的半球成形和组织性能均匀性以及电子束焊接技术居国际领先地位。西北有色金属研究院依据国家工程需求，研制出 30 多种新型钛合金，众多合金获得实际应用。TC21 高强高韧损伤容限钛合金及 TC4-DT 中强高韧损伤容限钛合金综合性能达到国际领先水平，大规格棒材已工业化稳定生产，在新型飞机上获得成功应用；CT20 低温钛合金综合性能达到国际领先水平，多种规格材料在航天工程中获得成功应用；超高强韧钛合金 Ti-1300 及 Ti-12LC 低成本钛合金锻件等材料在航天、兵器等领域获得成功应用。苏州三峰激光科技有限公司、北京工业大学等单位成功建成 EIGA/VIGA 双炉头高端金属 3D 粉末生产平台，解决了形状不规则、粒度分布差异大、杂质含量高、含氧量不可控、球形度低等问题，可制备 3D 打印用高品质钛及钛合金粉末，生产出的粉末可满足航空航天、医疗植入等高端领域的应用需求。昆明理工大学成功研制出超大 3D 打印钛合金复杂零件，尺寸达到 250mm×250mm×257mm，零件及支撑总量超过 21kg，是迄今为止使用激光选区熔融方法成形的最大单体钛合金复杂零件。我国在金属粉末激光成形技术等一些尖端领域已经走在世界前列，诸如飞机钛合金大型复杂整体构件激光成形技术已经成功应用到歼-20 等大型飞机零件的制造上。

1.3.2 新一代铜合金材料发展现状

在铜合金方面，2011～2019 年期间，全球铜加工材产量保持较快增长，年均增速达到 5.4%。目前，世界铜加工材生产以中国、美国、日本、韩国、德国、意大利为主导，如图 1-1-2 所示。这六个国家自 2010 年以来产量均超过 100 万吨/年，六国合计产量从 2011 年的 1810 万吨/年提高到 2019 年的 2650 万吨/年，合计产量占世界铜加工材生产总量的 90%以上。我国自 2003 年就成为世界上最大的铜加工材生产国，且在世界铜加工材产量中的占比逐年增加，从 2011 年的 53.2%增加到 2019 年的 68%。

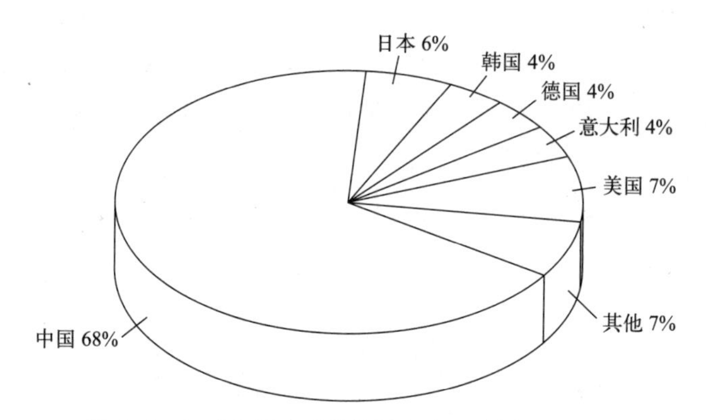

图 1-1-2　2019 年主要国家铜加工材产量占比图

从表 1-1-1 世界铜轧制材产品的生产情况来看，四大类铜轧制材的产品结构保持相对稳定。2019 年世界铜板片带箔的生产量为 251.6 万吨、铜合金板片带箔为 245.4 万吨、铜管为 284.6 万吨、铜合金杆棒及型材为 323.3 万吨，分别占 2019 年世界铜轧制材生产总量的 22.8%、22.2%、25.7%和 29.3%。

2019 年我国精炼铜产量 978.4 万吨，包括排板材、带材、管材、棒材、箔材、线材等在内的“铜加工材综合产量”为 1816 万吨，比 2018 年增长 2.0%。同年我国铜材进口总量为 50.3 万吨，根据各种常用铜材在内的总体产量和进口量计算，我国通用铜材的国内满足度达到 97%。但用于高技术和重大工程的高性能铜合金材则严重依赖进口，主要包括高强高导铜合金带材、超细丝材和超薄带材等。

表 1-1-1　2013～2019 年世界铜及铜合金轧制材消费量　单位：万吨

年份	2013 年	2014 年	2015 年	2016 年	2017 年	2018 年	2019 年
世界总计	1001.2	1028.9	1002.7	1047.4	1061	1089	1104.9
铜板片带箔	217.6	223.8	205.1	235.5	243	245.4	251.6
铜合金板片带箔	228.6	232.6	234.5	237.1	233	242.8	245.4
铜管	261.9	273.8	260.7	267.1	275	279.1	284.6
铜合金杆棒及型材	293.1	298.7	302.4	307.7	310	321.7	323.3

高强高导铜合金材料与构件在我国国防安全、重大工程和经济建设中具有重要战略地位。近年来，我国针对新一代极大规模集成电路、高端电子元器件、动力电池等高端制造业对高性能、高精度铜及铜合金带材和箔材的重大需求这一问题，开展了基础理论、关键技术、工程应用方面的研究。现已开展了基于数据挖掘和人工智能模型的合金设计；建成了年产 1 万吨的高端接插件用超强、高弹、高导带材生产线；研发了动力电池集流体用超薄 9μm 铜箔，建设了示范生产线；研发了电磁铸造技术、热冷组合铸型水平连铸（管材/棒材/板材）技术、连续退火/淬火/时效技术。已开始工业生产热交换白铜管，工业中试纯铜管材，工业中试大口径白铜管，工业中试铜合金带材，实验室研究铜合金棒材/线材。大连理工大学发明了非真空下 Cu-Cr-Zr 合金的成分调控与电磁成形新方法，开发了非真空下多腔熔炼和渣-气分段保护的微量活性元素成分调控技术，以及大盘重 Cu-Cr-Zr 圆坯水平电磁连铸技术，解决了含微量 Zr 等易氧化元素铜合金非真空水平连铸生产的技术难题；与企业合作建立了世界首条高强高导铜铬锆合金水平电磁连铸生产线，生产的合金接触线成品性能在国内外报道中最高，应用于京沪高铁，在冲高段列车速度达到 486.1km/h，刷新了世界铁路运营试验最高速度。中南大学开发了高强高导可焊、抗应力松弛铜铬系合金的控制强化技术、高强高导铜合金大厚度构件的搅拌摩擦焊技术，突破了磁轨炮用超长水冷轨道的高强异种铜合金搅拌摩擦焊接技术。

1.3.3 高纯有色及稀有金属材料发展现状

高纯有色及稀有金属材料主要包括核能领域的核级锆铪金属与合金材料，用于集成电路制造、平板显示、光伏太阳能和存储记录等领域的高纯铝、钛、铜、钽材料及靶材等。我国核级海绵锆/海绵铪原料年用量接近 500t，集成电路用铜、铝、钛、镍、钴、金、铂等高纯金属年用量在 3000t 左右，平板显示用铝、钼、铜等高纯金属靶材年用量约 1500t，高纯有色及稀有金属年用量总计约 5000t，总市值约 50 亿元，80%以上高纯金属依赖进口，国内保障率不足 20%。

锆铪物理化学性质相近，极难分离，却是制造核电燃料元件容器的必备金属。目前，国际上只有法国等少数几个国家掌握核级海绵锆铪生产技术，我国核电建设中所需的燃料元件此前依赖进口。为突破我国核电发展的这一瓶颈，打破技术垄断，中国核工业集团有限公司（简称中核）二七二铀业有限责任公司集中力量进行攻关，解决了锆铪分离问题，成功生产出核能级海绵锆铪，标志着我国核电燃料元件容器依赖进口的局面将成为历史。这一成果产业化完成后，将改变我国核电燃料元件容器依赖进口的局面，为我国核电装备走出国门提供了坚实的支撑。

除了 Si、Ge 等元素半导体之外，以砷化镓为代表的Ⅲ-Ⅴ族化合物和以碲镉汞为代表的Ⅱ-Ⅵ族化合物是支撑现代电子和光电子技术的核心材料。这些半导体的使用状态通常为单晶体或薄膜，但构成这些化合物的基本组元是高纯单质材料。典型的原材料包括 Al、In、Ga、Zn、Cd、Hg、As、Sb、Se、Te。半导体产业对溅射靶材的纯度、内部微观结构等设定了比较苛刻的标准，通常半导体靶材纯度要求达 99.9995%（5N5）甚至 99.9999%（6N）以上，显示靶材纯度要求 99.999%（5N），磁记录和薄膜太阳能电池薄膜纯度通常是 99.99%（4N）。国内高纯溅射靶材产业发展较晚，具有规模化生产和研发能力的企业较少。近年来，受益于国家持续支持，国内开始出现从事高纯溅射靶材研发和生产的企业，目前已成功开发出一批能适应高端应用的溅射靶材，在国内靶材市场占据一定份额。主要上市企业有江丰电子、阿石创、有研新材和隆华节能等。国内半导体以铝靶材为主，铜靶材正在突破；显示靶材以钼靶、ITO 靶材为主。目前仍存在的问题是：①材料的纯度和质量的稳定性不够；②材料的分析和质量控制手段不够健全；③从市场的角度来看，由于国外高品质产品的进入和冲击影响了国内技术的发展。因此，该领域的技术亟待提升，并需要建立相应的质量控制体系和产品供应体系。

1.4 存在的问题

我国高性能有色及稀有金属材料产业发展目前存在的问题主要包括下列五个方面：

（1）起步较晚，应用仍处于产业链中低端

我国高性能有色及稀有金属材料产业起步晚、底子薄，应用上整体仍处于产业链和价值链的中低端。以铝为例，在北美、欧洲和日本，铝消费结构偏重交通运输和包装等高端产业链，如图 1-1-3 所示。目前在中国原铝终端消费结构中，建筑业位居首位，占 34%，其次是交通运输（19%）、电力（12%）、包装（9%）。可见我国与发达国家在铝消费结构上有较大差距，在交通运输和包装等领域仍有巨大提升空间。

（2）统筹协调不足，配套设施不完善

材料先行战略没有得到落实，核心技术与专用装备水平相对落后，关键材料保障能力不足，产品性能稳定性亟待提高。

（3）缺乏科技创新活力，新技术应用不够重视，核心技术短缺局面尚未改变

以企业为主体的研发机制仍需要完善，产学研用合作不紧密，产学研用的结合仍存在壁垒。科研单位研发投入经费少，人才团队缺乏，缺乏激励政策和平台，科技人员活力不足。缺乏对新技术投资风险的保障，研究单位的新技术很难在企业获得推广应用。企业研发、生产和服务的智能化水平较低，标准、检测、评价、计量和管理等支撑体系缺失，产品性能稳定性和质量一致性需要进一步提高。

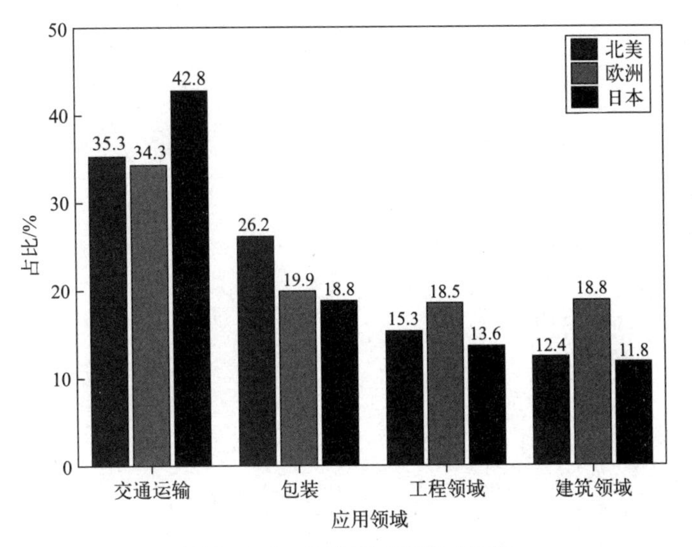

图1-1-3　部分地区铝消费结构

（4）有色金属市场需求低迷，市场供求失衡

受国际国内经济形势变化的影响，有色金属市场需求低迷，有色金属工业长期积累的结构性产能过剩、市场供求失衡等深层次矛盾和问题逐步显现。

（5）节能、节材、环保仍任重道远

我国有色金属及稀有金属材料产能规模庞大，对资源、环境、能源影响深远，在节能、节材、环保的短流程制备加工技术开发与应用方面仍任重道远。

第 2 章
需求分析

如表 1-2-1 所示，我国在未来较长时期内都将是高性能有色及稀有金属材料的需求大国，对高性能有色及稀有金属材料数量和种类的需求将持续增加。

表 1-2-1　高性能有色及稀有金属材料需求预测表

材料名称	2030 年需求量	2035 年需求量	应用领域
航空航天用轻合金结构材料	30 万吨	40 万吨	航空、航天
交通运输用轻合金材料	1000 万吨	1200 万吨	轨道交通、新能源汽车、轻型货车
新一代高性能铜合金材料	160 万吨	200 万吨	信息产业、海洋工程、航空航天、轨道交通
高纯有色及稀有金属	3 万吨	4 万吨	核能、信息产业

2.1　铝合金材料需求分析

2.1.1　新型大尺寸 Al-Li 合金材料

铝锂合金是近年来航空材料中发展最为迅猛的先进轻量化结构材料，具有密度低、弹性模量高、比强度和比刚度高、抗疲劳性能好、耐腐蚀、易焊接的特点，机械性能等同或者优于常用航空铝合金。它取代常规铝合金结构件，能使质量减轻 10%～20%，刚度提高 15%～20%。国际上 Al-Li 合金的研发已有 70 多年的历史，已开发出三代产品。受材料自身性能的影响，前两代 Al-Li 合金产品中，除苏联的第二代 Al-Li 合金 1420 外，大部分未获得规模应用。近十年来开发的 2097、2197、2297、2397、2099、2199、2195、2196、2098、2198 和 2050 等第三代 Al-Li 合金具有密度低、耐损伤、各向异性小、耐腐蚀、加工成形性好等特点。但由于近年来复合材料的快速发展，Al-Li 合金的推广应用受到了极大挑战。为了应对复合材料的竞争，并满足航空航天及武器装备等领域对相关结构件的高要求，美国 Alcoa 公司在 21 世纪初启动了在 20 年内将航空铝合金成本和重量各减 20%的“Alcoa 航空 20/20 计划”，开始研发性能更优异的第四代 Al-Li 合金。目前，国产化 1420、8090、2219、2195 等铝锂合金已成功应用于航空航天领域。然而，与先进国家相比，我国自主研制的 Al-Li 合金牌号和种类极少，获得全面应用的 Al-Li 合金仅 1420 合金。国内仅能生产 1420、2195、2197、2A97 等有限的合金牌号，铸锭尺寸规模仅为（310～400）mm×1280mm×4000mm 以下扁锭以及 ϕ650mm 以下圆锭。由于高性能超大规格铝锂合金铸锭具有合金元素多、凝固区间宽、铸造应力大、部分合金元素易氧化/易偏析等特点，一般的半连续铸造法难以获得后期挤压、轧制等深加工所需的成分均匀、组织细小的大规格铸锭。工业上一般采用 AlTiB 等晶粒细化剂或者采用超声、电磁、脉冲等化学、物理方法对凝固过程进行干预，以达到细化铸造组织、减少宏观成分偏析的目的。航空高端应用领域厚度 60mm 以上、宽 1500mm 以上的扁锭（2219）以及直径 1500mm 以上的铸锭（2219）尚未实现工业生产，在铸锭规格及性能上也远不能满足航空航天应用需求。针对未来交通运输、航空航天、海洋船舶等国民经济及国防建设等领域的发展，开展新型铝锂合金设计，开发超大规格（ϕ1.5m 以上级圆锭或宽度超过 3m 的板坯）铸锭制备技术、深加工技术具有重要意义。

2.1.2 高性能7×××系铝合金

飞机结构设计思想的不断发展要求结构材料具有高强、高韧、高耐蚀和抗疲劳等良好的综合性能。7×××系铝合金是所有铝合金中强度最高的一个系列，具有比强度高、综合性能优良、加工性能良好等突出特点，长期以来一直在全球航空航天工业、先进武器装备的发展中起着十分关键的作用，是国际上公认的航空主干材料。通过优化合金成分，采用新型的加工方法（如加工成形及热处理工艺等），研制开发出使用性能更好的高强高韧等高性能 7×××系铝合金，是世界各国结构材料开发的热点和重点之一。伴随着航空飞行器设计理念的不断更新，全世界航空航天领域广泛使用的 7×××系变形铝合金材料经历了追求静强度→高强、耐蚀→高强、高韧、高耐蚀→具有良好的各项综合性能平衡等多个发展阶段，至今已成功商业化发展了四个代次的合金材料，在不同时期的先进军、民用飞机中获得广泛应用，是名副其实的“军民通用材料”。当前，为积极应对树脂基复合材料对航空铝合金材料的竞争冲击，欧美企业正在积极推进强度级别达到 600～700MPa、具有优异综合性能平衡的新一代超高强高韧铝合金材料的研制开发工作，以期率先实现产品升级换代，抢占竞争制高点。目前我国航空用 7×××系高强高韧等高性能铝合金开发仍处于跟踪研仿状态，缺乏自主创新能力，缺乏系统的合金设计方法和加工制备技术，整体水平落后于国外，某些产品完全依靠进口，成本高昂。国内生产的航空用 7×××系铝合金存在焊接性能差、强度和韧性不能同时达标的问题，缺乏挤压、轧制等用于深加工的工艺装备，此外母材的铸造质量也是制约 7×××系铝合金应用的重要因素之一。由于 7×××系以铝锌为代表的高性能铝合金大型铸锭具有合金元素多、凝固区间宽、铸造应力大、部分合金元素易氧化/易偏析等特点，高强铝合金的室温成形性能较低，不仅严重影响生产成本，更重要的是影响我国航空航天、汽车等领域的整体发展水平。因此，开发新型 7×××系铝合金材料，提高其综合性能，满足我国航空领域对高性能铝合金的需求，打破国外对新型航空、航天领域用铝合金的垄断，建立起具有自主知识产权的新型材料研制平台，具有重要的意义。

2.1.3 高性能 6×××系铝合金

高性能铝合金车身板、汽车用铝合金型材/锻件、超大断面铝挤压材等高性能可焊接型 6×××系铝合金材料是轨道交通、汽车、消费电子等高端应用领域重要的关键基础材料。汽车领域是进入 21 世纪以来高端铝合金最具应用前景、最具创新空间的领域之一，从 20 世纪 80 年代起，欧美、日本等一批汽车制造公司与铝业公司合作，重点加强了车用高性能铝合金的研发，先后注册了 6009、6016、6010、6111、6022、6082 等国际铝合金牌号，形成了较为完整的汽车车身板、挤压材、锻件等高性能铝制品生产和应用技术体系，产品获得广泛应用。目前欧美和日本轿车平均用铝量接近 200kg/辆，未来还将继续增长。国内各类汽车生产用铝量远低于发达国家，汽车平均用铝量约为 120kg/辆，且以铸造铝合金为主，以车身覆盖件制造用 6×××系铝合金车身板、锻件为代表的产业化研发与应用刚刚起步，与发达国家差距明显。大断面复杂截面铝合金型材方面，欧美和日本等在 20 世纪 60 年代成功开发了大断面铝合金型材，品种规格齐全，并在高速列车车体制造中广泛应用。同时，伴随着地铁/轻轨列车和高速轨道交通工具行驶速度的不断提升，对大型铝合金挤压材提出了更高要求，目前车体用铝合金尚不能完全满足车辆发展的性能要求，为此，国际上正在进一步发展具有更高屈服强度、更优异耐损伤性能的新一代 6×××系铝合金材料。因此，针对不同需求，开发高强度、高成形性能 6×××系铝合金的设计、制备、加工技术已经成为发展的必然趋势。

2.1.4 500MPa 级热冲压专用高强 2×××系铝合金

汽车轻量化是汽车制造业未来的发展趋势，采用铝合金等轻质材料是最经济可行的方法，铝合金汽车板已经在车身上得到了大量的应用。要实现汽车进一步减重，可采用 2×××系高强铝合金，但高强铝合金的室温成形性能较低，限制了其在车身中的广泛应用。研究表明，2×××系高强铝合金随着变形温度的升高，塑性变形能力大幅提高。2×××系高强铝合金的流变挤压成形、热成形冷模具淬火技术可实现合金深加工性能的调控，非常适合冲制高强及超高强铝合金零部件。目前，专门适用于热冲压用的高强铝合金材料尚属空白，新材料的开发和新型成形工艺相结合，是解决高强铝合金汽车车身零件成形与性能调控一体化制造难题的有效手段。因此，掌握热冲压专用铝合金板材的成分设计、板材制备的关键技术，开发 500MPa 级屈服强度的热冲压用铝合金材料；研究高强铝合金成形一体化制造技术，构建材料数据库和应用数据库，生产复杂形状高强铝合金汽车零件，可有效推动汽车轻量化进程。预计到 2035 年，在高端应用领域可实现 90%以上的低强度铝合金替换，并实现 50%以上的高强度钢替换。

2.1.5 新一代高性能高 Mg 含量的 Al-Mg 合金

Al-Mg 合金特别是高 Mg 含量的高性能 Al-Mg 合金由于其具有高的比强度、良好的焊接性能、高的耐腐蚀性能，将成为未来空天、高速列车、海洋等领域极具竞争力的优势材料。目前，国内空天、高速列车、海洋等领域应用的 Al-Mg 合金板材、型材以及焊丝主要依靠进口。航空航天和高速列车用铝镁合金焊丝市场基本上被欧美垄断，如意大利 Safra、瑞典 ESAB、美国 Alcotec 以及加拿大 Indacol 等。ER5183、ER5356 等合金主要依靠进口，约占其销量的 70%。舰艇用 Al-Mg 合金以及焊丝主要从俄罗斯进口。高 Mg 含量的 Al-Mg 合金常规铸锭中枝晶发达、共晶相偏析严重，因此成形性能差、加工困难，目前的加工方法（主要包括轧制、挤压、锻造旋压、成形加工以及深度加工）仍存在诸多问题，如性能低、表观质量差、加工工序长、质量不稳定、成品率低以及零件尺寸精度不高等。亚快速凝固与成形可以抑制 Mg 在基体中析出，提高基体的固溶度，同时可以得到细小等轴晶和纳米析出相，大幅度提高材料的性能与均一性。因此，为解决国内高品质 Al-Mg 合金依赖进口的现状，开发新型高性能 Al-Mg 合金以及短流程亚快速凝固与流变挤压、轧制加工技术具有重要意义。

2.1.6 高性能活塞、涡轮增压叶轮关键汽车铝合金材料

目前我国汽车活塞主要使用共晶和亚共晶 Al-Si 合金，但是随着对发动机性能的要求不断提高，亚共晶和共晶 Al-Si 合金逐渐难以满足要求。过共晶 Al-Si 合金中 Si 含量高，合金密度低，线膨胀系数小，抗磨性和体积稳定性更高，与亚共晶和共晶 Al-Si 合金相比是更为理想的活塞材料。但是，过共晶 Al-Si 合金由于 Si 含量较高，合金脆性变大，结晶温度范围更宽，铸造性能差，并且难以切削加工。根本原因是 Si 含量过高导致合金组织中出现大量粗大的不规则的块状初晶硅和粗大的针

片状共晶硅，这些脆硬相严重割裂合金基体，在相的尖端和棱角部位产生应力集中，显著降低合金的力学性能，尤其是塑性和耐磨性能，同时脆硬相导致合金难以加工且刀具易磨损。国外已批量生产过共晶 Al-Si 合金活塞，并应用于载重汽车和轿车，如美国的 A390 合金、日本的 AC9A 和 AC8A 合金，澳大利亚已使用 A390 合金作为全铝汽车气缸。我国目前能够生产过共晶 Al-Si 合金活塞的厂家很少，国内使用的过共晶 Al-Si 合金活塞部分依赖进口。另外，我国汽车涡轮增压铝合金材料也与国外存在较大差距，高性能汽车涡轮增压铝合金材料主要依赖日本等国家。因此，开发高性能活塞、涡轮增压叶轮关键汽车铝合金材料势在必行。

2.1.7 新一代高强、耐热、高导电(热)铝合金材料

在 3C、电气工程建设和导电器件的原材料应用中，主要以铜和铜合金以及铝和铝合金为主。我国的铜资源紧缺，造价高，铜作为战略物资经常受到制约；而我国铝资源丰富，储量排全球第七。从能耗的角度考虑，发展铝导线的综合能耗是铜导线的 90%，同时铝具有比铜更轻的重量，在应用方面更具有优势。我国铝产业存在严重的结构性矛盾，一方面，低端铝产业供远大于求，造成产品积压，产能过剩；另一方面，以高性能铝合金为代表的高端铝产业生产能力不足，严重依赖进口。在架空输电线路方面，目前我国架空导线基本是传统的钢芯铝绞线，其耐热性能、抗腐蚀能力较差，线路的输电容量低，难以满足远距离输电、城网及农网改造的需求。因此为扩大输电系统，必须增大现有钢芯铝绞线的截面积，更换全部杆塔，重新建造，这对位于居民密集区的线路来说很难实现；而在综合性能优异的全铝合金绞线的生产和应用上还处于起步阶段，主要依赖进口。日本和欧美等国家在架空输电线路上已广泛使用高强耐热全铝合金导线。在汽车产业方面，电工铝替代铜在达到相同导电要求的条件下，会大幅度降低汽车重量和成本，每辆汽车约降低 30kg 重量，代表了未来汽车主要电工材料的发展方向。欧美和日本汽车已经大量采用铝合金，而且发展越来越快。在轻型电机方面，铝替代铜具有不可比拟的优势。在 3C 行业，采用高导热的铝合金材料也成为国内外追求的目标。目前高强、高导的铝合金材料主要被日本垄断。因此，开发超高电导率和耐热性[电导率≥61.50% IACS（20℃），耐热温度≥200℃]，同时兼具良好力学性能及耐蚀性能等综合性能匹配良好的铝合金导体材料是目前耐热铝合金技术发展的趋势。通过添加 Zr、Er、Y 等微合金化研发新型合金，并利用短流程亚快速凝固与流变挤压加工技术，可获得纳米析出相与超细晶铝材，从而获得高强、耐热、高导电（热）铝合金材料，解决国内高性能铝合金导线依赖进口的现状。

2.1.8 高性能稀土铝/镁轻质结构合金材料

相较于普通铝/镁合金材料，高性能稀土铝/镁轻质结构合金材料仅增加“添加稀土”这一道生产工序，就具有强度高、韧性好、耐热耐蚀等明显优势，解决了制约铝/镁合金材料广泛应用的关键问题，是推进我国航空航天、汽车工业、轨道交通等领域轻量化发展的关键基础材料。我国铝、镁、稀土资源丰富，合金成形及加工技术成熟，市场应用空间大，稀土铝/镁轻质结构合金材料整个产业链能够实现自产自销，产业体系完整。高性能稀土铝/镁轻质结构合金产业发展状况及存在的问题如下：①成功开发了高强、高韧、耐热、耐蚀等高性能稀土铝/镁合金材料，但未形成规模应用，单位成本高，主要用于军工；②生产流程长、工序多，存在高温冶炼、熔铸等高能耗工序，单位能耗相对较高；③稀土冶炼分离环境压力较大，但是近几年已经成功突破关键技术难题，达到国际领先水平，目前正处于快速推广应用的阶段；④产业链上下游之间合作紧密度不够，缺乏针对材料生命周期的系统研究和面向应用的新材料开发，先进加工成形工艺和装备主要靠国外引进，高端产品国际占有率低，缺乏国际话语权。高性能稀土铝/镁轻质结构合金材料未来的发展趋势主要集中在：①高性能稀土铝/镁母合金、稀土铝/镁合金短流程低成本制备技术开发及推广应用；②面向应用的新型高性能稀土铝/镁合金材料开发；③先进加工成形技术及配套装备研发；④完善稀土绿色冶炼分离技术，加快推广应用；⑤面向材料生命周期的系统研究，建立产学研用协同发展平台；⑥加快高性能稀土铝/镁轻质结构合金材料应用速度，未来3～5年内实现军用向民用转化，逐渐扩大市场规模，到2035年，替代普通铝/镁合金材料比例达到30%。

2.1.9 舰船过渡接头用铝-钢多层复合板

铝及铝合金越来越多地应用于舰船的上层构件，而铝件与钢质甲板的有效连接已成为大型舰船上层建筑轻量化的制约因素之一。铝与钢连接工艺如粘接、机械连接（铆接、螺栓连接等）和焊接，普遍存在建造工艺复杂、效率低下的问题；而且水密性差、易腐蚀，导致铝板溃烂，维修困难且费用昂贵。通过金属层状复合技术制成的铝合金-钢多层结构复合过渡接头，取代传统的铆接等连接工艺，为实现铝制上层建筑与钢质船体之间的焊接提供了最佳的解决途径。目前，国内所用的铝-钢复合接头主要是从国外进口，价格高达40万元/t。同时，进口的铝-钢过渡接头在实际服役过程中，在高应力处、转角处容易发生开裂和分层等失效问题，暴露出界面结合强度性能不足等缺点。随着未来舰船大型化设计，对过渡接头提出了更高施焊温度、更大承载应力、更强结合界面及更高结构韧性的要求。因此，亟待开发新型高性能的铝-钢复合接头复合板材。

2.1.10　铝蜂窝板

蜂窝板由两层薄而强的面板材料，中间夹一层厚而极轻的蜂窝芯复合而成。由于具有重量轻、强度高、刚性大、稳定性好、隔热隔声等优点，蜂窝板已经在飞机、列车、船舶、建筑等领域中广泛使用。“轻量化、高性能、安全和环保节能”是交通运输、建筑领域发展的必然趋势，这对蜂窝板材料提出了更新更高的要求。目前，市场现有产品除航空专用的进口材料为焊接产品外，一般均为胶粘蜂窝铝产品，在湿度过大、振动过激、温度过高或过低的工作环境下面板容易脱胶，导致平拉强度和剥离强度降低。因此，开发质轻、高强、耐蚀、可钎焊的蜂窝结构板用面板和芯板，全面代替目前广泛使用的胶粘蜂窝铝复合板，实现产品的升级换代是蜂窝板发展的大趋势。国外在 20 世纪 90 年代初就研制了钎焊铝蜂窝板，近年来开发出一系列具有更高性能、高强度、可时效强化、耐蚀、可钎焊的蜂窝材料。然而，我国在该领域还处于起步阶段。近五年我国的蜂窝铝复合材料产量一直保持平均 22%的增长速度。据市场统计，2011 年我国蜂窝铝复合行业市场规模突破 $3000\times10^4m^2$，2012 年我国仅建筑市场的胶粘蜂窝铝产品市场容量就已达 76.74 亿元。预计到 2035 年，我国对高强、耐蚀蜂窝复合板的需求将达到 $7000\times10^4m^2$，应用前景十分广阔。

2.1.11　高性能高强低裂纹敏感性铝合金焊接材料

超高强铝合金为含铜 7000 系铝合金（即 Al-Zn-Mg-Cu 合金），是航空航天领域（比如大飞机）的主要结构材料之一，经固溶时效热处理后强度基本都在 500MPa 以上，强度最高的 7055 合金极限强度可达近 800MPa。由于超高强铝合金所含合金元素较高，具有较大的热裂倾向，一度被认为是熔化焊不可焊的合金。然而，随着诸多领域轻量化进程的推进，超高强铝合金因具有较高的强度质量比等优势，其应用领域由航空航天逐渐拓展至民用、武器军工等其他领域，比如民用的高端自行车骨架采用 7075 合金，军工武器领域的鱼雷外壳采用了 7055 合金等。由此而来，超高强铝合金的焊接问题是其拓展进一步应用的关键。熔化焊是目前最为成熟、应用最为广泛的焊接方式，焊后性能的质量很大程度上取决于所使用的填充焊丝。然而，现有商用铝合金焊丝焊接超高强铝合金时，存在强度太低（如 ER4043）和热裂纹倾向较大（如 ER5356、ER5183）的问题。因此，开发高性能高强低裂纹敏感性的铝合金焊丝是解决超高强铝合金熔焊焊接问题，并进一步拓展其应用领域的关键。

2.1.12 大规格耐蚀铝合金关键制造技术

大规格耐蚀铝合金技术是我国船舶、海洋工程、轨道交通等相关行业发展急需，对实现海军舰船高性能铝合金板材的国内自主保障、国防现代化及海军装备升级有着积极的现实意义。新型耐蚀铝合金体系设计，按照海水浸泡、海洋大气及陆地气候等典型腐蚀应用环境，设计船体、上层建筑、轨道车辆等系列新型耐蚀铝合金，研究主合金元素与微合金化元素匹配关系，通过多元复合微合金化技术，协调强韧化组织与耐腐蚀特征结构之间的矛盾，提高组织稳定性并改善其加工、成形、焊接性能；在满足耐腐蚀可焊接技术指标的前提下，主要力学性能指标（拉伸、疲劳、冲击性能）比现有同类产品提高 10%。大规格耐蚀铝合金工业制备技术，研究多元铝合金熔体强化互溶、大规格铸锭铸造、宽幅板材轧制、复杂断面型材挤压、形变热处理、多级热处理等创新工艺，解决了主合金与微合金化元素成分偏析、弥散粒子均匀分布、铸锭开裂、均匀变形、均温热处理等大规格铝合金材料工业制备技术问题，大幅度提高了国内耐蚀铝合金规格尺寸。耐蚀铝合金应用技术创新，针对大型船舶、海工装备、轨道车辆等建造需求，以及海洋、大气等腐蚀环境长期服役要求，开展焊接、冷/热施工、表面防护、腐蚀评价及监控等应用技术研究,提高装备建造及安全服役能力。

2.2 钛合金材料需求分析

2.2.1 TiAl 系金属间化合物

随着航空航天事业的迅速发展，对航空航天用材料的性能要求越来越高，尤其是航空航天发动机材料，迫切要求进一步减重和提高材料的高温服役性能。钛及钛合金具有强度高、密度小、弹性模量低、耐腐蚀性能好、抗疲劳性能好、生物相容性好、热膨胀系数低、无磁性、热导率低、耐腐蚀和对环境及人体友好等一系列优点，因此不但大量应用于民用、医疗及化学化工等领域，且作为轻质金属结构材料在航空、航天领域得到了广泛应用。随着航空航天事业的迅速发展，对航空航天用钛合金材料的性能要求越来越高，尤其是航空航天发动机领域，迫切要求在进一步减重基础上提高材料的高温服役性能。在高温钛合金领域，经过多年的发展已经形成了能够在300～600℃范围内使用的高温钛合金体系，但最高使用温度和抗氧化温度只能达到600℃，这一温度已成为该类合金耐热性的上限，远不能满足发动机热端部件的使用要求。因此，开发新型高温、高比强度的轻质高温结构材料替代现役高密度的镍基、铁基高温合金，通过减轻自重提高发动机性能，对航空航天事业的发展具有非常重要的战略意义。Ti-Al系金属间化合物具有高的比强度、良好的抗氧化性和抗高温蠕变性能，是很有开发潜力的航空航天用高温结构材料，对Ti-Al系金属间化合物的研究已成为当前金属材料研究领域的一个前沿热点。Ti-Al系化合物主要包括$Ti_3Al(\alpha_2)$、$TiAl(\gamma)$和$TiAl_3$，目前的研究主要集中在Ti_3Al和TiAl为基的合金。单纯的二元$Ti_3Al(\alpha_2)$具有DO19结构，决定了合金都具有较低的室温塑性和韧性，大大限制了其广泛应用。1988年，印度学者Banergee在Ti_3Al合金的研究中发现，添加Nb元素可以形成一种以有序正交结构的Ti_2AlNb相为主要组成的新型Ti-Al系金属间化合物（Ti_2AlNb基合金）。该合金同TiAl基合金相比具有更好的室温塑性和断裂韧性以及抗裂纹扩展能力；同Ti_3Al合金相比具有更好的高温强度以及抗氧化性，并且力学性能不会因环境因素而严重降低，在超过500℃的服役环境中具有明显的优势，是能在650～800℃长时间或更高温度短时间使用的极具潜力的合金体系；同铁基、镍基高温合金相比，在不损失高温性能的前提下，密度减小约40%。综上所述，这些优异的性能使得Ti_2AlNb合金成为最具发展潜力的轻质高温结构材料之一，在航空、航天领域具有广阔的应用前景。随着材料科学技术的发展，低成本钛合金的研究开发及TiAl系金属间化合物会有较大的突破。在工艺上，增材制造、近净成形技术会取代熔炼-铸造-锻造的传统工艺；在材料组成上，通过合金化、复合强化等手段，可进一步减重，同时还能够提高材料的综合力学性能。因此，TiAl系合金的复合强化成为未来的发展趋势。预计在未来航空航天工业中，发动机的高温段压气机盘将逐渐被TiAl系合金及其复合材料取代，并且该材料会逐渐低成本化，被推广到汽车、石油、化工等领域。

2.2.2 钛合金复杂结构薄壁铸件

钛合金密度小、比强度高、抗腐蚀性能强、高温和低温力学性能良好，是一种优良的结构材料，已广泛应用于航空航天等领域。钛及钛合金的加工和制备对发展国防高新技术武器装备有重要作用，已被世界多个军事强国列为重点发展的具有战略意义的新型结构金属材料。在军工领域，钛及钛合金已广泛应用于飞机机身、蒙皮、紧固件、燃气涡轮发动机部件、火箭发动机壳体、人造卫星外壳等航空航天装备制造领域，在战车、坦克、火炮、导弹等武器装备领域以及舰船领域也获得了普遍应用，世界上现役或在研武器装备中，很多都使用了钛及钛合金结构件。如美国B-2 轰炸机、法国幻影 2000 战斗机及俄罗斯 Cy-27CK 战斗机等用钛量到达了 20% 以上。A320、A330 和 A340 客机的用钛量分别为 12t、18t 和 25t，而 A380 客机因采用了全钛挂架，用钛量达到 46t。精密铸造是钛合金零件的先进制造技术，具有尺寸精度高、表面质量好、加工量少或无加工余量、生产效率高等优点，可大幅度提高材料的利用率，降低生产成本。航空、航天飞行器用大型钛合金复杂结构薄壁铸件是未来的发展方向，主要基于以下几个原因：①可降低质量（代替钢和 Ni 基合金）；②抗腐蚀性好（代替 Al 合金和低合金钢）；③减小体积（代替 Al 合金）；④适合于高温应用（代替 Al、Ni 和 Fe 基合金）。但是，这类铸件存在着外廓尺寸大、壁薄、结构复杂、近净成形难度大的问题；而且钛合金在高温下化学性质极其活泼，可与大多数材料发生反应。钛合金在冷型浇注时凝固非常快，而且由于液态钛与铸型的相互反应，在铸件成形过程中可能会出现大量气体，导致铸件出现气孔，容易产生缩松等缺陷。采用普通的退火处理工艺，无法消除这些缺陷。因此，研究大型复杂薄壁铸件的成形工艺具有重要的意义。

2.2.3 高性能钛合金管、型材

随着航空航天领域的发展，国内外对于高性能钛合金型材与钛合金管材的需求量逐年增大。钛及钛合金在航空航天中的应用，对提高航空航天装备的作业能力、安全性、可靠性具有十分重要的意义，是重要的战略材料之一。航空航天、海洋工程领域大范围应用高性能钛合金型材与钛合金管材是未来的发展趋势，即以钛代钢、代铜、代铝。目前钛及钛合金型材加工方法有两种，一种是热挤压法，另一种是冷拉法。由于钛的导热性差，热挤压时坯料表层与中心易产生较大温差，促使金属流动不均匀性加剧，这样表面层就产生较大的附加拉应力，在制品表面易形成裂纹。严重时，在挤压棒材及管材上可能产生大的中心挤压缩孔。同时，挤压钛及钛合金时热效应显著，不合适的挤压工艺对挤压品组织和性能有副作用。用冷拉方法生产钛合金型材时，因钛合金材料屈强比和变形抗力较大等，也存在较多工艺难题。国际上对钛合金管的研发过程比较缓慢，只有美国的公司采用挤压和拉拔法，生产出正方形、长方形、三角形、椭圆形等多种形状的钛管，成为世界上唯一生产钛管的公司。钛合金在室温下成形具有各向异性显著、变形抗力大、塑性差、延伸率有限、成形困难、回弹显著等特点，因此钛管生产工艺十分复杂。这一原因限制了钛管的开发。目前钛管的应用还不够广泛，用量不多，市场潜力较大。

2.2.4 1350MPa 级超高强高韧钛合金及 1000MPa 级高强高韧耐蚀钛合金

钛合金具有比强度高和耐蚀性好等优点，已经被广泛应用于航空航天、兵器和舰船等领域。在承力结构材料方面，超高强高韧钛合金材料已经成为研究和应用的重要方向之一。高强高韧钛合金材料在宇航工业中得到了越来越广泛的应用，特别是在商用客机、新型战斗机和大型运输机、重型直升机和发动机中的用量越来越大。在航天领域中，结构重量减重需求更加迫切，高强高韧钛合金在火箭、卫星和导弹等飞行器上的应用也日益广泛。高强高韧钛合金牌号主要包括美国的 Ti-4Al-3Mo-1V、Ti-62222S、Ti-1023、Ti-153 等，俄罗斯的 BT22、BT22U、BT23、BT35、BT37 等，中国的 TC18、TC21、TiB19、TB20、TB18 等。目前，国际上应用最广泛的高强高韧钛合金材料是 Ti-1023（Ti-10V-2Fe-3Al）和 BT22（Ti-5Al-5Mo-5V-1Cr-1Fe）。Ti-1023 钛合金常用的两个强度级别为：①抗拉强度 1150MPa，断裂韧性大于 $60MPa \cdot m^{1/2}$；②抗拉强度 1240MPa，断裂韧性大于 $44MPa \cdot m^{1/2}$。而 BT22 钛合金的强韧性与 Ti-1023 钛合金相当。随着航空飞行器设计理念的不断更新，强度级别为 1350MPa、断裂韧性大于 $60MPa \cdot m^{1/2}$ 的超高强高韧钛合金材料需求迫切，现有 Ti-1023 和 BT22 钛合金的强度和韧性已经无法满足需求。在深海领域，由于深海的能源和资源尚未被人类充分认识和开发利用，研发深海探测装备，发展深海探测技术，勘探、开发和利用深海资源具有重大的战略意义。在深海装备中，例如全海深载人潜水器和深海空间站是探测海底资源必不可少的探测装备，美国和俄罗斯在该领域处在领先地位。为此，国内外纷纷开展超高强高韧钛合金材料的研制开发工作，以期率先实现产品升级换代，抢占竞争制高点。开展航空用 1350MPa 级超高强高韧钛合金、深海装备用 1000MPa 级高强高韧耐蚀钛合金、钛合金大规格材料及大型部件制造技术研究可以突破钛合金大规格铸锭熔炼、锻造和轧制等制备加工技术及火箭、卫星、导弹等飞行器和深潜器载人球壳、深海空间站等深海装备用大型部件的成形、焊接、装配等制造技术，满足航空航天及深海装备领域用钛合金大型部件的需求，提升我国钛合金加工技术水平和大型部件制造能力，使我国在航空航天及深海探测领域处于国际领先地位。到 2035 年，预计超高强高韧钛合金材料替代现有的高强钛合金材料量 50%以上。

2.2.5 新型高性能钛基复合材料

高温钛合金是钛合金领域最为重要的研究方向之一，其主要用于制造航空发动机的压气机和风扇的盘件、叶片和机匣等零件，代替钢或镍基高温合金，可以较明显地减轻发动机的重量，提高发动机的推重比。目前国内外报道的传统高温钛合金可以稳定使用的极限温度是 600℃，当超过此温度时，依靠传统的固溶强化和析出强化基本已经达到极限，无法满足使用要求。但是从航空航天发动机的发展历程看，高的推重比一直是衡量发动机优越性的最重要指标，新一代更高推重比的发动机必然对现有的高温钛合金使用提出挑战。随着推重比的增加，使用环境温度将进一步升高，现有传统高温钛合金将不能满足使用要求。因此，为适应我国航空航天工业发展的要求，满足新一代装备结构减重的重大需求，急需开展新的高温钛合金强化方式的研究。非连续（短纤维、晶须、颗粒）增强钛基复合材料经过二十几年的发展，可以同时发挥金属材料的韧性和陶瓷颗粒的强度，表现出良好的比强度、比刚度和耐热性，与传统的高温钛合金相比在保证热稳定性的前提下可以获得更高的高温强度，而与 Ti-Al 金属间化合物相比又表现出优异的室温塑性和加工性能，因此在轻质耐热结构中显示出广阔的应用前景。

2.2.6 高品质钛合金棒丝材

钛制紧固件能减轻飞机重量，且是钛合金、碳纤维复合材料等结构件必需的连接件。随着各国航空业的飞速发展，钛合金紧固件用量不断增加。以目前的国产商用大飞机 C919 为例，单机钛合金紧固件用量达 20 万件以上，按照最终年产量 150 架计算，总需求量达 3000 万件。目前国内钛合金紧固件的应用比较普遍且对质量要求越来越高，但紧固件用高品质棒丝材的制备技术还不成熟，仍然主要依赖进口。开展钛合金紧固件用高品质棒丝材的研制，不但能够带来巨大的经济效益，还能够延伸产业链。目前，钛合金紧固件用的棒丝材主要依赖进口，国产钛合金棒丝材的组织均匀性、性能稳定性控制技术，表面涂层技术以及大卷重制备等方面还需要进一步攻关。开展紧固件用钛合金高品质棒丝材制备技术研究可以突破钛合金紧固件用高品质棒丝材的组织均匀性、性能稳定性控制、表面处理等关键技术，引导钛合金丝材大卷重加工技术开发，彻底实现航空航天领域钛合金紧固件用高品质棒丝材国产化，摆脱对国外的依赖，具有重大的社会和经济效益。预计 2035 年，航空领域紧固件用钛合金材料可以替代进口紧固件用钛合金材料的 50%以上。

2.2.7 添加返回料（低成本）的高性能钛合金

钛材价格高是限制其获得更为广泛应用的关键因素。据波音公司统计，海绵钛的成本占最终钛材原料的 40%。目前来看，海绵钛制备的 Kroll 工艺还将是以后很长时间内工业提取钛的主导工艺，其生产成本在短期内难以显著下降。添加返回料的钛合金冷床炉熔炼工艺技术由于可以大量利用钛的返回料，是目前降低钛合金产品价格并且实现钛资源循环利用的最有效技术手段。此外，冷床炉熔炼相对于真空自耗熔炼可以有效地去除各种高、低密度夹杂，特别适合制作发动机用高质量要求的钛合金铸锭。对于高要求的发动机转动件，国外明确规定应该采用冷床炉熔炼一次。国外添加返回料的钛合金材料已经广泛应用于航空航天领域，在有高性能稳定性要求的民机以及发动机转动件部件中也广泛应用了近二十年。国外几乎所有的钛合金材料标准都明确规定可以使用返回料，用量也占整个钛材用量的30%，产品的价格降低20%。“十二五”期间，国内近十家钛及钛合金材料生产厂商陆续引进了多台冷床炉熔炼设备。由于冷床炉引进的时间并不长，国内各企业对于熔炼工艺的掌握程度与国外有一定的差距。目前添加返回料的钛合金材料仅用于民用领域，兵器领域进行了少量应用探索，航空领域目前尚未有应用先例。目前为止，国内尚没有一个正式的钛及钛合金材料标准明确规定可以使用钛及钛合金的返回料。当前，我国以航空领域高性能、高可靠性要求为代表的应用领域，钛材价格仍然居高不下，钛资源的可靠循环以及利用效益远远落后于钢铁以及铜、铝等金属材料。到2035年，添加返回料的高性能钛合金材料在国内航空领域，包括民机以及航空发动机将获得广泛应用，每年用量将达到整个高性能加工材总量的30%，预计可替代同类材料约5000t。

2.3 镁合金材料需求分析

2.3.1 高强高导热镁合金

随着航空航天、新一代武器装备、高速列车以及新能源汽车等高端装备的不断升级发展，其中高功率密度电磁器件的数量及排布密度不断增加，而运行过程中产生的热量必须即时导出，否则由于温度过大，将严重影响设备运行的稳定性及可靠性，大大缩短各类器材的使用周期寿命。因此如何在轻量化背景下，快速有效地导出器件生热是亟需解决的重要问题。高强高导热镁合金材料及其制品生产成套技术是支撑客机、动车及轿车中的散热组件、电动汽车电池托盘以及电脑CPU散热器等领域发展的先进基础材料及关键技术，对于实现上述装备轻量化、提高系统的运行稳定性以及使用寿命具有重要作用。预计2035年替代同类普通材料量超过30%。传统的高导热金属银[热导率429W/(m·K)]、铜[热导率401W/(m·K)]，由于密度太大(分别为10.5g/cm^{3}左右、8.9g/cm^{3}左右)，而且价格高，难以满足应用要求。上述领域对密度比铝合金低、热导率又大于常用铝合金的轻量化散热材料提出了迫切需求。镁合金由于具有低密度的优势，是满足需求的潜在材料体系之一，但是常用镁合金的热导率与铝合金相比还有明显差距。因此热导率大于125W/(m·K)的高强高导热镁合金材料及其制品的制备加工技术是该领域发展的主要方向。

2.3.2 高强高导电镁合金

手机、GPS/北斗和宽带网络系统等3C产品都会因高频电磁波干扰产生杂信，影响通信品质，普通笔记本电脑运行时容易因为电磁信号外泄导致信息/数据泄漏。电磁屏蔽既能防止电子设备发射的电磁波对其他设备及人体产生影响，同时也保护该电子设备不受其他设备的干扰，因此优良的电磁屏蔽已是3C产品必备而且势在必行的选择。电磁屏蔽的优劣主要取决于这些电磁仪器设备外壳材料的导电性能高低，导电性能越好，对应的电磁屏蔽效果越优。传统的高导电金属银（电导率63.0mS/m）、铜（电导率59.6mS/m），由于密度太大（分别为10.5g/cm^{3}左右、8.9g/cm^{3}左右），而且价格高，难以满足在上述领域的应用。上述领域对密度比铝合金低、电导率大于常用铝合金的散热材料提出了迫切需求。镁合金由于具有低密度的优势，是满足需求的潜在材料体系之一，但常用镁合金的电导率与铝合金相比还有明显差距。因此电导率大于17mS/m的高强高导电镁合金材料及其制品的制备加工技术是该领域发展的主要方向。高强高导电镁合金材料及其制品大规模生产成套技术是支撑手机、GPS/北斗和宽带网络系统、笔记本电脑等领域发展的先进基础材料及关键技术，对于产品减轻重量、提高系统运行的安全性、保障相关人员的健康不受影响等方面具有重要作用。预计2035年替代同类普通材料量超过25%。

2.3.3 超高强镁合金

超高强镁合金材料是支撑航空航天、新一代武器装备、高速列车以及新能源汽车等尖端/高端装备不断升级发展的先进基础材料。我国在超高强变形镁合金研发与应用方面处于世界前列，但从提高与其他轻量化材料的竞争力、进一步扩大镁合金应用的角度看，现有的高强度镁合金材料在比强度、比刚度、断裂韧性以及性能的稳定一致性等方面还有明显不足，镁合金材料在上述领域的应用及提高其终端产品的竞争力方面受到严重制约，已成为当前面临的重要难题。超高强镁合金材料及其强韧化变形加工技术是镁合金领域发展的主要方向，预计2035年替代同类普通材料量超过20%。

2.3.4 Mg-Al 系、Mg-Zn 系、Mg-RE 系镁合金

Mg-Al 系合金是目前牌号最多、应用最广泛的镁合金系列，尤其是 AZ91(Mg-Al-Zn)合金，具有较高的室温强度、优良的铸造工艺性能和良好的耐蚀性。Mg-Zn 系合金是目前应用广泛的形变镁合金，具有良好的时效强化能力。以 ZM81 合金为例，其与 Mg-Al 系合金相比具有更高的强度以及更好的承载力。而与 Mg-Al、Mg-Zn 系合金相比，Mg-RE 系合金由于加入了稀土元素，不仅改善了合金的铸造性能，而且使镁合金的综合力学性能得到提高。所以，Mg-RE 系镁合金已经成为最具潜力、最具发展前景的镁合金系。

2.3.5 ZK 系、AE 系镁合金

ZK 系代表 ZK61 镁合金，T5 态下抗拉强度＞300MPa，但塑性较差；AE 系代表 AE44 镁合金，具备良好的抗蠕变性能，能够在＞175℃的环境下服役，已应用于汽车发动机托架及曲轴箱等。未来将从调控合金元素、优化铸造工艺方面出发，向使用提炼剩余的廉价稀土或非稀土元素代替目前的 La 或 Ce 元素方向发展，提高该合金的塑性，增强其竞争力。

2.3.6 新型超塑性镁合金

新型超塑性镁合金生产成本相对较低、利润高，在镁合金生产和应用中具有强劲的竞争能力。已有研究表明，研发的新型超塑性镁合金室温强度高（抗拉强度＞350MPa，屈服强度＞250MPa），且冲压过程具有超塑性变形能力（中、低温延伸率 100%～200%，高温延伸率 700%～800%），性能指标优于日本生产的同类产品。进一步加强该类材料研究，可为空天等技术发展提供支撑。

2.3.7 新型高强高塑铸造镁合金

随着空天、汽车、轨道交通的不断发展，对轻型复杂结构薄壁零件的需求越来越多，因此发展铸造流动性高、强度优良（抗拉强度大于 300MPa）、塑性高（伸长率大于 10%）的新型铸造类镁合金材料，对支撑未来汽车、空天、轨道交通发展具有重要意义。

2.4 铜合金材料需求分析

2.4.1 高强高导铜合金

近年来我国以电子信息、航空航天为代表的高技术产业发展迅速，相关产品向高集成化、功能多样化、微型化兼具高可靠性方向发展，铜合金材料以其优异的传导特性广泛应用于上述产品中。为满足新产品的设计要求，铜及铜合金材料需在保持高传导性的同时不断提升强度，以实现减小体积和提高可靠性的目的，高强高导铜合金正是满足此方面应用需求的最佳材料。随着我国骨干输变电网的电压等级向超高压（750～1000kV）、特高压（交流 1000kV、直流±800kV 及以上）发展，高压电器触头核心部件的通流能力从 5000A 提高到 6600A 以上，机械寿命从 6000 次提高到 10000 次以上，要求铜合金材料室温抗拉强度σ_b≥600MPa，电导率大于 80% IACS。以铜银、铜铬系合金为代表的高强高导铜合金近年来成为研究热点，能够在电导率保持 80% IACS 以上水平的同时强度较纯铜提高一倍以上，有希望在超大规模集成电路引线框架、电气化铁道接触网用接触线、高端精密电线电缆等方面替代现有铜合金材料，大幅提升产品性能。其中，典型的高强中导 Cu-Ni-Si 系合金，强度为 700～900MPa，电导率为 45%～55% IACS，国内宁波兴业、中铝洛铜等铜加工企业已经开展试生产及小批量市场供货，产品性能和生产工艺不断优化提升；高强高导 Cu-Cr-Zr 系合金，其强度为 600～700MPa，电导率为 80%～90% IACS，国内还不能供货，预计 2025 年前后会逐步投入市场；超高强 Cu-Ti-×和 Cu-Ni-×系合金，其强度大于 1000MPa，电导率大于 15% IACS，为绿色环保合金。这些材料当前存在的问题主要有两方面：①合金的性能受合金元素成分波动影响较大，批量产品性能均一性差；②由于机械性能与导电性能间的矛盾关系，此类合金的综合性能仍无法满足大部分高技术应用要求。这些问题限制了该类材料的应用范围，致使近年来产品种类少、产量较低。为克服这些难题，未来高强高导铜合金材料的研究和发展趋势应向新材料和新工艺设计两方面发展。采用能耗低、成本小、易操作控制的高强高导铜合金（如铜铬系合金）制备新技术、新工艺替代现有的真空制备等工艺技术，是解决材料连续制备性能稳定性波动、产品批次均一性差的有效途径。加强材料设计和工艺技术更新研究是高强高导铜合金材料领域未来阶段的发展趋势。

2.4.2 Cu-Cr-(×)系合金（高铁接触线、引线框架）

Cu-Cr 系合金是典型的形变热处理强化铜合金，具有导电性高、导热性高、硬度高、耐磨抗爆、抗裂性以及抗软化温度高等特点，是轨道交通接触网线、航空航天线缆、大规模集成电路引线、汽车工业和电子控制系统电焊电极、高脉冲磁场导体和大型高速涡轮发电机的转子导线等理想材料。接触线是高速铁路电力输送的关键材料，接触线的年需求总量在20000km，是关系到我国交通运输安全和效率的关键基础材料。我国已经具备Cu-Ag系、Cu-Sn系、Cu-Mg系合金等接触线全流程的生产能力，基本满足了我国300km/h以下高速铁路的需求，主要产业集中在沈阳、常州、西安等地。接触线生产的能源主要为电能，主要消耗在熔铸与加工过程中，单位能耗平均约为160～200kg(标准煤)/t，不产生有毒、有害的废气、废水及固体废弃物，环境污染小、环境压力小。目前我国国内380km/h及以上的线路全部采用铜铬锆合金接触线，包括京沪高铁枣庄至蚌埠高速试验段、大西高铁太原北至原平西高速试验段。2018年5月1日，铁标TB/T 2809—2017《电气化铁路用铜及铜合金接触线》正式实施，对中等级别以上接触线的性能要求为抗拉强度在530MPa以上，电导率在65% IACS以上。铜铬锆合金接触线产品已经正式成为标准化产品，为下一步推广扫清了障碍。铜铬锆合金接触线不仅可用于高速铁路，也可用于普速铁路和城市轨道交通。为了提高发展质量，更好地满足人民群众对美好生活的追求，国家已经启动500km/h以上高铁的研发和试验工作。新一代电子信息技术集成电路引线框架、新一代固态锂电池电极材料以及未来柔性电网材料需要高导高强的铬锆铜板带。引线框架带材集成电路的芯片载体，是电子信息产业中重要的基础材料，我国年需求量约20万吨。目前我国引线框架铜带主要以中低端应用的Cu-Fe-P系合金(C19200、C19400)为主，主要产业集中在长三角等地。引线框架铜带生产的能源为电能，单位能耗平均约550～600kg(标准煤)/t，根据规格和生产装备有所不同，为低耗能行业，无排放，环境压力较小。随着集成电路向着大规模及超大规模方向发展，引线框架材料综合性能要求抗拉强度为600MPa以上，电导率在80% IACS以上。而要实现接触线和引线框架材料的上述性能要求，时效强化型的Cu-Cr-X(X=Zr、Sn、Ti、Mg、Ag等)合金接触线除了具备强度和电导率的优势之外，还具备优良的耐磨损和抗软化性能，是能够满足引线框架进一步发展需求的候选材料之一。然而，由于Cr以及合金第三组元元素，如Zr、Ti等与O、N、C等元素的亲和力大，易吸气和产生不易还原的化合物，截至目前仅有日本能够掌握Cu-Cr系合金的大规模生产技术，国内尚无法非真空制备出大卷重的铜铬锆系合金线材。目前通常采用两种工艺：一是真空熔炼的工艺，这种熔炼工艺成本高，且组织粗大，难以制备出单根大卷重的线坯；二是非真半连续制造技术，该技术存在Zr在整个坯锭范围内波动大的问题，导致性能一致性差，且难以制备出单根大卷重的线坯。随着“一带一路”

的推进，对接触线、引线框架等材料的产量需求将进一步增大，我国 300km/h 以上高速铁路用接触线和高端引线框架带材无法实现自给，在国际上话语权小，获利薄。该系合金理想的生产过程是连续化、短流程、高效率、低成本、节能降耗和绿色环保。预计 2035 年 Cu-Cr 系合金在高铁接触线上的应用可替代同类普通材料用量 60%以上，引线框架铜合金可替代同类普通材料用量 30%以上。

2.4.3 耐磨耐蚀铜合金

耐磨耐蚀铜合金具有高耐磨、高耐蚀、高耐热等特点，主要用于制作发动机、轴承等。目前常用的耐磨耐蚀铜合金包括锡青铜、铝青铜和锰黄铜，铸件抗拉强度为 400～500MPa，硬度为 100～200HBS，延伸率为 6%～10%，挤压材抗拉强度可达 600MPa，硬度为 200HBS 以上。国外主要生产商有日本三宝、世田谷、住友，国内有中铝洛铜等。国内的高强耐磨铜合金根据其应用领域分为低成本中强耐磨易切削铜合金，如汽车领域用同步器齿环用 Cu-Zn-Mn-Si-Pb 黄铜系铜材；中强耐磨铜合金，如机械装备、航空航天等液压领域用 Cu-Al-Fe(Ni)青铜系铜材等。随着汽车性能的不断提升，对零部件材料的各项性能要求也越来越高，中强耐磨铜合金材料在使用过程中耐磨性能不足的弱点越来越限制了其发展，为了进一步提高中强耐磨铜合金的耐磨损性能，需要进行改性及表面处理工艺的研究，以期在控制成本的条件下提高材料的综合性能。随着交通运输、武器装备等领域的高速发展，对高强耐磨铜合金材料的需求日益迫切，同时也对低成本耐磨材料的个性化和高性能化提出了更高要求。耐蚀铜合金广泛用于海水淡化、舰船、海上石油平台等领域用冷凝器、热交换器管材和各种高强耐蚀件（阀体、法兰、接头等）。目前，德国、韩国等海洋工程用无缝白铜排水管的最大直径已达到 520mm 以上，壁厚最薄已达 0.7mm。国内在大口径耐蚀白铜管研制方面起步较晚，同时开发的耐蚀铜合金在较高海水流速条件下（≥3.5m/s），存在耐蚀性不稳定、使用寿命低等问题，与国外同类合金相比仍存在较大差距。目前国内约 60%高精度、大口径的高端 Cu-Ni-Fe 系合金管材产品依赖进口，严重制约了我国海洋工业的发展。同时，目前应用较多的传统 Cu-Ni 系耐蚀铜合金主要是 B10（Cu-10Ni-1Fe-1Mn）、B30（Cu-30Ni-1Fe-lMn）等。然而，在高温、高湿、高盐、高流速等复杂苛刻的海洋环境服役条件下，传统耐蚀铜合金的力学性能和耐蚀性能越来越难以满足上述要求，主要腐蚀元素为 Cl^-、S^{2-}，主要的失效形式为点蚀穿孔泄漏。随着我国航空航天、机械制造行业的快速发展，航空发动机、火箭燃烧腔、高速轴承等部件对耐磨耐蚀耐热铜合金的性能要求和需求量将显著提高。目前耐蚀耐磨铜合金存在强度、耐热性不足，合金元素有毒等问题，其未来研发及应用的趋势主要是：①增强合金整体设计。增加具有优良减摩特性的成分（石墨、二硫化钼等）；合金成分优化设计，研发新型合金（如 Cu-Ni-×系合金、稀土改性硅锰黄铜等）。②加工及热处理工艺优化。采用挤压、锻造等加工方式提高组织致密度，并对热处理制度进行优化，控制材料内部耐磨相的形成和分布。③材料表面强化。在材料应用前，采用超声喷丸、高能喷丸、表面机械研磨等方式对其表面进行强化处理。通过成分、加工及热处理工艺优化设计，有望将耐磨耐蚀铜合金的性能指标提升至抗拉强度 800～1000MPa，屈服强度 600～800MPa，延伸率 $A \geq 12\%$，硬度 HB≥250，并替代同类普通材料用量 50%以上。

2.4.4 高弹性低松弛铜合金

随着航空航天、电子、汽车等工业的快速发展，连接器主要朝着小型化、薄型化、多功能、长寿命等方向发展，对连接器用弹性材料的强度、弹性、成形性、使用可靠性等指标提出了更高要求，如抗拉强度大于 1000MPa、弹性模量大于 130GPa。目前国内外使用的高可靠性连接器用弹性材料主要为铍铜合金。由于铍铜合金含剧毒物质铍且在高于 150℃环境下应力松弛率急剧增大，极易导致弹性元器件在工作状态下的接触压力发生改变，致使连接器工作失效。因此，开发出新型的环保超高强、高抗应力松弛、成形性能优良、高可靠性的导电弹性铜合金成为目前弹性材料研究的热点。Cu-Ni-Mn、Cu-Ti 合金均属于时效强化型合金，经过固溶、变形、时效处理后，可获得与铍青铜相媲美的高强度、弹性等性能及更加优越的成形性能、耐腐蚀性和应力松弛性能。以上两种合金相继被法国、美国、日本等国家研究开发，已部分替代铍青铜合金用于制作各种弹性元件，应用于航空航天、汽车、电子电器等领域。目前，国内部分铜加工企业正在试制铜钛合金产品，但其质量可靠性和稳定性方面还远不如国外，年产量只有约 300t。在技术装备上，我国具有世界先进的水平连铸、板带材精轧等材料制备加工设备，具备规模化生产铜钛合金的基础。然而，铜钛合金规模化生产的关键加工制备技术仍被国外掌握，我国缺乏大批量生产高品质铜钛合金的相关技术。这导致我国铜钛合金产品成品率低、质量稳定性差，我国现有铜钛合金材料无法自给，在国际上话语权小，产品获利薄。因此急需通过以重大科研项目牵引，产学研用相结合，从基础前沿、重大共性关键技术到应用示范进行全链条创新设计，一体化组织实施，尽快完成以上两种材料的设计开发、制备加工及工艺优化等关键技术的重点突破，实现工业化生产。预计 2035 年可以实现对铍铜合金材料用量 70%的替代。

2.4.5 高强高导耐热铜基复合材料

重载液氢液氧火箭发动机内衬、超高压开关触头、电焊电极触头用铜合金材料随着装备的升级换代对其性能提出了更高的要求，C1500、GlidCop Al-15/25、C18150和 NARloy-Z 等已不能满足综合性能高度匹配的要求，急需替换材料。因此，高强、高导、耐高温、耐电蚀的综合性能优异的铜合金材料成为众多高端装备的急需材料，研发综合性能优异的此类铜合金材料是各国的研究热点，也是亟待研究的重点。铜基复合材料是一类具有高导电性、突出的常温和高温下力学性能的新型结构功能材料。其中，引入碳纳米管和石墨烯，开发和研究高强度与高电导率的碳纳米管/石墨烯增强铜基复合材料成为前沿方向之一。目前，该系列铜基复合材料已经实现抗拉强度＞600MPa、电导率＞80% IACS，但都处于研发阶段。根据具体领域的技术发展需求，开展原位自生碳结构强化和微合金强化协同作用的铜基复合材料研究，制备合金粉末的原位碳纳米管增强复合材料，开发复合材料及其增材制造技术，获得超高热导率、高强度、高热稳定性的铜合金及其部件制备的关键技术，对推动我国高端制造领域用铜基复合材料的全面快速发展具有重要作用。

2.4.6 高品质超细导电铜合金线

铜线是用于制作电线电缆的关键材料，是十分重要的基础材料。我国是全球最大的铜线生产国和消费国，年需求量达 1000 万吨。目前我国已具备铜杆坯制备，铜线大拉（从 8mm 成形至 3mm 左右）、中拉、小拉、微拉、镀锡、包漆等全部流程的生产能力，基本满足我国电线电缆工业的需求，主要产业集中在长三角、珠三角以及江西等地。铜线拉制生产的能源为电能，主要提供给驱动电机、退火和气氛保护，单位能耗平均约 25～30kg（标准煤）/t，根据规格和生产装备有所不同，为低耗能行业，无排放，环境压力较小。超细导电铜合金线材料是制备高端电子产品传输线的关键基础材料，用于制备集成电路封装导线、微型电机输电线、高频超细同轴电线、高速宽频传输线缆、通信终端传输线和医用精密导线等。线材的单根最大长度≥100km，主要有两种材料：Cu-Ag 合金和 Cu-Sn 合金。其性能要求是：Cu-Ag 合金抗拉强度≥350MPa，电导率≥96% IACS，可拉制的超细丝尺寸为 0.03mm±0.003mm；Cu-Sn 合金抗拉强度≥400MPa，电导率≥75% IACS，可拉制的超细丝尺寸为 0.03mm±0.003mm。在生产技术装备方面，我国已具有上引连铸、连铸连轧制备铜杆坯的自主装备能力，具有拉线和镀膜环节（镀锡、包漆）设备开发能力，特别是中拉机、微拉机、铜线热镀锡机等达到国际先进水平。然而，体现高效率和高质量的大拉机则大多数从德国尼尔霍夫进口，因为其单头产能可达2万吨/年，且较能保证产品质量，还可与电镀锡工序直接配合或进行多头拉丝。相比之下，国产设备的效率不及其四分之一，且大拉线的质量较难保证。因此，国内生产铜线的一线企业全部采用进口设备。另外，随着终端产品对线径的要求越来越高，直径为0.1mm以下的铜线需求越来越多，且拉丝速度要求越来越快，再加上再生铜杆的供应越来越大，使得我国现有铜线的生产面临着高端装备要进口、高端产品无法自给、再生铜杆应用面局限等困局。目前，该类材料产业化制备关键技术也尚未取得突破，相关产品原料全部依赖进口。国内已有企业开展了该材料研发，取得了一些成果，但还无法实现拉制0.03mm超细线的要求。虽然我国产量最大，但正是因为关键技术装备被国外掌握，使得我国的铜线工业在国际上话语权很小，获利微薄。未来国产同类产品将逐步替代进口同类产品，预计2035年国产同类产品可替代进口产品50%以上。

2.4.7 高铁含量铜铁合金（高导、电磁屏蔽材料）

铜铁合金（Fe：5%～20%）除了具有高强、高导等性能外，还具有两点与其他铜合金的不同之处：一是具有吸收电波的功能，二是电磁波屏蔽效果。新一代铜铁电磁屏蔽材料是下一代显示器的关键材料，该类材料电导率高、散热性好，具有电磁屏蔽功能。以一定比例构成的铜铁合金，兼备铜的高电导率和铁的高磁导率，对电磁场有优异的屏蔽作用。如CFA95对磁场具有50～80dB的屏蔽效果，对电场具有80dB以上的屏蔽效果，同时自身电导率达到60%～70%IACS。它在计算机、通信、汽车、电子、航天、航空等领域电磁兼容方面应用广泛；在医疗设备、医院等场所用于电磁场屏蔽；在通信、电力等领域用作电磁屏蔽材料等。其产品的形式为板、带、箔、管、棒、线等。目前国内尚无该材料产业化制备技术，预计2035年替代同类普通材料用量60%。

2.4.8 高强高导压铸铜合金材料

作为国民经济发展和日常生活中最重要的动力设备之一，电动机是将电能转换为机械能的一种电磁装置，用来驱动各种生产机械。电动机的用电量占整个工业总用电量的2/3，目前我国电动机的耗电量约占我国社会总用电量的60%。目前大多数笼型三相异步电动机使用铸铝转子，传统的铸铝转子体积大、能源消耗高、工作效率低，是电动机功率损失的重要部件，严重制约着电动机效率的提升。降低电动机自身的损耗可有效地提高电动机的工作效率，因此降低转子的损耗是提高电动机效率的一种重要途径。铜与铝相比具有良好的导电性、散热性和耐磨性等，引起人们的高度重视，以铸铜转子来替代铸铝转子成为研发超高效率电动机的有效措施之一。目前已经研发的铸铜转子转速低于3000r/min，可以应用于减速机、水泵等工业电机，对铸铝转子进行部分替代。但其制备工艺不稳定、成材率低、缺陷多，表明其制备关键技术并未完全攻克。而电动汽车中主轴用电动机，转速高于8000r/min，对铜转子提出了高致密、高强度等更高的要求。在这类电机中，由于高转速运行需要材料具有很高的屈服强度和抗拉强度，纯铜虽然具有优异的导电性能，但其屈服强度不足100MPa，无法满足高转速电动机的运行条件。因此，需要进一步开发保持电导率不变或电导率下降不明显，而屈服强度和抗拉强度显著提高的高强高导电铜合金压铸材料，应用于高转速电动汽车用电动机。

2.4.9 电子用超薄压延铜箔

压延铜箔是制造屏蔽材料、柔性印制线路板、石墨烯透明导电薄膜的重要材料。国内许多高档CCL、PCB企业生产所必需的高挠曲性、高表面处理、高机械强度压延铜箔均无国产化产品，被日矿金属、福田金属、奥林黄铜和日立电线等企业垄断。高挠曲性压延铜箔目前已实现箔材在≤33μm时，室温下抗拉强度≥500MPa，延伸率≥3%；135℃×30min热处理下，抗拉强度≤150MPa，延伸率≥10%，挠曲次数≥76000万次，但国内产品性能差距大。表面处理压延铜箔，国内仅初步了解灰化处理，黑化处理还处于研发阶段。未来开发表面处理箔要求厚度≤9μm；室温抗拉强度≥350MPa，延伸率≥0.5%；180℃×15min热处理下抗拉强度≤250MPa，延伸率≥10%；MIT：35～50次；抗剥离强度≥1.3N/mm；针孔数≤0.05个/m^2，用于替代进口，提升国产化率。2017年全球压延铜箔产量为6.9万吨，国内主要有四家企业生产压延铜箔，总产量约0.7万吨，占比10%，较2016年产量增加一倍。按此估算，到2035年我国高性能压延铜箔替代国外材料的占比将达到40%左右。

2.4.10 环保易切削系列铜合金材料

铅黄铜广泛应用于电子电气、水管龙头、阀体、钟表、锁具、玩具、接插件、耐磨件等领域。铅为有毒元素，欧盟、美国、中国、日本等相关法案对其在电子电气设备、供水系统中的使用做出了限制，开发环保易切削铜合金成为必然趋势。目前已有产品供应的为铋黄铜、硅黄铜。铋黄铜有美国C89×××，日本BZ5/BZ3，中国的海亮HB-20、四川鑫炬HBi60、四川博威ZHBi87等。铋价高且资源短缺，材料成本高，加工性能差，易产生应力开裂、应力腐蚀。硅黄铜铜含量为70%～80%，成本高，有日本三菱 ECO BRASS，中国 HSi80-3、HSi75-3 等。其他如锑黄铜、镁黄铜、磷钙黄铜、石墨黄铜等，尚未得到大规模推广。环保易切削铜合金未来的发展趋势：①切削性＞85；②成本低，铜含量＜65%，优先采用廉价元素，减少稀贵元素使用；③Pb＜0.01%；④抗拉强度 450～700MPa；⑤良好的成形性能及耐蚀性。预计到 2035 年，在电子电气设备、供水系统中，环保易切削铜合金的替代量将达到 60%。

2.4.11 铍铜合金

铍铜（QBe1.9、QBe2、C17200、C17500、C17510、C17410、C17460）板带材是一种高附加值产品，广泛应用于各类工业领域和国防军工系统。随着世界经济的发展，全球铍铜板带材供不应求的形势日趋严重，国际市场需求量每年以 11%～12% 的速度递增，国内铍铜合金板材市场需求量每年以 20%～39%的速度递增，且大部分仍然依赖进口。特别是厚度 0.4mm 以下的铍铜合金板材在国际市场上相当紧缺。随着国内外科学技术的发展，国外一些工业发达国家对于铍铜材料的生产和应用已达到了较高的水平，装备与生产技术的革新也在飞速发展。目前，美国（以布拉什·韦尔曼公司为代表）和日本（以 NGK 公司为代表）生产厂家规模都很大，生产工艺和装备水平处于世界领先地位，产品几乎垄断了国际市场，产品精度高且性能优良，被广泛地应用于各种工业领域以及国防军工系统，在一些有特殊要求的应用环境中表现优异。而我国限于装备水平和工艺技术方面的原因，只能生产中低端市场需求的产品，产品品种规格、尺寸精度、表面质量、微观组织及性能等方面与国外同行相比都还存在一定差距。目前全球铍铜合金带材需求量约为 1.2 万～1.6 万吨，未来将在电动车充电桩、海洋工程用通信装备方面有广阔的市场需求，还将以工厂硬化材（又称为预时效材）方式供货。通过开展铍铜合金熔铸新工艺及带材加工技术的研究，可提高国产铍铜合金的综合品质，加快国内铍铜产业技术升级的步伐。

2.5 高纯有色及稀有金属材料需求分析

2.5.1 高纯钛（电极）

钛金属质量轻、韧性强，又耐高温，使用领域非常广阔。特别是在航天航空领域，钛及钛合金占据了重要的地位。此外，钛金属具有较高的稳定性，耐酸碱腐蚀，是涂层钛电极的主要基底材料。涂层钛阳极的应用范围也很广泛，如氯碱工业、有色金属提取、电催化处理污水、阴极保护等。与传统的石墨电极、铅基合金电极相比较，涂层钛电极的优点很多：阳极尺寸稳定，电解过程中电极间距离不变化，可保证电解操作在槽电压稳定的情况下进行；工作电压低，因此电能消耗小，可节省电能消耗，直流电耗可降低 10%～20%；钛阳极工作寿命长，隔膜法生产氯碱工业中，金属阳极耐氯和碱的腐蚀，阳极寿命已达 6 年以上，而石墨阳极仅为 8 个月；可克服石墨阳极和铅阳极溶解问题，避免对电解液和阴极产物的污染，因而可提高金属产品纯度；氯碱生产中，使用钛阳极后，产品质量高，氯气纯度高，不含 CO_2，碱浓度高，可节省加热用蒸汽，节省能源消耗；耐腐蚀性强，可在许多腐蚀性强、有特殊要求的电解介质中工作；基体金属钛可多次反复使用。因此，随着工业上的不断发展，涂层钛电极的使用规模也会越来越大，有可能会全面替代传统的石墨电极和铅基电极。

2.5.2 超高纯超导铌材

超导铌材主要用于高能粒子加速器的制造，是物质粒子探索、核废料处理装置的主要超导制备材料；中色（宁夏）东方集团有限公司（简称中色东方）作为国内第一、世界主要的超导铌材供应商，已经为世界主要高能粒子加速器项目提供了超过 30t 的超导铌材，目前仍有超过 30t 的超导铌材在技术评价阶段。随着行业应用的不断深入，基于高性能与低成本的推动力，行业对超导铌材提出了更高的要求。要参与甚至引领超导铌材的技术与市场方向，需要持续研制高性能与低成本相结合的超导铌材。未来将超导铌锭的纯度由目前的 3N5 提高到 4N5 的超高纯化以及组织性能的高性能化，是技术发展趋势。

2.5.3 核能级金属锆和金属铪

核能级金属锆和核能级金属铪是核电堆芯燃料包壳材料和核反应控制材料，具有不可替代性。美国和我国采用 MIBK-硫氰酸盐体系分离锆铪，氧化锆和氧化铪中间品经氯化、镁还原获得产品，当前存在的主要问题是 MIBK 和硫氰酸盐都有毒，氯气是有毒危险品。法国采用锆英砂氯化、熔盐分离、镁还原工艺，存在的问题是废熔盐污染等。降低环境污染风险和提高生产效率是技术发展的必然趋势，如高效低污染分离锆铪、四氯化锆加压分离锆铪、氧化锆无氯直接还原等。根据目前核电发展的情况，全世界年需求核能级海绵锆近 1 万吨。

2.5.4 锡材料

2.5.4.1 高纯二氧化锡

高纯二氧化锡主要用于半导体、催化、气敏、光电、ITO 靶材等行业。据统计，全球每年使用 5000t 二氧化锡。2016 年，全球 ITO 靶材用二氧化锡市场需求量约 200t，国内 ITO 靶材市场需求量约 70t；全球气敏材料用二氧化锡市场需求量约 200t。国产 ITO 靶材用二氧化锡主要依赖进口。目前的二氧化锡生产技术主要采用液相合成和气相合成方法，均存在纯度低、粒度不可控等缺点。随着行业发展和应用技术升级，将向高纯、粒度集中且不同粒级的二氧化锡发展。

2.5.4.2 锡酸锌

锡酸锌是重要的无卤、高效、环保、无毒的新型阻燃剂，用于替换三氧化二锑阻燃剂。据统计，2018 年全球阻燃剂市场规模达 103.4 亿美元。目前，随着我国经济发展和合成材料的广泛应用，对绿色、环保、高效阻燃剂的需求呈现快速增长的态势。其中，建筑市场是阻燃剂产品最大的目标市场。阻燃剂的主要作用就是降低可燃物质的易燃性，缓解火焰蔓延。阻燃剂市场是一个极具竞争力的市场，因日益严格的环保和阻燃法规的压力，具有低放热率、低生烟性和低毒性的新型阻燃材料更具有竞争力，需要研发低毒、少烟、低腐蚀、性能稳定、安全环保的新型阻燃剂。

2.5.4.3 锡基预成形钎料

据统计，2017 年全球锡基预成形钎料规格品种近百种，产值约 50 亿元，产量约 2000t，中国锡基预成形钎料规格品种不到 10 种，产值约 1 亿元，产量约 30t，而需求量近千吨，大量锡基预成形钎料依靠进口。锡基预成形钎料制备方法主要是：合金成分设计—成形工艺（包括挤压成形、辊压成形、拉拔成形等）—合金后处理（如回火处理）—冲裁加工—产品修整—产品包装（如卷带包装）—配套助焊剂制备。国内企业主要在合金成分设计、成形工艺、冲裁设备、配套助焊剂方面与国外技术差距较大。超细、超薄的锡基预成形钎料，不规则锡基预成形钎料，抗氧化锡基预成形钎料，四元锡基预成形钎料，均匀稳定的锡基预成形钎料，免清洗的锡基预成形钎料，高焊接性能的锡基预成形钎料将成为未来的发展趋势。

2.5.5 高纯镓

高纯镓是生产制备 GaAs、GaP、GaN 等化合物半导体的基础材料，广泛应用于电子工业和通信领域以及 Mo 源领域。通常半导体照明和 LED 等领域需要 6N 的纯度，微波领域的纯度需要在 7N～8N 以上。但国内市场上纯度 4N～5N 的厂家比较多，能够提供 6N 纯度以上的厂家很少，仅有的南京金美镓业有限公司实际上为外资独资公司。建议加快扶持生产纯度 6N～8N 镓的企业，提高技术水平，以支持 GaAs、GaN 等新一代化合物半导体的发展。

2.5.6 高纯硒

高纯硒是生产 ZnSe、CdSe 等Ⅱ～Ⅵ族化合物半导体的基础材料，在半导体器件、光电器件、热电器件以及激光与红外光学方面应用广泛，一般要求材料纯度在 6N 以上，在国民经济中的重要地位日益凸显。我国国内硒资源供应不足，目前峨嵋半导体材料研究所可以生产，但仍大量依赖进口。因此提高硒材纯度，是科学高效利用紧缺硒资源的必然要求。采用物理、化学耦合联动技术制备 6N 的高纯硒并实现产业化，将显著提高我国硒资源利用的水平，预计 2035 年替代同类普通材料量的比例将达到 90%。

2.5.7 高纯铟

高纯铟是生产 ITO、CuInGaSe、InP 等化合物半导体的基础材料，广泛应用于太阳能电池薄膜、电子元器件等领域。尤其是随着 5G 技术的快速发展，对 InP 半导体的需求急剧增加，要求纯度大于 6N。国内铜铟镓硒太阳能电池生产线规划产能大，已经超过 4GW，但大多处于规划建设中，是 5N、6N 高纯铟的应用方向，达产后仅国内的高纯铟需求量就将达 160～200t/年。半导体（磷化铟）产业主要在国外，国内处于起步阶段，但发展迅速，已有多家企业新建磷化铟生产线。2016 年，全球高纯铟的需求量约 170t，是 6N、7N 高纯铟的应用方向。国内高纯铟生产企业多，主要有峨嵋半导体材料有限公司、广西铟泰科技有限公司、成都锦沪新材料有限公司等，但生产成本高昂导致价格居高不下，有效供应少，2016 年产量约为 10t；国外高纯铟主要生产企业有美国铟公司、英国 MCP 公司等，2017 年产量约为 65t。总体来看，国内高纯铟产品质量不稳定、供应不足，每年需进口大量的高纯铟。此外，在 MBE 里的铟大于 7N，仍主要以进口为主，建议对 7N 材料集中攻关。未来需要解决的问题是：①高纯度。随着铜铟镓硒薄膜太阳能电池和半导体行业的不断发展，对纯铟材料的要求越来越高，杂质含量要求小于 1×10^{-6} 以下，即铟的纯度达 99.9999%及以上。②高稳定性。随着铜铟镓硒薄膜太阳能电池和磷化铟产线规模的不断扩大，对高纯铟批量生产的稳定性要求越来越高。

2.5.8 高纯碲

高纯碲是生产 CdTe、CdZnTe、HgCdTe 等化合物半导体的基础材料，在太阳能电池、辐射探测材料、红外探测器及衬底、军用等领域应用广泛。原材料碲的纯度直接影响材料的电性能，因此开发 7N 以上的高纯碲将显著提高终端产品的电稳定性。目前国内生产厂家包括峨眉半导体材料研究所、成都中建材、武汉拓材、广东先导，碲产品主要以 4N 为主，纯度较低，而我国碲资源储量不足，大量依靠进口。提高碲材纯度，是科学高效利用紧缺碲资源的必然要求。根据碲的理化性能，采用物理、化学耦合联动技术制备 7N 以上的高纯碲并实现产业化，将显著提高我国碲资源利用的水平，预计 2035 年替代同类普通材料量的比例将达到 90%。

2.5.9 高纯钽

钽电容器元件广泛应用于汽车、通信、航空航天等高可靠性要求的诸多领域。伴随着钽电容在军工、信息网络技术等高端领域的广泛应用，钽粉的高比容化、高可靠性、高稳定性是制备钽电容器阳极的重要特征。电容器用钽粉高比容、高耐压方向的技术进步，已成为衡量钽粉制备水平的重要标志。目前无论是在高比容钽粉还是在高耐压钽粉技术方面，德国 H. C. Stark 集团、美国 GAM 集团都占据着国际领先地位。这两家企业都可以大批量生产 200000μF • V/g 高比电容量和 50V-10000μF • V/g 中高压产品，研究水平比电容量达到 500000μF • V/g，耐压 150V。宁夏仅可小批量提供 200000μF • V/g 的高比容钽粉和 63V-4000μF • V/g 的耐压钽粉产品，高比容钽粉研究水平也只达到 300000μF • V/g，与国际先进水平还存在着较大的差距，极大地制约了我国钽粉在高端电容器领域的应用及重要领域钽电容器的国产化进程。半导体技术飞跃发展，用作溅射膜的钽需求量逐渐增加。该领域的发展对钽粉纯度提出了更高的技术要求，世界技术水平达到了纯度 5N8，宁夏冶金级钽粉的纯度达到 5N，在该领域还有一定的差距。

2.5.10 高纯镉

高纯镉是生产 CdTe、CdZnTe、HgCdTe 等化合物半导体的基础材料，在薄膜太阳能电池、辐射探测材料、红外探测器及衬底等领域应用广泛，一般要求纯度在 5N 以上，探测材料则要求在 7N 以上。目前国内供应商包括峨嵋半导体材料研究所、成都中建材、武汉拓材、广东先导等公司，但是质量可靠性仍需要提升。尤其是对于7N的高纯Cd，曾经因国内厂商无法供货导致下游厂家停产，不利于下游产品的推广。建议以项目或者保险形式，推进生产厂家的质量稳定性和下游高纯材料厂家的应用。

2.5.11 高纯磷

高纯磷是生产InP、GaP等化合物半导体的基础材料，在集成电路等领域应用广泛。随着5G通信的发展，其需求急剧增加，要求纯度在6N以上。但是磷属于易燃产品，需要严格的准入资质，能生产的厂家很少，目前仅有峨嵋半导体材料研究所能够提供5N～6N的红磷，尚不能满足国内下游半导体晶体产品的生产要求，因此仍以进口为主。

2.5.12 高纯砷

高纯砷是生产GaAs等第二代化合物半导体的基础材料，在集成电路、LED、太阳能电池等领域应用广泛，纯度以6N居多，7N主要应用于MBE领域。目前峨嵋嘉美高纯材料可以生产5N～7N的高纯As，江西海宸光电可以生产6N的高纯As。建议规范生产，确保供应。

2.5.13 高纯锑

高纯锑是生产GaSb、InSb等化合物半导体的基础材料，可作为红外衬底应用于军事等领域，满足国家军工战略需求，纯度要求在6N以上。峨嵋半导体材料研究所、武汉拓材科技有限公司、成都中建材光电材料有限公司等可以提供6N的高纯Sb，但是进一步的7N高纯Sb生产仍然较为困难。

2.5.14 高纯铝

高纯铝是MOCVD用源的基础材料，主要用于生产AlGaN等化合物半导体材料，三甲基铝要求纯度6N或更高，MBE应用则要求纯度7N。但是目前对于高纯Al，5N及以上纯度的材料供应困难，仅有峨嵋半导体材料研究所、上海交通大学等单位可以少量供应，尚无法达到生产使用要求，而且价格太高，不利于产业应用。因此，目前高纯Al的使用仍然以进口为主。建议设置专项进行技术攻关。

2.5.15 高纯锌

高纯锌是生产 ZnSe、ZnS、CdZnTe 等化合物半导体的基础材料，在激光、红外、辐射探测等领域应用广泛，要求纯度在 6N 以上。国内峨嵋半导体材料研究所、成都中建材光电材料有限公司等可以提供 6N～7N 的高纯 Zn，但是质量稳定性仍需要进一步提高。

2.5.16 贵金属

高端大规模集成电路正朝着高速、小尺寸、窄间距方向发展。随着集成电路技术的进步和更新换代，对新型贵金属装联材料的品质提出了新的要求：①高纯金蒸镀材料：金纯度大于 99.9995%以上，且能有效控制特定杂质元素 C、Fe、Pb、Sb、Bi 等，并保证原料洁净度，无有机物污染，气体非金属元素含量低；②金合金材料：脆性金合金小直径（1～2mm）精密连铸成形产品，合金成分均匀、无碳及氧化物等夹杂、含气量低的金锗、金锡、金铍系列规则颗粒产品，填补国内空白，完善贵金属欧姆接触材料产品体系；③超细键合金丝及复合丝：键合丝产品正向超细化（<10μm）、复合化、高强度、低弧度、长跨度、高可靠性和低贵金属含量方向发展。受材料制备过程中原料性能、加工工艺等方面的影响，我国目前尚不能批量制备集成电路行业用新型贵金属装联材料，无法为高端集成电路产业提供有效的基础材料保障。集成电路用高纯金蒸镀材料的生产仍然集中在几大国际公司，包括庄信万丰、霍尼韦尔、威廉姆斯、优美科、贺利氏、日矿材料等，引领着国际贵金属材料的技术方向，也占据着世界大部分市场。国内的贵金属材料生产厂家，主要有贵研铂业、东北大学、沈阳东创、北京亿研和山东黄金、贺利氏招远等，与国外的知名大公司相比仍有较大差距，产品结构单一，大多处于中低端，主要用于半导体照明等行业。对于集成电路用高端装联材料产品主要依赖进口的格局也没有根本改变，严重影响着我国集成电路产业转型升级乃至国家安全。同时，随着中国在全球新能源产业制造领域的中心地位进一步加强，我国已经成为金基蒸镀材料的最大需求地区之一，国外一些大公司出于生产成本、市场对接和交货周期等方面的考虑，纷纷在中国建厂，抢占国内市场，使国内企业面临更加严峻的竞争形势。针对我国航空航天、电子信息、电工电器、电力能源、交通运输、汽车等行业对高性能稀贵金属高温合金新材料的重大需求，深入研究贵金属及其合金在变形过程中晶粒的失稳机理和位错形成及演化过程，通过高温合金球形粉末关键技术攻关，解决球形合金粉、高比重差粉末制备问题，研究超高熔点合金加工成形、长寿命特征合金材料等的共性问题，

通过对工艺流程进行改造和技术升级，改善和更新设备，重点突破高温合金新材料的高附加值、低成本和长使用寿命等共性关键技术难题，将对提高稀贵金属高温合金材料的品质、降低产品成本，带动整个贵金属高温合金产品行业技术整体水平的提升，增强企业在国际市场上的竞争力具有重要的意义。同时，对推动我国有关行业的科技进步和先进制造业的发展，打破国外的技术封锁和产品垄断，也具有重要的战略意义和经济应用价值。针对高端贵金属钎焊材料属于装联材料，其钎焊温度区间为220～1400℃，主要包括金基、银基和钯基三大系列钎料。它们具有导电导热性特别优良、钎焊接头气密性好、耐冷热冲击性强、接头强度高、焊接工艺优良、化学性质稳定等特点，大量用于钎焊航空、航天、电子、兵器、核能等国防军工领域的各种关键零部件。近年来，随着军事工业的高速发展，新型航空发动机、运输机、卫星姿/轨控发动机、卫星、机载雷达和大功率微波器件、空空导弹、深空探测同位素电池等国防领域的涡轮叶片、机匣、喷管、微电子、光电子芯片等部件均采用了大量的贵金属钎料进行钎焊连接和组装。但是，现有的贵金属钎料温度区间宽、清洁性较低，钎焊工艺、力学和物理性能数据指标、应用考核数据严重不全，没有形成系列化、标准化和货架化的产品，远远不能满足型号总师和材料设计总师对钎焊材料的选材要求，这成为制约我国新型武器装备研制发展的关键瓶颈。因而亟待开展研发具有自主知识产权的集成电路用新型贵金属装联材料短流程批量制备技术、稀贵金属高温合金新材料的制备、贵金属系列钎焊材料的谱系化研究等，以满足我国各领域的需求。

2.5.17 高纯铂族金属

随着现代高科技的发展进步，航空航天、集成电路等领域对高纯铂族金属等关键基础材料的需求与日俱增。日本、美国、德国等在高纯Pt、Pd、Ru、Ir等铂族金属方面一直以来十分重视高纯铂粉材料的研制、生产和应用，建立了完整制备体系，能够规模化生产，但严格保密。与国外相比，国内制备的高纯铂族金属方面尚有较大差距，高纯铂族金属（5N以上）基本依赖进口。

2.5.18 高纯稀有金属多元合金靶材

2.5.18.1 镍铂靶材

镍铂硅化物由于具有能承受高温热处理、能选择腐蚀、薄膜电阻率低等特点，在超大规模集成电路(VLSI)、肖特基势垒二极管（SBD）、金属氧化物半导体场效应管（COMS）制造中，作为一种性能优良的接触材料得到广泛的应用。镍铂靶材即为制备该镍铂硅化物层的关键原材料。由于靶材纯度、结构及性能的稳定性对薄膜性能影响较大，长期以来该靶材主要依赖进口。2014 年贵研铂业股份有限公司通过自主创新，开发了具有自主知识产权的镍铂靶材微结构调控技术，并实现替代进口和出口，成为国际前 20 名的知名半导体公司。

2.5.18.2　钨合金靶材

近年来，中国在半导体领域的发展可谓是突飞猛进。随着国产智能手机等移动终端产品的崛起，国产芯片也取得了出色的成绩，特别是在核心的处理器和通信芯片上。但是在存储芯片领域，中国的发展相对滞后，这块市场也一直被美日韩厂商垄断。3D NAND（闪存）存储器由于在容量、速度、能效及可靠性上都有很强优势，大量应用在移动存储、数码相机、掌上电脑等数字设备中，由于受到数码设备强劲发展的带动，NAND 闪存一直呈现指数级的超高速增长。3D NAND 闪存作为建立在 2D 基础上的一种新型技术，有 VC 垂直通道、VG 垂直栅极两种结构。随着技术的不断发展，3D NAND 的堆栈层数将由现在的 32 层向 48 层、64 层甚至更高的层数发展，这就需要性能特殊的金属作为高性能的导电链接介质。由于钨具有良好的物化性能、高的熔点、高的导电性、高的抗电移性、逸出功近于硅的频带及优良的热稳定性和与硅结合性良好等独特性质，钨靶材大量用作金属层间的通孔和垂直接触的接触孔的填充物，即钨塞。而钨合金靶材，如 WSi_2，主要用在栅极多晶硅的上部作为多晶硅硅化物结构和局部互连线。随着半导体芯片尺寸越来越小，铜互连尺寸的缩小导致纳米尺度上的电阻率增加，这已成为制约半导体工业发展的一个技术瓶颈，而金属钨的独特性质使其成为取代铜的下一代半导体布线金属材料。

2.5.18.3　高纯钌靶材

Ru 和 Ru 基合金材料在很多电子产品的制造中具有广泛的应用，例如作为高密度垂直磁记录介质中的中间过渡层，高性能、高面记录密度反铁磁耦合磁记录介质中的耦合层以及高集成密度半导体集成电路设备铜基后端金属化系统中的粘合层/种子层。这些薄膜层一般以 Ru 或 Ru 基合金靶材为原料，通过溅射沉积技术如磁控溅射而形成。一般而言，这些应用中都要求所采用的溅射靶杂质含量较少、组织成分均匀、具有高的致密度以及细小的晶粒，从而在溅射过程中不会出现颗粒脱离、膜厚不均匀以及膜成分不均匀等现象。2014 年贵研铂业股份有限公司通过自主创新，开发了具有自主知识产权的大尺寸高纯度钌溅射靶材制备技术，并初步通过了国际上最大硬盘驱动制造商西部数据的测试。

2.5.18.4 钴铬铂系合金靶材

1970 年，日本教授岩崎俊一提出垂直磁记录介质使用的材料是 CoCr 合金，起初人们的研究就集中于 CoCr×合金，其中×材料一般选为 Ta、Pt、Nb、B 等。Pt 可以增强 CoCr 材料的磁晶各向异性；Cr 比较容易从晶粒中析出形成富 Cr 的晶粒边界，从而降低晶粒间的交换耦合相互作用，添加 Ta 有利于 Cr 的析出；B 及 SiO_2 等氧化物比 Cr 更容易从晶粒中析出，从而有效地降低晶粒间的耦合作用。因此，CoCrPt 系合金溅射靶材被广泛地用作硬盘中的磁记录层或者耦合。2014 年贵研铂业股份有限公司通过自主创新，开发了具有自主知识产权的 CoCrPtB 及 CoCrPt-SiO_2 溅射靶材。

2.5.18.5 高均质性铌溅射靶材

铌溅射靶材主要用于光学镀膜，涉及建筑玻璃镀膜、镜头镀膜、镜片镀膜、汽车工业镀膜、显示器镀膜，特别是对于提高电子产品显示器的性能、建筑行业节能环保有重要影响。中色东方作为国内主要的铌溅射靶材供应商，年销售量超过 10t，但近年市场需求仍以超过年 15%的速度增长。随着技术的进步，特别是随着该公司在国际市场耕耘的不断深入，逐渐接触到如德国莱宝光学等终端溅射设备制造商，进入到铌溅射靶材技术的前沿，行业对铌靶材提出了高纯化与高均质性的最先进、最严格要求。目前国内铌溅射靶材处于纯度 3N、组织性能不均的水平，大量应用于低端镀膜行业。为了提高产品技术含量、增加市场竞争力、紧跟技术前沿，增强我国在这一领域的能力，需要进行铸锭纯度 4N、产品高均质性的铌溅射靶材制备技术研究。

2.5.19 超纯稀土金属及化合物

超高纯稀土金属及合金在先进微电子芯片、光电子器件、磁存储器件中应用日益凸显，尤其是在微电子领域，稀土栅介质材料是新一代半导体中高介电系数栅介质的理想材料，是发展电子信息产业不可或缺的关键材料；超纯稀土化合物是高能激光武器等国防尖端装备、正电子发射断层成像扫描技术（PET）等高端医疗装备用激光晶体、闪烁晶体不可替代的核心基础材料，目前 70%以上依赖进口。超纯稀土金属产业集中度高，国内仅有几家单位拥有整套超高纯稀土金属制备技术和装备，能够小批量提供十余种绝对纯度＞4N 的超纯稀土金属，部分稀土金属的纯度突破 4N5，达到国际先进水平；我国超纯稀土金属在全球市场的占有率超过 30%。国内高纯稀土氧化物纯度目前可达到 4N～5N，能够满足大多数稀土应用产业发展需求，但随着激光玻璃、激光光纤、激光晶体、陶瓷等材料性能要求越来越高，对原材料的纯度要求也越来越高，尤其是对非稀土杂质元素含量要求极为苛刻，如激光光纤要求稀土纯度达到 6N，杂质含量小于 1×10^{-6}，且 Zn、Cu$<10\times10^{-9}$，传统萃取分离工艺难以满足更高纯度稀土材料的制备要求。国外单根光纤功率可达 24kW，已研制出小尺寸激光武器样机，而国内目前最高功率仅达到 12kW，差距较大。随着电子信息等领域的快速发展，集成电路用高 K 栅介质材料、激光光纤、激光晶体等材料及器件性能提升，相关下游产业市场将逐步扩大，对超纯稀土金属及化合物等材料性能的要求不断提高，现有普通纯度生产的功能材料难以满足要求。预计 2035 年替代普通纯度的稀土金属量为 25%；在电子信息等新兴领域，超纯稀土金属材料替代现有材料量预计超过 30%；高纯稀土氧化物及化合物替代同类普通材料量将达到 20%以上。

第 3 章
发展战略

3.1 发展思路

围绕高性能有色及稀有金属材料的核心技术，着力提高自主创新能力，通过优化组织实施方式，支持国家重大工程急需的高性能有色及稀有金属材料产业化建设，促进一批高性能有色及稀有金属材料实现产业化和规模应用。建立产业链上下游优势互补机制，缩短研发、产业化和规模应用的周期，促进高性能有色及稀有金属材料企业加强技术创新，支持一批研究基础好的中青年创新骨干从事原创性研究，形成持续的创新能力，进一步增强我国高性能有色及稀有金属材料产业的创新能力。实现我国从材料大国向材料强国的战略性转变，全面满足国民经济、国家重大工程和社会可持续发展对高性能有色及稀有金属材料的需求。

3.2 基本原则

（1）加强顶层设计，完善产业政策

加强国家对高性能有色及稀有金属材料基础研究的投入，高度重视当前处于研发阶段的前沿高性能有色及稀有金属材料制备技术，适度超前安排。着力突破高性能有色及稀有金属材料产业发展的工程化问题，提高高性能有色及稀有金属材料的基础支撑能力。加快完善有利于推动高性能有色及稀有金属材料产业进步的政策和法规体系，制定高性能有色及稀有金属材料产业发展指导目录和投资指南，建立相关的技术标准体系，完善产业链、创新链、资金链。遵循“谁投资、谁负责”的原则，加强对国有资本投资回报率的监管；突出国家对重点行业的聚焦支持，防止出现“投资碎片化”，集中力量培育和塑造我国名牌高性能有色及稀有金属材料产品。

（2）发挥市场的资源配置作用，建设以企业为主体的发展体系

在注重政府对高性能有色及稀有金属材料产业发展战略引导作用的基础上，加快营造高性能有色及稀有金属材料相关企业自主经营、公平竞争的市场环境，以企业为投资主体和成果应用主体，加强产学研用相结合，完善风险保障体系建设，充分发挥市场配置资源的基础性作用，提高资源配置效率和公平性。推动优势企业实施强强联合、跨地区兼并重组、境外并购和投资合作，提高产业集中度，加快培育具有国际竞争力的企业集团。抓住我国工业化进程加速的历史机遇，培育、拓展高性能有色及稀有金属材料消费市场，特别是中高端市场，以需求带动发展，促进企业上档次、上规模，推动供给侧结构性改革，扩大与国际制造企业的全方位合作，推动高性能有色及稀有金属材料快速融入全球高端制造供应链。

（3）加强支撑体系建设，夯实发展基础

进一步加大对高性能有色及稀有金属材料制备和检测自动化设备的研发支持，

集中力量开发改进产品质量、降低制造成本的核心装备，重视新型低成本制造工艺及其配套技术的开发，深化发展高性能有色及稀有金属材料的智能化制造技术。建设材料设计与极端条件下性能预测研发平台，制定材料服役性能和全寿命成本指标体系，全面提升我国材料应用水平。建立高性能有色及稀有金属材料结构设计-制造-评价共享数据库，以下游应用为牵引构建与国际接轨又具我国特色的材料标准体系。从战略高度重视和研究高性能有色及稀有金属材料产业的知识产权体系，加强知识产权保护，鼓励高性能有色及稀有金属材料研发中的原始创新与集成创新，逐步形成具有自主知识产权的材料牌号与体系，开展协同应用试点示范，搭建协同应用平台，推进高性能有色及稀有金属材料产业的结构调整和升级换代。

（4）加强人才培养，引进创新人才

实施创新人才发展战略，不断加大高性能有色及稀有金属材料领域创新型人才的培养力度，加大科研投入和制定科研人员激励政策，重点支持一批研究基础好的中青年创新骨干从事原创性研究，形成持续的创新能力。积极搭建产学研用创新平台，支持企业加强创新能力建设。吸收国外高水平的技术和管理人才，建立适合创新人才发展的激励和公开竞争机制。同时，鼓励高性能有色及稀有金属材料企业积极开展国际合作与交流，引进国外先进技术和管理经验，不断提升我国高性能有色及稀有金属材料企业管理水平。充分发挥行业协会、科研单位和大学的作用，共同建立高性能有色及稀有金属材料专家系统，加强高性能有色及稀有金属材料研发、生产和应用的直接沟通和交流。专家系统定期对国内外高性能有色及稀有金属材料研发和应用需求进行调研与评估，发挥思想库作用，就高性能有色及稀有金属材料发展和需要关注的重点问题提供咨询意见。

（5）高端引领，建立产学研创新平台

针对目前产、学、研、用衔接仍不紧密，创新效果不突出的问题，以企业相关产业为基地，建立产学研创新平台，汇聚领域内院士、科技创新领军人才、杰青、长江等高端创新人才，加强高端人才在理论、技术、产品方面的引领，使创新人才与产业紧密结合，形成良性的创新模式，赶超国际先进技术，并形成可持续发展团队。

3.3 发展目标

3.3.1 2030 年发展目标

高性能有色及稀有金属材料产业整体水平达到国际先进水平，部分产业达到国际领先水平，实现大规模绿色制造和循环利用，建成高性能有色及稀有金属材料产业创新体系，实现绝大部分高性能有色及稀有金属材料的自给和部分高性能有色及稀有金属材料的输出，带动全球相关产业的发展。达到第五代高强韧铝合金大型整体结构件、新一代超高强和超高导电铜合金及其复合材料、高性能低成本钛合金和镁合金及其复杂精密加工材工程化能力。至 2030 年，国家重大工程用先进有色金属材料国产化率达到 99%，形成 8000 亿元的高性能有色及稀有金属材料产业并带动相关产业 30000 亿元，促进交通运输领域节能 30%以上、减排 40%以上。

3.3.2　2035 年发展目标

高性能有色及稀有金属材料产业整体水平达到国际领先水平，实现大规模绿色制造和循环利用，建成高性能有色及稀有金属材料产业创新体系，实现绝大部分高性能有色及稀有金属材料的自给和输出，领导全球相关产业的发展。突破下一代高强韧铝合金大型整体结构件、新一代超高强和超高导电铜合金及其复合材料、高性能低成本钛合金和镁合金及其复杂精密加工材产业化核心技术。至 2035 年，国家重大工程用先进有色金属材料国产化率达到 100%，形成 12000 亿元的高性能有色及稀有金属材料产业并带动相关产业 40000 亿元，促进交通运输领域节能 40%以上、减排 50%以上。

3.4　发展重点

针对我国国防、新能源、交通运输、航空航天和大规模集成电路等领域迅速发展对基础材料的迫切需求，结合我国现有有色及稀有金属材料的工业基础，如表 1-3-1 所示，我国高性能有色及稀有金属材料领域应着重发展：①铝、镁、钛轻金属低成本、绿色制备技术。力争 2030 年五代铝合金国产化率达到 80%以上，航空航天用轻合金产量和应用达 20 万吨/年，交通运输用轻合金达 300 万吨/年。②高性能高温合金等特种合金及其制备技术。形成我国新一代超临界电站汽轮机高中压转子、高温气缸、叶片和螺栓紧固件设计-制造系统集成技术，满足示范电站建设要求。③高性能铜及铜合金材料。满足电力、电子、机械、新一代极大规模集成电路、高端电子元器件、动力电池等高端制造业的需求。④半导体用高纯稀有金属。形成国际竞争优势，提高资源利用水平，预计 2035 年替代同类普通材料量的比例将达到 90%。⑤新型稀贵金属装联、高温合金和钎焊材料。至 2030 年，形成系列化、标准化和货架化的稀贵金属钎焊材料产品；至 2035 年，稀贵金属装联材料形成国际竞争优势，产能满足国内集成电路等下游产业应用。⑥超高纯稀土金属及其合金。2035 年，替代普通纯度的稀土金属量为 25%；在电子信息等新兴领域，超纯稀土金属材料替代现有材料量预计超过 30%；高纯稀土氧化物及化合物替代同类普通材料量将达到 20%以上。

表 1-3-1　重点发展的高性能有色及稀有金属材料

序号	产品名称	主要技术参数或性能指标	应用领域	市场需求预测	关键技术	2030 年	2035 年	涉及的上下游环节（先进工艺、技术基础）
1	铝、镁、钛轻金属低成本、绿色制备技术	综合力学和工艺性能满足现代制造业指标要求，结构减重20%以上	航空航天飞行器、新能源汽车、轨道交通和厢式货车	200万吨/年	高性能轻合金生产技术、轻合金铸锻件和板型材残余应力评价控制技术、轻合金大型结构件加工处理和应用技术	五代铝合金国产化率达到80%以上，航空航天用轻合金产量和应用达到20万吨/年，交通运输用轻合金达到300万吨/年	五代铝合金全面国产化，研制成功六代铝合金，航空航天用轻合金产量和应用达30万吨/年，交通运输用轻合金达400万吨/年	铝冶金和铝加工工业工艺，镁冶金，钛冶金与钛材加工工艺，先进航空航天制造业，交通工具轻量化技术
2	高性能高温合金等特种合金及其制备技术	高中压转子直径≥850mm、总长度≥3000mm，镍基材料锻件的持久强度（700℃，105h）≥100MPa，重量为10t级；镍基材料铸件的持久强度（700℃，105h）≥85MPa，重量为10t级。叶片长度≥100mm，紧固件直径≥120mm、长度≥1000mm，镍基材料叶片的持久强度（700℃，105h）≥100MPa	电站汽轮机关键部件（高中压转子、高温气缸、叶片和螺栓）制造	100万吨/年	（1）10t级镍基耐热合金双真空冶炼技术及其稳定化技术 （2）10t级镍基耐热合金转子锻件热成形技术 （3）10t级及以上（30t级）镍基耐热合金铸造高温气缸成套技术	完成我国新一代超超临界电站汽轮机高中压转子、高温气缸、叶片和螺栓紧固件用关键部件的全流程工业试制、部件解剖、综合性能研究和评定；形成我国新一代超临界电站汽轮机高中压转子、高温气缸、叶片和螺栓紧固件设计-制造系统集成技术，满足示范电站建设要求	关键产品推广应用，实现工业化生产	材料研制生产单位钢铁研究总院、抚顺特殊钢和宝山钢铁等拥有国际先进的10t级真空冶炼生产线及相关试验设备；材料应用单位中国一重、二重拥有15000t级压机和大型真空浇注室；东方汽轮机厂、哈尔滨汽轮机厂和上海汽轮机厂具有大型汽轮机转子、气缸、叶片和紧固件设计能力与制造设备条件；上下游单位科研基础雄厚，试验设备条件齐备
3	高性能铜及铜合金材料	铜合金带材抗拉强度≥550MPa，电导率≥40% IACS；宽度>400mm，卷重3~8t；宽度、厚度、侧弯公差及表面质量满足超大规模集成电路制造要求。高铁线材抗拉强度>580MPa，电导率>82% IACS，延伸率>6%，卷重>1t。超细线材抗拉强度>500MPa，电导率>90% IACS，延伸率>6%，卷重>100kg	电力、电子、机械、新一代极大规模集成电路、高端电子元器件、动力电池等高端制造业	80万吨/年		开发新一代高强高弹铜合金带材，开发新一代超薄高纯铜箔（电解箔、压延箔），建立多条生产线，产量达到160万吨/年	进一步提高性能稳定性和产量，产量达到200万吨/年	铜冶金和铜加工工业工艺，通信、电力、电气行业

续表

序号	产品名称	主要技术参数或性能指标	应用领域	市场需求预测	关键技术	2030 年	2035 年	涉及的上下游环节（先进工艺、技术基础）
4	半导体用高纯稀有金属	纯度≥6N	电子工业、通信、半导体照明、微波领域	120 万吨/年	物理、化学耦合联动高纯产业化技术	可产业化生产纯度达 6N～8N 的高纯 Ga、Se、Zn、Te、Cd、As、Sb 等金属，推进生产厂家的质量稳定性和下游高纯材料厂家的应用，国内自主供应率超 90%	形成国际竞争优势，提高资源利用水平，预计 2035 年替代同类普通材料量的比例将达到 90%	ITO 靶材、分子束外延晶体生长、半导体器件、光电器件、热器件、红外探测及衬底
5	新型稀贵金属装联、高温合金和钎焊材料	高纯蒸镀材料纯度≥5N5，脆性金合金直径≤2mm，键合丝产品正向超细化（＜10μm）	集成电路、航空航天、兵器、核能领域	20 万吨/年	高纯稀贵金属制备技术；难熔稀贵金属及其合金加工成形技术；稀贵金属及其合金球形粉、高比重差粉末制备技术	国内稀贵金属装联材料实现产业化生产，缩小与国外的差距；突破稀贵金属高温合金材料的高附加值、低成本和长使用寿命等共性关键技术难题；形成系列化、标准化和货架化的稀贵金属钎焊材料产品	稀贵金属装联材料形成国际竞争优势，产能满足国内集成电路等下游产业应用	蒸镀材料、粉末冶金、航空发动机、卫星、机载雷达、大功率微波器件、光电子芯片等
6	超高纯稀土金属及其合金	17 种稀土金属绝对纯度≥4N；稀土金属氧化物纯度≥5N	电子信息、航空航天、国防、玻璃陶瓷	8 万吨/年	高纯稀土金属蒸馏、电解、区域熔炼技术；中重稀土金属熔炼及成形技术	17 种稀土金属绝对纯度≥5N，部分稀土金属纯度达 5N5；超纯稀土金属在全球市场的占有率超过 50%	2035 年，替代普通纯度的稀土金属量为 25%；在电子信息等新兴领域，超纯稀土金属材料替代现有材料量预计超过 30%；高纯稀土氧化物及化合物替代同类普通材料量将达到 20%以上	稀土栅介质材料、微电子芯片、光电子器件、磁存储器件、激光晶体、闪烁晶体

3.5 发展路线

表 1-3-2 以案例的形式给出了航空航天和交通运输用高性能轻合金材料领域的发展路线，应建设轻合金产学研创新平台，建立适于我国航空航天和交通运输工具制造、具备统一性能和应用标准及回收再利用规范的主体轻合金体系。同时也应建设轻合金材料服务平台，为轻合金材料生产和应用企业提供轻合金性能优化、部件加工制造和热处理、残余应力检测控制等共性技术服务。力争 2025～2030 年实现五代铝合金规模应用，五代铝合金国产化率达到 80%以上，航空航天用轻合金产量和应用达 20 万吨/年，交通运输用轻合金达 300 万吨/年；力争 2030～2035 年实现五代铝合金全面国产化，研制成功六代铝合金，航空航天用轻合金产量和应用达 30 万吨/年，交通运输用轻合金达 400 万吨/年。

表 1-3-2　发展路线（案例）

项目	2025～2030 年	2030～2035 年
关键技术 1 航空航天和交通运输用高性能轻合金材料	五代铝合金实现规模应用，国产化率达到 80%以上，航空航天用轻合金产量和应用达 20 万吨/年，交通运输用轻合金达 300 万吨/年	五代铝合金全面国产化，研制成功六代铝合金，航空航天用轻合金产量和应用达 30 万吨/年，交通运输用轻合金达 400 万吨/年
创新及技术服务平台	建设轻合金产学研创新平台，建立适于我国航空航天和交通运输工具制造、具备统一性能和应用标准及回收再利用规范的主体轻合金体系；建设我国航空航天和交通运输轻合金材料服务平台，为轻合金材料生产与应用企业提供轻合金性能优化、部件加工制造和热处理、残余应力检测控制等共性技术服务	
关键技术 2 电子信息用新一代铜合金带材和精密线材	开发高强高弹铜合金带材，屈服强度在 800～850MPa，弹性模量≥125GPa，电导率为 45%～50% IACS，室温 100h 应力松弛≤5%，厚度公差≤±2%等。开发超薄高纯铜箔（电解箔、压延箔），抗拉强度≥200MPa，延伸率≥2%，厚度≤9μm，针孔率≤3 个/m^2。高性能铜及铜合金材料产量达到 160 万吨/年	进一步提高性能稳定性和产量，产量达到 200 万吨/年
创新及技术服务平台	建设铜合金材料产学研创新服务平台，通过高强高导、高强耐蚀、高强耐磨等系列铜合金新材料技术推动我国铜加工业技术创新和产业升级，全面推进我国重大需求用高性能铜合金材料国产化	

电子信息用新一代铜合金带材和精密线材领域的发展路线中，应着重建设铜合金材料产学研创新服务平台，通过高强高导、高强耐蚀、高强耐磨等系列铜合金新材料技术推动我国铜加工业技术创新和产业升级，全面推进我国重大需求用高性能铜合金材料国产化。力争 2015～2030 年开发出高强高弹铜合金带材和超薄高纯铜箔，其中高强高弹铜合金带材屈服强度在 800～850MPa，弹性模量≥125GPa，电导率为 45%～50% IACS，室温 100h 应力松弛≤5%，厚度公差≤±2%；超薄高纯铜箔（电解箔、压延箔）抗拉强度≥200MPa，延伸率≥2%，厚度≤9μm，针孔率≤3 个/m^2；实现高性能铜及铜合金材料产量达到 160 万吨/年。力争 2030～2035 年实现高性能铜及铜合金材料产量达到 200 万吨/年。

第 4 章

优先行动计划

4.1 优先发展的高性能轻合金材料

为确保航空航天、交通运输、新能源、电子信息等领域急需关键材料的顺利研发和国产化应用，避免“卡脖子”风险，应集中精力优先发展一批急需的高性能轻合金材料：

① 面向当前及未来国产新型飞机、空间探测等航天航空领域以及武器装备的新型大尺寸 Al-Li 合金；

② 面向未来交通运输、航空航天、海洋船舶等国民经济及国防建设等领域的新一代高性能 7×××系铝合金；

③ 面向电动汽车、氢能源汽车等高端汽车等新兴领域的新一代 6×××系铝合金；

④ 面向汽车产业的 500MPa 级热冲压专用高强 2×××系铝合金；

⑤ 面向国内航空航天和高速列车用铝镁合金焊丝市场的新一代高性能高 Mg 含量 Al-Mg 合金；

⑥ 目前汽车发动机领域的高性能活塞、涡轮增压叶轮关键汽车铝合金；

⑦ 面向未来 3C、电气工程建设和导电器件等产业的新一代高强、耐热、高导电(热)铝合金；

⑧ 面向汽车、轨道交通、医疗等领域的高性能稀土铝/镁轻质结构合金；

⑨ 舰船过渡接头用铝-钢多层复合板；

⑩ 面向交通运输和建筑领域的铝蜂窝板；

⑪ 高性能高强低裂纹敏感性铝合金焊接材料；

⑫ 轨道交通用超大规格高性能铝合金；

⑬ 新能源汽车锂离子电池壳及盖用铝合金板材；

⑭ 面向船舶、海工装备、轨道车辆等高技术领域的新型耐蚀铝合金材料；

⑮ 面向航空发动机的 TiAl 系金属间化合物；

⑯ 面向海洋、航天航空、电子仪表工业的钛合金复杂结构薄壁铸件；

⑰ 高性能钛合金管、型材；

⑱ 1350MPa 级超高强高韧钛合金；

⑲ 面向深海装备的 1000MPa 级高强韧耐蚀钛合金；

⑳ 面向航空航天的新型高性能钛基复合材料；

㉑ 面向航空航天紧固件的高品质钛合金棒丝材；

㉒ 添加返回料（低成本）的高性能钛合金；

㉓ 航空液压系统用系列钛合金导管及配套管接头材料；

㉔ 面向高功率密度电磁器件的高强高导热镁合金材料；

㉕ 面向武器装备轻量化的高强耐热镁合金及其大尺寸航天结构件的精密铸造件；

㉖ 面向空天、汽车、轨道交通轻量化的新型高强高塑铸造镁合金；

㉗ 面向 3C 领域电磁屏蔽应用的高强高导电镁合金；

㉘ 超高强镁合金材料。

各材料的具体分析如表 1-4-1 所示。

表 1-4-1 优先发展的高性能轻合金材料

序号	材料名称	具体分析
1	新型大尺寸 Al-Li 合金	面向当前及未来国产新型飞机、空间探测等航天航空领域以及武器装备发展对铝合金结构件提出的轻质、高强、耐损伤、耐蚀、可焊、各向异性小、加工成形性好的发展需求，发展具有自主知识产权的新一代低密度、高强高损伤容限、可焊铝锂合金材料及其制备加工技术并实现产业化应用，使其综合性能与第三代铝锂合金相比提高 15%以上，为我国航空航天及武器装备的轻质化与高性能化发展提供关键材料保障。当前，急需研发及产业化 600MPa 级铝锂合金板材，开展以下研究：（1）微合金化的铝锂合金厚板。（2）高纯净度铝锂合金熔体制备技术。（3）大规格扁锭半连续铸造工艺。（4）低各向异性铝锂合金厚板轧制及强韧化热处理技术。（5）新一代 Al-Li 合金的应用技术。（6）铝锂合金废料回收再生技术。（7）铝锂合金的焊接技术及焊接材料的开发
2	新一代高性能 7XXX 系铝合金	面向未来交通运输、航空航天、海洋船舶等国民经济及国防建设等领域研制新一代高性能 7××× 系铝合金制备加工技术，开展成分优化设计、大规格铸锭成形及成分均匀性等冶金质量控制，变形加工，强韧化热处理与组织调控，残余应力控制，焊接及连接等关键技术研究：（1）超大规格（ϕ1.5m 以上级圆锭或宽度超过 3m 的板坯）高性能 7××× 系铝合金铸锭均质化制备技术。以便为后续锻、轧、挤压等深加工提供合格母材。（2）超高强、耐蚀 7××× 系合金。屈服强度≥650MPa，且具有良好的耐腐蚀性与成形能力。（3）大规格 250mm 厚 7××× 系预拉伸厚板。250mm 厚板 T7451 态 L 向抗拉强度≥470MPa，屈服强度≥420MPa，L-T 方向（断裂韧性）（KIC）≥25，剥落腐蚀不低于 EB 级。（4）发展具有优异综合性能 620MPa 以上的大型锻件、650MPa 以上的预拉伸厚板、700MPa 以上的大断面型材/管材。（5）开发高强低裂纹敏感性的 7000 系铝合金焊接配用焊丝材料，焊后焊缝不易开裂且接头强度达到 400MPa 及以上
3	新一代 6××× 系铝合金	针对电动汽车、氢能源汽车等高端汽车的新兴领域应用以及传统汽车减重需求，研究高性能 6××× 系铝合金车身板、锻件、型材等关键材料及复杂、精密结构件大规模智能化制造技术，建立相应材料的标准与服役行为评价体系，使关键材料技术经济性竞争能力提升到国际先进水平；研制出覆盖件用铝合金薄板、框架件用型材、精密锻件材料以及系列零部件产品，并实现大规模自主应用，使汽车轻质材料用量与国际先进水平相当，支撑汽车工业节能减排和转型升级。同时，面向 3C 行业开展高导热高强度 6××× 系铝合金材料研究，支撑未来 3C 产业发展。为此，需要研究：（1）新一代 6××× 系铝合金设计。（2）6××× 系铝合金变质技术。（3）6××× 系铝合金轧制技术。（4）6××× 系铝合金亚快速凝固与成形一体化控形控性技术，包括连续铸轧与连续流变挤压技术。（5）高性能 6××× 系铝合金车身板、锻件、型材等关键材料及复杂、精密结构件大规模智能化制造技术。（6）低强度损耗的高强 6000 系铝合金焊接技术及焊接材料
4	500MPa 级热冲压专用高强 2××× 系铝合金	面向汽车产业，研制新一代 2××× 系高强铝合金。2××× 系高强铝合金随着变形温度的升高，塑性变形能力大幅提高。2××× 系高强铝合金的连续铸轧、连续流变挤压成形、热成形冷模具淬火技术可实现合金深加工性能的调控，非常适合冲制高强及超高强铝合金零部件。目前，专门适用于热冲压用的高强铝合金材料尚属空白，新材料的开发和新型成形工艺相结合，是解决高强铝合金汽车车身零件成形与性能调控一体化制造难题的有效手段。需要研究：（1）高强热冲压用铝合金成分设计原理及制备工艺开发。（2）2××× 系铝合金亚快速凝固与成形一体化控形控性技术，包括连续铸轧与连续流变挤压技术。（3）铝合金热冲压冷模具淬火关键技术。（4）铝合金热冲压板材工业试制及零件制备技术。实现热冲压专用铝合金板材的工业化试制，攻克热冲压铝合金零件的冲压成形成性一体化技术，完成高强铝合金零件的制备

续表

序号	材料名称	具体分析
5	新一代高性能高 Mg 含量的 Al-Mg 合金	国内航空航天和高速列车用铝镁合金焊丝市场基本上被欧美企业垄断，如意大利 Safra、瑞典 ESAB、美国 Alcotec 以及加拿大 Indacol 等，ER5183、ER5356 的应用主要依靠进口，约占其销量的 70%，舰艇用 Al-Mg 合金以及焊丝主要依赖于俄罗斯。高 Mg 含量的 Al-Mg 合金常规铸锭中枝晶发达、共晶相偏析严重，因此成形性能差、加工困难，目前加工方法（主要包括轧制、挤压、锻造旋压、成形加工以及深度加工）仍存在诸多问题，如性能低、表观质量差、加工工序长、质量不稳定、成品率低以及零件尺寸精度不高等。亚快速凝固与成形可以抑制 Mg 在基体中的析出，提高基体的固溶度，同时可以调控得到细小等轴晶和纳米析出相，大幅度提高材料的性能与均一性。因此，开发新型高性能 Al-Mg 合金成分、短流程亚快速凝固与流变挤压、轧制加工技术，可解决国内高品质 Al-Mg 合金依赖进口的现状。为解决空天、高速列车、海洋等领域 Al-Mg 合金板材、型材以及焊丝依靠进口的局面，需要研究：（1）新一代高强、可焊、耐蚀 Al-Mg 合金线丝材。新一代含 Sc、Er 等合金化元素的抗蚀、抗应力腐蚀、高强度、抗裂合金线丝材，降低焊接裂纹倾向，改善合金的焊接性能，同时提高合金再结晶温度。（2）开发新型 Al-Mg 合金制备工艺，制备超细等轴晶和纳米相的 Al-Mg 合金亚快速凝固与短流程流变挤压加工技术，解决 Al-Mg 合金生产中的深加工困难，成材率低等问题
6	高性能活塞、涡轮增压叶轮关键汽车铝合金	我国目前汽车活塞主要使用共晶和亚共晶 Al-Si 合金，但是随着对发动机性能要求的不断提高，亚共晶和共晶 Al-Si 合金逐渐难以满足性能要求。过共晶 Al-Si 合金中 Si 含量高，合金密度低，线膨胀系数小，抗磨性和体积稳定性更高，与亚共晶和共晶 Al-Si 合金相比是更为理想的活塞材料。但是，过共晶 Al-Si 合金由于 Si 含量较高，合金脆性变大，结晶温度范围更宽，铸造性能差，并且难以切削加工。国外已批量生产过共晶 Al-Si 合金活塞，并应用于载重汽车和轿车，如美国的 A390 合金、日本的 AC9A 和 AC8A 合金，澳大利亚已使用 A390 合金作为全铝汽车气缸。但是我国目前能够生产过共晶 Al-Si 合金活塞的厂家很少，国内使用的过共晶 Al-Si 合金活塞部分依赖进口。另外，汽车涡轮增压铝合金材料我国也与国外存在较大差距，高性能汽车主要依赖日本等国家。因此，开发高性能活塞、涡轮增压叶轮关键汽车铝合金材料势在必行。为支撑未来汽车等工业发展，需要研究：（1）新型高性能汽车活塞铝合金制备加工技术。（2）新型铝合金涡轮增压叶轮制备加工技术
7	新一代高强、耐热、高导电(热)铝合金	面向未来 3C、电气工程建设和导电器件等产业，开发新一代高强、耐热、高导电(热)铝合金材料，解决国内高性能铝合金导线依赖进口的现状，支撑未来 3C、电气工程建设和导电器件等产业的发展。需要研究：（1）通过铝合金微合金化，进行高导电（热）、耐热的合金材料设计。通过研究微合金化元素 Er、B、Zr、La、Ce、Sc、Y 等多元微合金元素复合添加原理和制备加工工艺对铝合金导电（热）性能、耐热性能的影响规律，掌握合金成分窗口，突破导体铝合金材料合金成分优化设计及精确控制技术。（2）升级加工工艺及热处理工艺调控技术，掌握铝合金性能与成分及制备工艺的匹配性设计。（3）开发新型短流程亚快速凝固与连续流变挤压加工技术，利用亚快速凝固与剪切作用，生产出超细晶/纳米相复合材料，实现综合提高铝合金的综合性能
8	高性能稀土铝/镁轻质结构合金	针对高性能稀土铝/镁轻质结构合金材料未来发展趋势以及潜在应用需求，研究：（1）掌握稀土在铝/镁合金中的作用机理，尤其是稀土作用遗传特性、微量元素与稀土之间的协同作用、稀土元素强化机理和变质行为。（2）缩短高性能稀土铝/镁合金制备流程，开发新型铝/镁稀土母合金、稀土铝/镁合金短流程制备技术及配套装备，快速推进电解法、还原法等铝/镁稀土母合金制备技术产业化。（3）开发面向汽车、轨道交通等轻量化应用的新型高性能稀土铝/镁合金材料以及铸造-热旋和半固态成形技术、新型加工成形技术及其配套装备，并实现技术向应用转化
9	舰船过渡接头用铝-钢多层复合板	本项目以获得高性能舰船过渡接头用铝-钢多层复合板为目的，采用爆炸+轧制复合技术，结合中间层材料、复合层结构和界面形状设计，实现铝-钢界面超强连接和结构、表面、尺寸控制，揭示铝-钢复合过渡接头界面结合性能、热性能与复合结构和工艺之间关联性，优化复合结构设计、制备工艺和专用炸药，制备出高性能铝-钢多层复合板，为舰船过渡接头用铝-钢多层复合板的产业化提供理论指导和技术支撑。开发目标：5083/1050/steel 三层复合板材，存在 5083-1050 和 1050-steel 两层复合界面，而薄弱界面主要为 1050-steel 界面，其力学性能指标主要指 1050-steel 界面，且要求如下：（1）拉脱强度：1050-steel 界面 80MPa 以上。（2）剪切强度：1050-steel 界面 80MPa 以上。重点解决：（1）复合工艺技术对铝-钢复合过渡接头界面结构、组织和结合特性等方面的关键工艺控制。（2）焊接温度场对铝-钢复合过渡接头界面结构、组织和性能等的影响及其对过渡接头结构设计的影响。（3）复合材料的结构设计、界面结合性能、厚度配比及规格尺寸等关键参数对过渡接头的性能影响及其工艺控制

续表

序号	材料名称	具体分析
10	铝蜂窝板	“轻量化、高性能、安全和环保节能”是交通运输及建筑行业发展的必然趋势，要求蜂窝复合板具有更高的平压性能、剪切性能，更好的耐蚀性及良好的焊接性能。开发质轻、高强、耐蚀、可钎焊的蜂窝结构板用面板和芯板，全面代替目前广泛使用的胶接蜂窝铝复合板，实现产品的升级换代。针对如下开发目标：蜂窝尺寸3.175mm，蜂窝芯用铝箔厚度0.038mm，蜂窝密度0.098g/cm^3，平压强度≥70MPa，压缩模量≥2.03GPa；纵向剪切强度≥4.4MPa，剪切模量≥0.70GPa；横向剪切强度≥2.6MPa，剪切模量≥0.26GPa，需开展以下研究内容：（1）蜂窝结构面板和蜂窝芯成分优化、包覆率控制、复合轧制技术、热处理工艺控制、钎焊冷却速率控制。（2）固溶元素、时效析出元素分配调控技术以及成品晶粒、焊后晶粒的控制技术，达到强度、弹性模量、腐蚀性能与高温焊接性能的良好匹配。（3）蜂窝复合板结构优化设计、钎焊前的清洗工艺技术。（4）大尺寸蜂窝铝板的稳定化制备与加工技术。（5）蜂窝铝板在空天、海洋、交通等领域的应用研究
11	高性能高强低裂纹敏感性铝合金焊接材料	随着诸多领域轻量化进程的推进，超高强铝合金因具有较高的强度质量比等优势，其应用领域由航空航天逐渐拓展至民用、武器军工等其他领域，比如民用的高端自行车骨架采用7075合金、军工武器领域的鱼雷外壳采用了7055合金等，由此可知，超高强铝合金的焊接问题是其拓展进一步应用的关键。熔化焊是目前最为成熟、应用最为广泛的焊接方式，焊后性能的质量很大程度上取决于所使用的填充焊丝。然而，现有商用铝合金焊丝焊接超高强铝合金时，存在强度太低（如ER4043）和热裂纹倾向较大（如ER5356、ER5183）的问题。因此，开发高性能高强低裂纹敏感性的铝合金焊丝是解决超高强铝合金熔焊焊接，并进一步拓展其应用领域的关键。为填补现有超高强铝合金熔化焊接用高强低裂纹敏感性焊丝空白的局面，需要研究：（1）开发铸态凝固组织多途径复合增强技术，控制焊接凝固过程中热裂纹倾向，突破焊接凝固过程中热裂纹敏感性和焊缝强度不可兼顾的瓶颈。（2）开发多途径复合强化高流动性Al-Si系铝合金焊丝材料，焊接超高强铝合金（如7075）后接头强度达到350MPa及以上，比现有Al-Si系（如4043）焊丝提高50%及以上，解决对热裂纹敏感性较高区域的焊接。（3）设计开发高强低裂纹敏感性的Al-Mg系铝合金焊丝材料，焊接超高强铝合金后焊缝不易开裂且接头强度达到400MPa及以上，解决对强度要求较高区域的焊接
12	轨道交通用超大规格高性能铝合金	高铁车身用铝合金主要有6005、6082、7N01、7B05和5083等，其中7N01和7B05主要用于高铁枕梁、牵引梁、吊挂滑槽等关键承力件。我国高铁用铝合金主要沿用日本和欧洲的牌号，现役高铁用铝合金主要为欧系的6005A和日系的7N01。近年来车体关键承力件开始出现由于腐蚀诱发疲劳裂纹的现象，由此带来的安全隐患非常严重。因此，进一步优化合金成分结合合理热处理以开发出中强可焊且同时具有高抗腐蚀疲劳性能、我国自主知识产权的新型轨道交通车体关键承力件用铝合金势在必行。面向400km/h以上高速列车等高端装备的应用需求，有力支撑我国高铁装备引领世界发展。开展以下研究：（1）合金化成分设计。（2）超大规格均质化铸锭制备。（3）超大截面型材等温挤压及在线淬火技术。（4）分级时效热处理技术及车体大部件制造技术
13	新能源汽车锂离子电池壳及盖用铝合金板材	未来，随着电池续航里程要求的增加以及锂离子电池体积的增大，对壳体材料的要求是承力更大、厚度更薄、自重更轻，同时工艺简单、使用更安全。这就要求铝合金壳体材料在此基础上，需要同时满足高延伸率和高强度、厚度小于 1mm 的严格要求。电池壳材料开发目标：屈服强度达到250MPa以上，抗拉强度接近300MPa，延伸率≥25%，同时具有更优的激光焊接性能，焊区均匀、无裂缝。开展以下研究内容：（1）通过合金成分设计，开展材料的强度、延伸率、激光焊接性能与主元素、微合金化元素、金属组织关系的研究。（2）针对防爆阀一体化成形盖板材，从合金成分设计与微量元素选择和配比着手，配合特殊的变形工艺，开发出具有更大变形软化能力的新型合金材料，满足大电池体积一体化盖板的成形及防爆阀爆破压力均匀的需求。（3）通过模拟仿真及模具设计技术开发防爆阀和盖板一体化成形技术，开发出材料强度≥100MPa、延伸率≥40%、加工软化加工率≤80%、满足新能源汽车锂离子电池防爆阀一体化的盖板
14	新型耐蚀铝合金材料	“十三五”期间，通过耐蚀微合金化设计，国内新开发了5E61、5E83、7E75、7E49等4项耐蚀含铒铝合金，应用于大型船舶及水中兵器建造试制，已获批行业铝合金牌号，并收入GB/T 3190《变形铝及铝合金化学成分》。新研制的含铒铝合金耐腐蚀性能、力学性能等达到国际先进水平。预计“十四五”期间，通过开发自主知识产权的新型耐蚀铝合金，满足耐环境腐蚀、焊接、热加工等工艺性能，主要力学性能指标（拉伸、疲劳、抗冲击）比现有同类耐蚀铝合金提高10%，完成大规格材料工业化生产研究，开拓在船舶、海工装备、轨道车辆等高技术领域的应用，大规格耐蚀铝合金生产及应用将达到国际领先水平

续表

序号	材料名称	具体分析
15	TiAl 系金属间化合物	传统钛合金最高使用温度为 600℃，不能满足航空发动机的使用需求。为了提高航空发动机的性能和推重比，能够替代镍基等高温合金的金属间化合物应运而生。金属间化合物在高温结构应用方面具有巨大的潜力，它具有高的使用温度以及比强度、热导率，尤其是在高温状态下，还具有很好的抗氧化性、耐腐蚀性和高的蠕变强度。目前在航空发动机结构中，研究开发的主要是以钛铝系等为重点的金属间化合物。这些钛铝化合物与钛的密度基本相同，但却有更高的使用温度。经过多年的研究，一种具有高温强度和室温塑性与韧性的新型合金已经研制成功，并达到很好的装机使用效果。因此，在未来 15～20 年内，改善 TiAl 系合金的塑形和加工性能，使其广泛地应用在航空发动机中，不仅可以提高航空发动机的服役寿命和使用性能，还可以大大提高航空发动机的推重比，促进我国航空工业的发展。需要研究：（1）TiAl 系金属间化合物增材制造、近净成形技术。（2）TiAl 系金属间化合物合金化设计技术。（3）低密度 TiAl 系金属间化合物复合强化新方法。（4）TiAl 系金属间化合物发动机的高温段压气机盘制备技术
16	钛合金复杂结构薄壁铸件	薄壁精密铸件的铸造工艺是发展海洋、航天航空、电子仪表工业必不可少的技术。在高技术领域中，结构件的发展趋向是强度高、重量轻、结构复杂。以往用机械加工、焊接、铆接等方法生产的零部件常受到精度、强度、刚度及复杂程度的限制，而改用精密铸造的方法整体铸出，可以使上述的各方面得到改善。航空、航天飞行器用大型钛合金复杂结构薄壁铸件是未来的发展方向，主要基于以下几个原因：（1）可降低质量（代替钢和 Ni 基合金）。（2）抗腐蚀性好（代替 Al 合金和低合金钢）。（3）减小体积（代替 Al 合金）。（4）适合于高温应用（代替 Al、Ni 和 Fe 基合金）。钛合金复杂结构薄壁铸件可以在航空、海洋等领域替代钢、铜等合金材料使用，具有轻量化、低成本的特点，且提高了船舶、飞机等的服役性能。需要开展以下技术研究：（1）复杂钛合金高精度的铸型结构与铸型材料设计。（2）强度高、流动性好的铸造钛合金开发。（3）铸造工艺与配套设备开发。（4）钛合金复杂结构薄壁铸件在海洋、空天等领域的应用研究
17	高性能钛合金管、型材	由于钛的导热性差、屈强比和变形抗力较大、回弹显著等特点，使得利用传统的挤压和拉拔工艺生产钛合金型材与钛合金管材变得十分困难，而且生产周期长、成材率低、能耗大。钛合金型材的加工在 1 万元/m 以上，因此，此类材料价格昂贵，限制了其广泛应用。针对上述问题需要开展以下研究：（1）高性能钛合金型材短流程、低成本挤压制备技术。（2）高性能钛合金管材短流程、低成本挤压制备技术
18	1350MPa 级超高强高韧钛合金	国内航空主要承力结构件用钛合金材料的应用水平与国外基本相当，强度在 1350MPa、断裂韧性为 60MPa • $m^{1/2}$ 以上的钛合金材料尚未在飞机的主承力构件上得到应用。围绕新型飞机、直升机的需求，开展以下研究内容：（1）开发 1350MPa、断裂韧性为 60MPa • $m^{1/2}$ 以上的钛合金材料研制和产业化制备技术。（2）突破产业化过程的成分均匀性控制技术。（3）组织均匀性调控技术。（4）质量性能批次一致性稳定性控制技术等系列关键技术。为 1350MPa 级超高强高韧钛合金材料航空等领域的应用提供保障
19	1000MPa 级高强韧耐蚀钛合金	深海的能源和资源尚未被人类充分认识和开发利用，在深海装备中，例如全海深载人潜水器和深海空间站是探测海底资源必不可少的探测装备，美国和俄罗斯在该领域处在领先地位。研发深海探测装备，发展深海探测技术，勘探、开发和利用深海资源具有重大的战略意义。开展以下研究内容：（1）深海装备用 1000MPa 级高强韧耐蚀钛合金大规格材料及大型部件制造技术。（2）突破钛合金大规格铸锭熔炼、锻造和轧制等制备加工技术。（3）深潜器载人球壳、深海空间站等深海装备用大型部件的成形、焊接、装配等制造技术。满足深海装备领域用钛合金大型部件的需求，提升我国钛合金加工技术水平和大型部件制造能力，使我国在深海探测领域处于国际领先地位
20	新型高性能钛基复合材料	随着我国航空、航天事业的发展，对航空、航天用结构材料的要求更为突出地集中在轻质、高强、高韧及高刚度等方面，为进一步拓宽高强、高模结构材料的服役温度范围，颗粒增强钛基复合材料应运而生。颗粒增强钛基复合材料（TMCs）是由一种或多种陶瓷颗粒与不同金属基体组成的复合材料，具有众多优良特点，其高温强度、蠕变抗力、比刚度、抗冲击性、抗疲劳性能等都比单一材料有所提高，适用于航空航天极端苛刻的工作条件，被认为是一种能突破现有高温钛合金热强性的新一代航空、航天材料。在国家需求牵引的颗粒增强钛基复合材料制备加工与生产研究方面，既要深入拓展材料基础研究，但也要持续扩大应用领域和市场规模。开展以下研究内容：（1）开发高性能轻质钛合金及其复合材料。（2）开发高强度、高韧性、高弹性模量的钛基复合材料

续表

序号	材料名称	具体分析
21	高品质钛合金棒丝材	我国航空、航天领域对钛合金紧固件的需求十分迫切，但紧固件用高品质棒丝材的制备技术还不成熟，仍然主要依赖进口。国产钛合金棒丝材的组织、性能均匀性控制技术，表面涂层技术以及真空热处理技术等方面还需要进一步攻关。为实现航空航天领域钛合金紧固件用高品质棒丝材国产化，摆脱对国外的依赖，开展以下研究内容：（1）开发钛合金紧固件用高品质棒丝材。（2）突破钛合金紧固件用高品质棒丝材的组织、性能均匀性控制，表面处理和真空热处理等关键技术
22	添加返回料（低成本）的高性能钛合金	当前，我国以航空领域高性能、高可靠性要求为代表的应用领域，钛材价格仍然居高不下，钛资源的可靠循环以及利用效益低。国外，添加返回料的钛合金材料已经广泛应用于航空航天领域，在有高性能稳定性要求的民机以及发动机转动件部件中也广泛应用了近二十年。国外几乎所有的钛合金材料标准都明确规定可以使用返回料，用量占整个钛材用量的 30%，产品的价格降低 20%。“十二五”期间，国内近十家钛及钛合金材料生产厂商陆续引进了多台冷床炉熔炼设备，但国内各企业对于熔炼工艺的掌握程度与国外有一定的差距，且仅用于民用领域、兵器领域，航空领域目前尚未有应用先例。2035 年，预计添加返回料的高性能钛合金材料在国内航空领域，包括民机以及航空发动机中获得广泛应用，每年用量达到整个高性能加工材总量的 30%，预计可替代同类材料约 5000t。需要研究：（1）添加返回料的高性能钛合金熔炼制备技术。（2）充分利用残料的易成形、易切削的钛合金制备技术。（3）钛合金连铸连轧低成本制备技术
23	航空液压系统用系列钛合金导管及配套管接头材料	为实现钛合金导管及配套的无扩口管接头与国外实物水平相当，对可替代不锈钢导管的全部替换。若要在航空液压系统获得全面应用，须开展以下研究内容：（1）液压管路用钛合金导管及配套的无扩口管接头形成系列化，工作压力覆盖 14～35MPa。（2）建立专业的液压管路系统集成公司，连接组件通过工程应用考核验证
24	高强高导热镁合金材料	随着航空航天、新一代武器装备、高速列车以及新能源汽车等尖端/高端装备的不断升级发展，其中的高功率密度电磁器件的数量及排布密度不断增加，而运行过程中产生的热量必须及时导出，否则由于温度过大，将严重影响设备运行的稳定性及可靠性，大大缩短各类器材的使用周期寿命；急需解决如何在轻量化背景下，快速有效导出器件生热问题，研究高强高导热镁合金材料及其制品的制备加工技术
25	高强耐热镁合金及其大尺寸航天结构件的精密铸造件	防空导弹是保证国土安全的重要武器，也是轻量化需求最迫切的领域之一。为了提升我国防空导弹武器的性能，实现防空导弹的轻量化，应用稀土镁合金是非常有效的技术手段。以 Y、Gd 为代表的重稀土元素在镁合金中有很高的固溶度，能明显提高镁合金的力学、高温、抗蠕变、耐腐蚀等诸多性能。从较早的商用合金 WE54 (Mg-Y-Nd-Zr)到近年的研究热点 Mg-Gd-Y-Zr 系合金，稀土镁合金的性能不断提高，稀土元素对镁合金强化机制的研究也不断深入。但稀土元素含量过高时，会导致合金延伸率和铸造性能的急剧下降。而在 Mg-Gd 系合金中，只有稀土元素含量（质量分数）大于 10%时，才具有显著的时效硬化特性。这就导致了以下问题：稀土元素含量过低则力学性能不佳，时效硬化特性不明显；稀土元素含量过高则密度过大、成本过高、塑性过低、铸造性能不好，不能实现大尺寸航天结构件的精密铸造。针对上述问题需开发高强耐热镁合金及其大尺寸航天结构件的精密铸造技术，实现室温性能（$\sigma_b \geqslant 350$MPa，$\sigma_{0.2} \geqslant 230$MPa，延伸率$\delta \geqslant 6\%$）、250℃性能（$\sigma_b \geqslant 250$MPa，$\sigma_{0.2} \geqslant 170$MPa，延伸率$\delta \geqslant 20\%$）、铸件尺寸≥1.5m 的高强耐热镁合金
26	新型高强高塑铸造镁合金	随着空天、汽车、轨道交通的不断发展，要求轻型的复杂结构薄壁零件越来越多，需要发展新型的铸造类镁合金材料。要求其铸造流动性高、强度优良（抗拉强度大于 300MPa）、塑性高（伸长率大于 10%）的铸造镁合金，对支撑未来的汽车、空天、轨道交通发展具有重要意义。急需开发此类新型高强高塑铸造镁合金，抗拉强度大于 300MPa，伸长率大于 10%，铸造性能优良，适合于复杂薄壁零件铸造
27	高强高导电镁合金	由于 3C 产品已深入到社会的每一个人，因此随着社会对信息/数据安全、人们身体健康的重视，优良的电磁屏蔽性能已是 3C 产品必备而且势在必行的功能。电磁屏蔽的优劣主要取决于这些电磁仪器设备外壳材料的导电性能高低，导电性能越好，对应的电磁屏蔽效果越优。急需研究高强高导电镁合金材料及其制品大规模生产成套技术
28	超高强镁合金材料	超高强镁合金材料是支撑航空航天、新一代武器装备、高速列车以及新能源汽车等尖端/高端装备不断升级发展的重要结构材料，目前的高强度镁合金材料在比强度、比刚度、断裂韧性以及这些性能的稳定一致性等方面还有明显不足，制约着镁合金材料在上述领域的应用及其终端产品竞争力的提高。急需研究超高强镁合金材料及其强韧化变形加工技术

4.2 优先发展的新一代铜合金材料

高性能铜合金材料与构件在我国国防安全、重大工程和经济建设中具有重要战略地位。针对航空航天、轨道交通、新一代极大规模集成电路、高端电子元器件、动力电池等高端制造业对高性能、高精度铜及铜合金材料的迫切需求，我国应优先发展如表 1-4-2 所示的铜合金材料。

表1-4-2　优先发展的新一代铜合金材料

序号	材料名称	具体分析
1	大盘重铜铬锆合金	CuCrZr 系合金因具有高导电性、高导热性、高硬度、耐磨抗爆、抗裂性以及抗软化温度高等特点，是轨道交通接触网线、航空航天线缆、大规模集成电路引线、汽车工业和电子控制系统电焊电极、高脉冲磁场导体和大型高速涡轮发电机转子导线等的理想材料。目前国内尚无法采用非真空、大卷重、连续铸造和连续热冷加工等技术制备出性能均一的大卷重铜铬锆系合金线材。开展铜锆铬合金的加工技术研究，实现铜合金棒线材的稳定生产，满足我国航空航天、新能源汽车和电子信息系统等重大工程的需求。研究内容如下：（1）研发高效铜锆铬合金加工成形技术，实现材料、装备、工艺、大数据体系化。（2）突破高强高导铜合金大尺寸、短流程、高效能化技术，实现强度＞580MPa、单件＞2500kg 铜合金棒线材的稳定生产
2	下一代高铁接触线用高强高导铜合金	随着 350km/h 复兴号动车组正式投入运行，400km/h 以上的下一代高铁研发将很快启动。国内外现在使用的 Cu-Sn、Cu-Mg 合金接触线最高速度为 300～350km/h，400km/h 以上的下一代高铁接触线必须自主研发。高强高导 Cu-Mg 系合金是固溶+形变强化的铜合金，适宜连续化、大卷重坯料的生产，是目前国内高速铁路接触网线、承力索和吊弦的主打材料。目前国内外用的 Cu-Mg 系合金，除铜元素外，只有镁元素。该材料强度高，但电导率偏低，通常为 64% IACS 左右。粗略计算，若将接触线的电导率提高 10%，即从 64% IACS 提高到 74% IACS，仅以目前京沪高铁对开列车数为每日 95 对计，每年节电将高达 4 亿千瓦时。目前国内外尚无该材料的制备技术，预计 2035 年需求量可达 80 万吨，替代同类普通材料量 50%。为满足需求，需要研发下一代高铁接触线用高强高导铜合金
3	铜铬系合金	铜铬系合金由于优异的综合性能成为近年来铜合金材料领域的研究热点，其产品在电子、交通、航空、航天、能源等领域具有替代多种传统材料的潜力。受限于铜铬系合金化学成分不易控制、加工热处理工艺复杂等情况，当前铜铬系合金只在电极帽、触头等普通产品中得到应用，在超大规模集成电路引线框架、电连接器接插件、电气化铁道接触网用接触线、航空航天用传输线等被寄予厚望的产品中尚未实现替代。研究铜铬系合金非真空连续铸造、塑性加工、热处理等工艺技术及设备，从材料设计、工艺设计和设备改进等方面解决合金化学成分波动、产品成形难、性能均一性差等问题，开发铜铬系合金加工材连续制备成套技术，是扩大铜铬系合金应用领域、有效替代传统产品的必要途径，有利于下游产品的性能提升和产品升级，重要且紧迫。需要研究：（1）新型高强高导高耐磨铜合金 CuCrSiX/CuAlNi 系合金成分设计及精确控制技术。（2）高热应力 CuCrSiX/CuAlNi 系合金制备及加工关键技术。（3）原位自生碳结构与基体中合金元素的再构造及其与强化相、基体的界面润湿性控制技术。（4）Ni 基和高熵合金涂层的熔覆层厚度界面结合物结构对耐磨和基体性能的影响机理。（5）新型耐磨材料摩擦磨损测试和评价。（6）新型高强高导高耐热铜合金 CuCrNbX 系合金设计及制备。（7）微合金化对两级析出硬质相 Cr_2Nb 的尺寸效应及高温热稳定性作用机理。（8）硬质相的结构、尺寸分布及其与基体的界面对材料导电、强度、疲劳和抗软化的影响机理。（9）CuCrNbX 中微合金化对材料抗氧化抗吸氢的机理
4	超高强度耐磨耐蚀铜合金棒材	Cu-Ni-X 合金具有优良的耐磨、耐腐蚀性能，较高的疲劳强度和承载能力，良好的导热性和较低的摩擦系数，在干态和湿态摩擦条件下其摩擦性能稳定，是手机和各种微电子产品以及海洋工程用的理想弹性和耐蚀耐磨材料，非常适合研发成为新一代环境友好型耐磨耐蚀铜合金。目前，德国、日本、韩国以及中国都有能力生产铜镍合金产品。现有的 Cu-Ni-X 合金抗拉强度可达 500MPa，屈服强度 350MPa，延伸率 8%～10%，硬度可达 160HBS。未来，通过成分优化设计、变形加工及热处理工艺，有望研发制备具备下述性能指标的 Cu-Ni-X 合金：抗拉强度 600～800MPa，屈服强度 400～600MPa，延伸率 $A \geqslant 12\%$，硬度≥200HBS

续表

序号	材料名称	具体分析
5	高弹性低松弛铜合金	面向载人飞船、医疗领域，缩短国内产业与国际先进水平的差距，提升我国在该领域铜合金的市场竞争力。开发新型高导电型高强高弹绿色环保铜合金，替代高强高弹铜合金之王——CuBe合金。Cu-Ni-X-Y系铜合金总体性能指标达到：抗拉强度≥1000MPa，电导率45%~50% IACS，弹性模量≥130GPa。项目主要研究：（1）合金成分设计，选取提高合金综合性能的主元素和微量元素。（2）合金制备技术，包括熔铸、加工、热处理工艺。（3）组织性能调控技术，开展析出相组成、大小、分布等方面的研究
6	高耐蚀、高导热铜合金管材	近年来，随着我国能源、石油化工、造船以及海水淡化等工业的快速发展，对用作冷凝和热交换的大尺寸（$>\phi$800mm）、高耐蚀、高导热无缝白铜合金管材的需求量迅速增长。现有的白铜合金以及半连续铸造锭坯—热挤压管坯—半成品拉伸（或冷轧）—成品拉伸的制管工艺无法满足上述需求，亟待开发具有较高强度、高导热和优异耐蚀性能的铜合金以及短流程高效制备加工工艺。性能指标要求：最大直径$\geqslant\phi$800mm，平均外径允许偏差±1.0mm，壁厚允许偏差±12.5%，长度>3m，弯曲度≤6mm/m；极限抗拉强度≥400MPa，延伸率≥25%；室温3.5%Cl^-+0.5%S^{2-}条件下的腐蚀速率≤0.02mm/年。项目研究内容：（1）微合金元素对耐蚀性的影响机理，提升耐蚀白铜管耐蚀性能。（2）大规格白铜管制备加工工艺，开展大规格（$\geqslant\phi$800mm）铜管制备技术研究。（3）大规格铜管表面质量和尺寸精度控制技术
7	高导耐热铜基复合材料	随着航空航天、机械、电子工业的发展，对高强度、高导电和高导热铜基复合材料的需求越来越迫切。铜基复合材料在保持铜合金高的导电性和延展性基础上，大幅度增加其强度、耐高温、抗辐照等性能。国外在碳纳米管增强铜基复合材料方面已经实现了产业化，在集成电路、电子封装等领域有了广泛而成功的应用，我国在此方面尚处于产品研发阶段。而利用综合性能突出的石墨烯增强铜合金方面，国内外均处于研发阶段，尚未有规模化产品出现。研究纳米碳材料改性铜及铜合金的机理、纳米碳材料在铜基体中均匀分散、纳米碳材料与铜的界面结合机理以及材料制备加工技术，提高超高压开关触头、电焊电极触头用C1500、GlidCop Al-15/25、C18150等系列的高温性能及耐电蚀性能，开发新型纳米碳材料增强铜合金。主要研究内容：（1）各项性能指标满足高端制造领域应用的CNTS/CuAl基微合金化复合材料设计。（2）合金粉末表面析出相尺寸结构与原位生长碳纳米管形态控制机理。（3）基体中Al_2O_3原位生长碳纳米管的反应机理及三维网络互通对复合材料导电导热性能的影响。（4）碳纳米管和基体的界面润湿性控制及其对材料导电导热、耐电蚀的影响机理
8	高品质电工圆铜线	针对我国再生铜杆比例逐年提高以及0.1mm以下规格的线材占比较大特点，开发更加紧凑、生产效率高、能耗低、产品质量大幅提升的新装备，解决用于制备超细铜合金线的合金线坯完全依赖日本进口的困局。目前国内拉制单根最大长度≥100km的0.03mm超细线，其主要问题在于线坯的缺陷和组织均匀性、微细丝拉制工艺与配套设备。目标为研究出一套超细导电铜合金线材制备技术，使超细线的直径、长度和性能均满足要求。其性能指标：Cu-Ag合金抗拉强度≥350MPa，电导率≥96% IACS，超细丝尺寸0.03mm±0.003mm；Cu-Sn合金抗拉强度≥400MPa，电导率≥75% IACS，超细丝尺寸0.03mm±0.003mm。开展研究的关键技术内容为：（1）熔体净化与合金元素控制技术。（2）微细丝拉拔与中间退火工艺。（3）微细丝拉拔技术
9	高铁含量铜铁合金	铜铁合金（Fe: 5%~20%）在计算机、通信、汽车、电子、航天、航空、医疗、电力等领域应用广泛，除了具有高强、高导等性能外，还具有其他铜合金所不具备的电波吸收功能和电磁屏蔽效果。以一定比例构成的铜铁合金兼备铜的高电导率和铁的高磁导率，还对电磁场有优异的屏蔽作用，如CFA95对磁场具有50~80dB的屏蔽效果，对电场具有80dB以上的屏蔽效果，同时自身电导率达到60%~70%。目前，国内尚无铜铁合金板、带、箔、管、棒、线材等的产业化制备技术。需要研究高铁含量铜铁合金板、棒、线材等的产业化制备技术，预计2035年替代同类普通材料量60%
10	耐高温软化弥散铜	我国已成为全球汽车产量第一大国，且新能源汽车的发展并不会改变汽车车身制造的模式。轻量化高强度车身用镀锌板和铝板需要更耐高温软化的高强高导合金作为焊接电极，进而保证车身制造的效率和质量。因此需要在常规的C18150或C18200基础上进一步提高性能。目前在主流汽车厂中应用的Al_2O_3弥散强化铜合金都依赖进口，虽然国内有不少研究机构和企业在开发，但没有一家能够实现大规模稳定生产并得到下游汽车厂的应用，需要进行强有力的引导开发。拟开展以下研究：（1）实现Al_2O_3弥散强化铜合金的大规模稳定生产并得到应用。（2）到2035年实现Al_2O_3弥散强化铜合金占车身焊接电极用量的25%以上，替代进口量70%以上

续表

序号	材料名称	具体分析
11	高压电器用高强高导铜合金	以苛刻服役条件下超/特高压电器用高强高导铜合金为研究对象，以实现合金电导率与强度性能协调匹配和同步改善为目的，以纳米级弥散分布强化相特征参量设计和调控为线索，开展以下研究：（1）构建高强高导铜合金电导率-强度协同优化关系模型。（2）研发出超/特高压电器用高强高导铜合金材料及关键制备加工技术，替代该领域关键材料的进口
12	力-热-电性能匹配的载流摩擦副用铜基材料	以载流摩擦副用高性能铜基材料为研究对象，基于载流摩擦副的导电接触与摩擦损伤理论，采用先进的摩擦学设计与材料设计技术，拟开展以下研究：（1）研究接触导电摩擦损伤机制以及材料成分、制备工艺参数对材料组织性能的影响规律。（2）重点研究材料特征参量与摩擦磨损行为和摩擦磨损性能的内在关联，尝试从力-热-电性能匹配出发提出主动有效控制铜基材料摩擦磨损行为进而提高摩擦磨损性能的策略，为载流摩擦副用高性能铜基材料的设计与开发提供依据
13	高气密性高强高导耐热弥散强化铜合金	高气密性高强高导耐热弥散强化铜合金是各种电真空器件、微电子器件的关键材料。目前国内生产的弥散强化铜合金气密性差、残余氧含量高、纳米弥散粒子尺度大且易沿晶界析出，导致脆性增加，无法制备出电真空级的弥散强化铜合金，而且进口难度也逐渐增大，目前已无法正常进口。为了满足国内正常需求，打破国外垄断，需要研发高气密性高强高导耐热弥散强化铜合金
14	中强耐磨铜合金耐磨改性及表面处理技术	随着汽车性能的不断提升，对零部件材料的各项性能要求也越来越高。中强耐磨铜合金材料耐磨性不足限制了其发展，为了进一步提高中强耐磨铜合金的耐磨损性能，需要进行改性及表面处理工艺的研究，以期在控制成本的条件下提高材料综合性能。主要研究内容有：（1）基体中硬质相的结构、尺寸分布及其与基体的界面对材料强度和耐磨性的相互影响机理及协同优化策略。（2）耐磨涂层工程化技术研究。（3）改性耐磨材料及耐磨涂层摩擦磨损测试和评价
15	高强高导压铸铜合金	在电动汽车及中主轴用电动机中，其转速高于8000r/min，对转子材料具有很高的屈服强度和抗拉强度要求。而纯铜虽然具有优异的导电性能，但其屈服强度不足100MPa，无法满足高转速电动机的运行条件。因此需要在保持电导率基本不变的情况下，开发屈服强度和抗拉强度显著提高的高强高导铜合金压铸材料。研究内容有：（1）高强高导压铸铜合金的材料设计。（2）高强高导压铸铜合金材料的制备。（3）高强高导压铸铜合金材料的热处理工艺研究。（4）高强高导压铸铜合金转子的制备及产业应用。（5）高转速下高强高导压铸铜合金转子的力学行为研究
16	新能源汽车/3C用高性能连接器铜合金	新能源汽车、充电桩、智能手机、计算机和通信网络的发展要求更高可靠性的铜合金材料连接器。通过对CuCr-X、CuTi-X和CuNi-X系列合金的微合金化和成品组织调控，实现合金的综合性能提升，开发满足新能源汽车、3C产品高可靠性连接器用的高性能铜合金材料。产品性能指标：高强高导系合金，强度600～700MPa，延伸率>6%，电导率80%～90% IACS；超高强铜合金，强度>1000MPa，延伸率>3%，电导率>20% IACS。项目的关键技术研究内容为：（1）合金系主体成分的优化和微合金元素的改性。（2）含易氧化元素的非真空熔炼和铸造技术。（3）成品组织调控与弯折、抗应力松弛性能研究。（4）产业化关键技术研究与推广
17	电子用超薄压延铜箔及表面处理技术	随着电子信息行业的迅猛发展，对压延铜箔的性能及表面后处理要求越来越高，而国内尚未掌握压延铜箔的后处理技术。通过选择优异的轧制坯料，控制压延技术、热处理技术、表面处理技术，获得超薄表面处理箔；开发高精度压延铜箔及其后处理技术，满足电子信息行业用高性能压延铜箔的要求，替代进口，提升国产化率。超薄压延表面处理箔的性能指标要求：室温抗拉强度≥350MPa，延伸率≥0.5%；180℃×15min热处理下，抗拉强度≤250MPa，延伸率≥10%，MIT：35～50次，抗剥离强度≥1.3N/mm，针孔数≤0.05个/m^2。主要研究内容：（1）超薄压延铜箔轧制技术，掌握箔材加工工艺与变形量关键技术。（2）压延铜箔热处理技术，解决箔材压折、粘接等问题。（3）压延铜箔针孔控制技术，控制箔材针孔率。（4）压延铜箔表面处理技术，掌握灰化、黑化等表面处理技术
18	先进环保易切削系列铜合金	铅为对人体有害元素，相关法规对电子电气设备、供水系统等领域中铅的使用进行了限制，因此开发环保易切削系列铜合金材料成为未来发展的必要趋势。现有环保易切削铜合金材料存在切削性低、成本高、加工性能差等问题，难以有效替代铅黄铜的使用。开发可替代铅黄铜用于电子电气设备、供水系统的环保易切削铜合金材料，达到如下指标：切削性>85（相比于C36000）；低成本，铜含量<65%，采用廉价及资源丰富的合金元素，减少稀贵元素的使用；Pb<0.01%；抗拉强度450～700MPa；具备良好的成形性及耐蚀性。研究内容包括：（1）合金化技术，研究合金元素种类及含量对材料组织、性能的影响。（2）组织性能调控技术，开展析出相组成、大小、分布等方面的研究

续表

序号	材料名称	具体分析
19	铍铜合金带材	通过开展铍铜合金熔铸新工艺及带材加工技术研究，提高国产铍铜合金的综合品质，加快国内铍铜产业技术升级的步伐。具体研究内容如下：（1）合金元素对铍铜合金析出相结构、性能的影响规律及协同作用机理。（2）熔铸过程中的凝固组织、成分分布、缺陷演变规律和控制原理。（3）低成本、短流程、高成材率水平连铸铍铜熔铸新工艺研究。（4）轧制和热处理过程中合金组织性能的演变规律与调控原理等研究。（5）铍铜合金熔铸及带材加工技术的整合及贯通，实现产业化生产

4.3 优先发展的高纯有色及稀有金属材料

高纯有色及稀有金属材料主要包括核能领域的核级锆铪金属与合金材料，用于集成电路制造、平板显示、光伏太阳能和存储记录等领域的高纯铝、钛、铜、钽材料及靶材等，是我国核工业、集成电路和电子工业的关键基础材料，有“卡脖子”风险。针对工业领域对高纯有色及稀有金属材料急需的程度和产业安全，我国应优先发展如表 1-4-3 所示的高纯有色及稀有金属材料。

表 1-4-3　优先发展的高纯有色及稀有金属材料

序号	材料名称	具体分析
1	纳米/微纳复合增强高性能难熔金属基复合材料	难熔金属钨、钼拥有高密度、高熔点等特殊性能，在航空航天、武器装备、核能、微电子信息等国防军工和国民经济诸多领域有着不可替代的作用，是一种极为重要的战略物资。然而，现有的难熔金属受传统粉末冶金方法和成分体系的限制，其性能存在天然不足，制约了高新技术领域的发展。针对这些重大难题，自 20 世纪 90 年代以来一直开展难熔钨钼新材料研发、制备技术和理论的研究。早期开展了 W-Ni-Fe、W-Ni-Cu 等高密度钨合金和高钨含量 W-Cu 以及高温钼合金的材质成分优化、机械合金化和注射成形技术研究，开发了系列钨钼材料。近年来，针对国防军工、航空航天、核聚变和微电子信息等科技领域对高性能、精细结构难熔钨、钼材料的重大需求与传统钨钼材料存在的严重技术瓶颈，在国内外首次创新提出采用“纳米原位复合”“微纳复合”设计思想制备高性能细晶钨钼材料，取得了突破性的进展。（1）采用稀土微合金化-短时液相烧结制备技术制备高强韧细晶 W-Ni-Fe 合金，抗拉强度达到 1600～1700MPa，延伸率达到 7%～10%，其晶粒细化和强韧性提高非常显著，同时局部绝热剪切能力显著增强。（2）纳米原位复合改变了传统的 W-Cu 不相溶实现低温一步烧结近全致密化，获得了晶粒在 0.5μm 以下、致密度在 99.5% 以上的系列成分高性能细晶 W-Cu 材料，其中高强塑性细晶 W-Cu 材料其强度和延伸率与紫铜相当，具有良好的破甲射流形成能力和显著的破甲威力。（3）采用纳米原位复合在 W 中添加微量 Y，形成原位 Y、W 复合氧化物新相细化 W 晶粒，晶粒细化至 1～2μm，室温拉伸强度 550MPa 以上，与传统纯钨相比，具有较好的抗高热负荷能力，并开发了大尺寸钨材。（4）发明了一种新型的超高温陶瓷增强轻质难熔复合抗烧蚀材料，建立了“溶胶-非均相沉淀-喷雾干燥”微纳复合粉末的制备技术，烧结态强度达到 700MPa 以上，其 1600℃抗拉强度达到 250～300MPa，是高温难熔金属材料的 3～4 倍，密度仅为传统高温难熔金属材料的一半；通过了模拟马赫数巡航状态的长时间抗氧化实现近零烧蚀，显示出其优异的高温强韧性、抗热冲击和抗烧蚀性能，同时应用于发动机高温部件多次通过 3000K 以上考核高能燃气长时间烧蚀并在多个型号获得应用。需要进一步加强纳米/微纳复合增强高性能难熔金属基复合材料的应用研究
2	高性能高温合金材料	国际上最为先进的高温合金及其制备技术主要掌握在发达国家手中，如美国的通用电气（GE）、德国的西门子（Siemens）以及日本的三菱重工（MHI）等。我国高温合金及其工艺研发落后，长期以来想要以市场换取技术，但是国外公司采取整机拆装的方式对核心技术严格保密，从而严重制约了我国航空发动机和地面燃机的发展。为满足我国国民经济快速发展以及国防安全建设的需要，需开发高性能高温合金及其制备技术

续表

序号	材料名称	具体分析
3	高性能银氧化锡氧化铟电接触材料	高性能银氧化锡氧化铟电接触材料具有优良的电学、抗熔焊、耐电弧烧蚀、抗氧化性能等，在电工、电子、电器、汽车、航空、航天、军工等领域具有不可替代的作用。据不完全统计，我国航空、航天、航海等高技术产业用高性能银氧化锡氧化铟电接触材料年用量在500t以上，但目前80%以上依赖于进口。为实现系列化、标准化高性能银氧化锡氧化铟材料，使其广泛应用于电子、电器、信息通信、电力、能源、汽车、航空、航天等高新技术领域的技术发展中，使我国银基电接触材料产业的制备技术水平和产品质量进入世界先进行列，全面实现电子仪器仪表、电器设备、控制元器件等的技术水平升级和产品增值，为我国有色金属、贵金属电接触功能材料的发展提供理论基础和技术支撑，开展以下研究：（1）高性能银氧化锡氧化铟电接触材料制备关键技术开发及产业化应用。（2）探明材料组织构件组合、微宏观缺陷控制、塑性变形加工、复杂工况下的电接触行为等关键共性难题，使该类电接触材料的服役行为分析和电接触性能提升等取得突破性进展
4	电子工业用超高纯铂族金属	高纯铂族金属是高性能半导体器件、微波通信、集成电路、LED、太阳能电池等领域必不可少的关键材料。日本、美国、英国、俄罗斯等国家十分重视高纯贵金属材料的研制，其生产的高纯贵金属品种齐全、质量高、产量大，产品纯度最高可达6N以上。我国高纯铂族金属制备及分析检测技术与国外相比，尚有较大差距。随着电子工业的不断发展，对铂族金属的纯度要求越来越高，预计未来要求铂族金属纯度达到6N以上。为满足需求，急需研究高纯铂族金属制备技术及相应的分析测试技术
5	基础有机原料合成用贵金属催化剂	基本有机原料催化剂在贵金属工业使用最为广泛，多以负载型Pt、Pd、Ag、Ru、Rh贵金属形式使用。催化剂年需求量4000t以上，市值60亿元以上。该领域催化剂整体呈现技术分散、以低端催化剂产品为主的特点，除碳二碳三馏分选择加氢钯催化剂、双氧水钯催化剂等少数几个产品国内能完全满足需求外，其余高端催化剂还需从英国 Johnson Matthey、BP，英荷 Shell，美国UOP、Celanese、SD、Dow-Dupont，德国BASF，瑞士Clariant，意大利Chimet，日本旭化成、宇部等国外公司进口。部分进口催化剂的限制及关税的加重已影响我国相关行业的健康发展，因此急需开展基础有机原料合成用贵金属催化剂的国产化研究
6	化学气相沉积铼材料	铼具有高熔点、高强度及一定的塑性等性能特点，是航天航空等高技术领域应用的重要高温结构材料。化学气相沉积（CVD）和粉末冶金（PM）是制备铼材料的两种主要技术方法。研究发现，CVD铼的屈服强度和蠕变强度均明显高于PM铼及热等静压（HIP）铼，CVD铼的强度与晶粒大小之间的关系不符合多晶金属经典的Hall-Petch公式，强韧化机制至今尚不清楚。实现强韧化铼及其他金属结构材料的CVD制备，可为实际应用提供设计依据和技术基础，丰富金属材料组织结构与宏观力学性能关系理论。该领域将开展以下研究工作：（1）以现场氯化CVD法制备铼材料，测试铼的室温及高温力学性能，表征其微结构（晶粒取向，孪晶取向、尺寸与分布，位错状态）及其在热、形变作用下的变化。（2）研究分析位错与沉积织构及生长孪晶的交互作用对宏观力学性能的影响，揭示CVD铼的强韧化机制
7	贵金属高温合金新材料	针对我国航空航天、武器装备、电子通信、汽车等行业对高性能稀贵金属高温合金材料的重大需求，提高材料的综合性能和使用极限，提升我国贵金属高温合金材料的生产技术水平和产品档次，提高企业的核心竞争能力，为国民经济的发展形成有力支撑。同时，带动我国新材料等相关行业的科技、经济发展和进步。开展以下研究：（1）稀贵金属在高温合金中的应用基础研究。（2）集成化、系列化和标准化合金产品以及先进制备技术
8	高端集成电路用新型贵金属装联材料	集成电路用新型贵金属装联材料的生产仍然集中在庄信万丰、霍尼韦尔、威廉姆斯、优美科、贺利氏、日矿材料等国际公司，引领着国际贵金属装联材料的技术方向，也占据着世界大部分市场。国内的贵金属材料生产厂家主要有贵研铂业、东北大学、沈阳东创贵金属、北京亿研科技、山东黄金、贺利氏（招远）贵金属等，与国外的知名大公司相比仍有产品结构单一、大多处于中低端、主要用于半导体照明等行业等差距。主要依赖进口的格局严重影响着我国集成电路产业转型升级乃至国家安全。预计到2035年，低端贵金属材料会被全部替代，急需研究具有自主知识产权的集成电路用新型贵金属装联材料短流程关键制备技术

续表

序号	材料名称	具体分析
9	有机硅行业用铂金系列催化剂	有机硅行业是现代工业的一个重要领域，有机硅化学是涉及有机硅化合物的合成、结构、性能及其应用的一门化学学科，也是近几十年来发展十分迅速的学科和领域。由于有机硅化合物具有独特的结构、优异的理化性质，例如优秀的电气性能、耐高低温、耐气候老化、生理惰性等，因而有机硅材料在当今国民经济的各个领域有着广泛的应用，特别是在许多高技术行业和产业结构优化升级上发挥着举足轻重的作用。有机硅化学研究的内容主要包括硅碳键、硅氢键、硅氧键、硅氮键、硅硅键等化学键的形成以及相应物质的性质。迄今为止，具有工业应用价值的硅碳键形成方法主要有两种，其中最主要的是硅氢加成法，它以含氢硅烷或硅氧烷和含不饱和键的有机化合物为原料。硅氢加成法广泛用于有机硅下游产品的合成，而这些有机硅高端产品可以将之前合成的有机卤硅烷转化成多样化的产品。由此可见，硅氢加成法在延伸有机硅产品链方面具有不可替代的作用。铂催化剂在硅氢加成反应中应用最广。硅氢加成应用的催化剂是铂金催化剂，这是由于其在工业过程中催化活性最好、选择性最高、研究也最深入。有机硅行业使用的铂催化剂大致分为两代，第一代是 Speier 催化剂；第二代是卡斯特(Karstedt)铂金催化剂。卡斯特铂金催化剂的成功开发与应用，使有机硅化学工业有了一个飞跃式的发展，目前在发达国家是主要应用的催化剂，国内则刚开始应用，时间还不长。虽然国内外针对该催化剂的一些不足，还在研究新的铂催化剂，但是仍然处于研究阶段，还没有十分理想的研究方向和目标。需要研究：（1）光催化型卡斯特铂金催化剂的研究开发，卡斯特铂金催化剂大批量生产反应釜的设计与选型，重点研究反应釜结构、计量与加样、自动或半自动精确控制过程。（2）卡斯特铂金催化剂质量标准的建立，主含量分析方法的建立与标准化，相关杂质或控制指标分析方法的研究，原辅料质量检测与品质控制。（3）不同规格及黏度卡斯特铂金催化剂的准确配制，与大规模液体产品的自动或半自动灌装技术和设备
10	低温分解、基团残留少的新型铂、钯催化前驱体材料	贵金属化合物被用作化学反应的均相催化剂、制备催化剂的前驱体材料以及表面涂层及电子线路的前驱体材料。在这些领域贵金属不仅有明显的稳定效果，且无毒无害、性价比高。贵金属材料的独特物理和化学性质，使得贵金属材料的加工正在向化学合成及化学前处理的加工方式进行，因此开发具有较低分解温度、分解后基团残留量低的贵金属前驱体材料无疑是贵金属材料开发应用的基础。第一代贵金属化学材料为氯化物体系，其中所含的氯离子残留量较高，且氯的化学性质活泼，会对金属部件造成腐蚀等。第二代的硝酸盐体系虽然有所改善，但氮氧化物的存在依然对所加工的材料再次发生反应，改变材料的性能，例如在汽车尾气净化催化剂中的应用。在生产过程中它不会对陶瓷载体造成腐蚀，且不会对排气管造成腐蚀，但是陶瓷载体造价昂贵、机械强度差，失效后贵金属的回收工艺复杂、收益率低，不符合循环绿色经济的需求。因此，业界还是希望使用对弱酸根易分解的钯、铂化合物的金属载体来负载贵金属。目前，有国外企业已经对二碳酸氢根四氨钯、铂进行运用，这就是第三代尾气净化催化剂前驱体。需要研究化学原料合成的路线，降低生产成本，扩大生产规模，实现规模化生产，满足未来市场的需求
11	新型贵金属精密合金	贵金属精密合金主要作为高端精密仪器仪表中的关键材料使用，但随着仪器仪表灵敏度的提高，对关键材料的技术要求越来越高，其加工难度越来越大，相关的加工制备理论基础成为了技术短板。需开展以下研究：（1）开展厚度、宽度或直径尺寸在 20μm 以内的超细超薄贵金属精密合金材料制备关键技术，分析影响材料高效制备的关键因素及影响效果，专门针对超细超薄并具有特种功能的贵金属精密合金的制备技术形成特色的加工制备理论，为新型材料的开发奠定理论基础。（2）开展外围直径大于 50mm、平面度和平行度要求达到 10μm 以内、周长内各点的微观组织及加工织构取向一致的贵金属精密合金型材加工制备理论基础研究，解决加工变形应力分布变化、合金组织方向变化、加工织构变化等高精度控制技术难题，建立超宽超平各向同性贵金属精密合金型材制备理论体系。（3）开展高可靠多层复合材料制备共性关键技术研究，解决界面扩散强化精确控制技术、两相或多相协调变形精确控制技术难题，系统分析中间过渡层对应力释放、位错迁移等微观组织特性的影响
12	AlN 陶瓷基板用系列厚膜浆料	国内暂没有该类浆料的市场化应用，基本需要进口，浆料样品使用工艺窗口较窄。为满足需求，将开发技术指标为附着强度≥8kg、浆料的印刷分辨率达到 100μm±10μm、具有较好的抗焊料侵蚀性能、可焊性优异的厚膜浆料
13	片式元件用系列共烧电子浆料	与国外进口浆料相比，国内浆料产品使用工艺窗口较窄，并且产品实际应用情况较少，缺乏规模化实际应用考察，无法满足复杂多变的服役环境，急需的高性能电子浆料完全需要进口。为满足需求，将开发性能需求为浆料印刷最小填孔孔径 0.10mm、系列浆料与生瓷膜匹配、基板收缩精度≤±0.2%、基板翘曲度≤80μm/80mm、热冲击后基板性能指标满足要求、浆料的印刷分辨率达到 100μm±10μm 的片式元件用系列共烧电子浆料

续表

序号	材料名称	具体分析
14	大功率元器件用热界面材料-高导热导电胶	高导热导电胶材料的关键在于耐热有机树脂材料与导热途径的高效构建。大功率银胶市场完全被日本田中、京瓷占据，目前日本田中、京瓷均已开展导热导电胶系列化开发，产品热导率都已达到 25W/(m·K)以上，具备优异的耐候、电气、耐化学品等性能。国内研究单位对高热/电传导规律与协同控制缺乏前瞻性、基础理论支撑，银胶热导率处于 5～10W/(m·K)水平，产品技术储备严重不足，核心技术和知识产权缺乏，与下游衔接的工程化技术研究工作开展严重不足，新产品开发与进入市场的速度明显滞后，缺乏重大工程应用针对性，无法满足复杂多变的服役环境。为满足需求，将开发大功率元器件用热界面材料-高导热导电胶
15	电子浆料用高温烧结活性单分散银粉	国内外在该粉体制造方面最大的差异在于国内控制粉体的粒径范围相对大，制造的粉体颗粒分布跨度相对较大，粉体批次之间的稳定性弱于国外产品。急需开发性能为平均粒径（D50）控制在 1.5～2.5μm、最大颗粒小于 5μm、振实密度介于 5.5～6.5g/cm^{3}之间、有机物含量≤1%、烧结活性高、适用于快速烧结工艺的电子浆料用高温烧结活性单分散银粉
16	高端高性能铱及铱合金	铱属铂族金属元素，其熔点高(2443℃)，硬度高(弹性模量 E=527GPa，泊松比μ=0.26)，高温性能好，化学性质稳定，可以在氧化性气氛中应用到 2300℃，也是唯一能在 1600℃以上仍具有良好机械性能的金属。铱还是最耐腐蚀的金属，致密态铱不溶于所有无机酸，也不被其他金属熔体浸蚀。由于具有这些特殊的物理化学性质，目前铱及其合金制品已成功应用于航天航空、高能物理、兵器、机械电子、医学等诸多领域，是高新技术领域不可替代的重要战略物资。铱及铱合金制品按其形状规格不同分为：坩埚器皿、棒材、丝材、管材、片材、靶材、粉状材料等。坩埚、棒材主要用于拉制氧化物晶体，丝材主要用于真空规管灯丝、航空发动机点火电嘴、高端汽车用铱金火花塞、pH 电极、高温热电偶及热电阻等，管材主要用于耐火纤维行业钨铱流口及同位素核电池的包壳容器，靶材用于航天发动机喷管镀层。对于全球市场，根据庄信万丰公司（Johnson Matthey）2013 年 5 月 13 日发布的《铂金 2013 年鉴》，从 2010 年开始，铱制品的需求猛增，主要是因为发光二极管（LED）需要使用单晶蓝宝石衬底。预计 2020 年以后，铱及铱合金制品的市场需求将达到 15t 以上，市场前景广阔。高端高性能铱及铱合金主要受国外公司垄断，我国在全球的市场占有率极低，近年来主要集中在铱及铱合金制备基础条件建设及制备工艺的研究方面，制品还处于初级开发阶段。为突破国外技术垄断，以满足我国高端高性能铱及铱合金制品的市场需求及国家战略需求，开展以下研究：（1）开发高端高性能铱及铱合金制品。（2）研究制备关键技术和产业化
17	新能源燃料电池贵金属 Pt 基合金催化材料	针对目前燃料电池催化材料市场被国外垄断以及主流产品成本较高、性能难以满足未来燃料电池需要的问题，为了填补国内高水平新材料产品空白，为先进基础材料强国战略贡献力量，提升企业核心竞争力，为国家科技、经济发展提供支撑，开展以下研究：（1）开发利用第三周期过渡金属及其他贵金属与 Pt 形成的合金催化剂。通过控制 Pt 基合金内核的尺寸、晶型结构，获得合适的内核结构；然后在核的表面可控生长 Pt 壳层，通过核-壳界面之间适配性的调控，获得 Pt 电催化剂的关键制备条件，揭示核壳结构的适配性与氧还原性能之间的构效关系，解决电催化剂的活性、稳定性和产业化放大工艺等关键技术。（2）新增或扩建 Pt 基催化剂生产线，最终形成高活性低成本质子交换膜燃料电池用催化剂成套生产工艺并实现其产业化
18	高质量超细银纳米线及柔性透明导电薄膜	银纳米线透明导电薄膜是由纳米线组成的网络结构。在固定纳米线长度和直径的条件下，随着纳米线线密度的增加，导电薄膜的透过率减小，方阻迅速降低；而固定方阻和纳米线长度时，随着纳米线直径的变大，其对光的散射就变强，透过率下降的幅度也变大。因此，在控制理想纳米线线长（≥25μm）的情况下，得到超细线径（≤25nm）的高质量银纳米线是获得高性能透明导电薄膜的关键。基于上述理论及已有的研究成果，本项目将开展以下研究：（1）专注于高质量超细银纳米线领域的应用研究，采取阴阳离子双助剂协同控制及高压辅助的研究思路，发展高质量超细银纳米线可控制备的新途径与新方法。（2）结合微观结构表征手段探究和掌握该类型银纳米线的形成与内在控制机理。（3）将银纳米线应用于柔性透明导电薄膜中，探索高质量超细银纳米线透明导电薄膜的光电性能及纳米银线-透明导电薄膜间的构效关系

续表

序号	材料名称	具体分析
19	高性能铱磷光分子材料	铱磷光分子材料是目前性能最为优异的有机发光材料，在OLED显示产业中得到了广泛应用。OLED产业快速发展，对高品质、低成本OLED屏体的需求增加，发光材料的性能和成本对OLED产业的健康发展起着决定性作用。目前OLED发光材料存在的问题有：知识产权问题——在OLED产业中广泛应用的铱磷光配合物的核心专利权归属美国UDC公司；发光材料快速筛选的难度和工作量大——发光材料的种类和结构多，OLED企业在不断追求高性能（更高的发光效率和色纯度）的发光材料，导致发光材料的更新换代较快，且不同OLED企业使用的材料配方体系不同，使用的发光材料也不相同；成本高——对于蒸镀型OLED，材料利用率低（10%）、对材料的纯度要求高、合成成本高等提高了发光材料的成本；高性能蓝光材料的缺失——蓝光材料存在光谱不够蓝、效率不够高、稳定性差等问题；大尺寸OLED屏体制备问题。鉴于上述情况，快速研发具有自主知识产权的高性能发光材料；改进合成方法提高材料的收率来降低发光材料的成本；通过发展印刷OLED技术提高材料的利用率，在降低成本的同时，还能满足大尺寸OLED屏体的制备，成为当前急需解决的问题。针对OLED产业发展和市场需求，拟开展以下研究：（1）高性能铱磷光分子材料的研发，通过对铱磷光分子材料进行设计、合成和纯化，对其结构和纯度进行测定，研究其光物理性能和电化学性能。（2）开展OLED器件性能评价，获得铱磷光分子材料结构与性能之间的构效关系，从而指导高性能铱磷光分子材料的快速研发，为高性能铱磷光分子材料的快速研发提供理论依据和技术基础。（3）对获得的高性能铱磷光分子材料，发展低成本、高效率的批量制备技术，开展应用示范和产业化建设，为OLED产业提供关键核心材料的保障
20	高端贵金属钎焊材料	高端贵金属钎焊材料属于装联用先进基础材料，其钎焊温度区间为220～1400℃，主要包括金基、银基和钯基三大系列钎料。由于它们具有导电导热性特别优良、钎焊接头气密性好、耐冷热冲击性强、接头强度高、焊接工艺优良、化学性质稳定等特点，而大量用于钎焊航空、航天、电子、兵器、核能等国防军工领域的各种关键零部件。近年来，随着军事工业的高速发展，新型航空发动机、运输机、卫星姿/轨控发动机、卫星、机载雷达和大功率微波器件、空空导弹、深空探测同位素电池等国防领域的涡轮叶片、机匣、喷管、微电子、光电子芯片等部件均采用了大量的贵金属钎料进行钎焊连接和组装。目前我国在高端贵金属钎焊材料研究方面如材料成分、钎料熔点、与不同母材钎焊接头性能、界面反应等的研究相对薄弱，对脆性贵金属钎焊材料的成分制备、钎焊接头界面结构研究、钎焊接头力学性能研究等基础数据收集不全，严重制约了钎焊材料系列化、标准化发展，难以给材料设计者提供可靠、准确的设计依据，极大限制了我国相关型号的研制进度和技术发展，成为制约我国新型武器装备的瓶颈，高端贵金属钎焊材料依然依赖进口，因而亟待开展军用贵金属系列钎焊材料的谱系化研究及产业化制备关键技术研究，以满足我国军事领域在研、预研以及下一代探索研究型号对钎焊连接材料的需求。预计到2035年我国高端贵金属钎焊材料的市场需求将达到200t以上，将逐步替代传统的含Cd、Pb等有毒钎焊材料。开展钎焊材料的谱系化开发与产业化制备关键技术研究，将开发出15种高端新型贵金属钎焊材料，建立贵金属钎焊材料对多种不同母材的钎焊应用基础性能数据库，形成相关的牌号、行业或企业标准和工程数据手册，最终形成贵金属钎焊材料的标准化、系列化和谱系化产品，改变我国高端贵金属钎焊材料长期依赖进口的局面，预计到2035年将累计实现产品销售收入5亿元以上
21	粒级高纯二氧化锡	二氧化锡在光学、电学、催化、气敏、压敏、热敏、湿敏等方面具有优异的性能，随着应用升级，对纯度和粒度提出了更高的要求，但目前生产工艺达不到市场需求，不同粒度的高纯二氧化锡主要依赖进口。需要开展：（1）高纯纳米二氧化锡制备关键技术研究，主要用于气敏、催化等应用；包括纯度99.99%、99.999%的颗粒状、片状、长条状、簇状、雪花状等粒度＜100nm的二氧化锡制备关键技术研究。（2）高纯亚微米二氧化锡制备关键技术研究，主要用于ITO靶材；包括纯度99.99%、粒度100nm～1μm的二氧化锡制备关键技术研究。（3）高纯度大晶粒尺寸二氧化锡制备关键技术研究，主要用于熔制玻璃的氧化锡电极；包括纯度99.99%、粒度10～20μm的二氧化锡制备关键技术研究
22	锡基阻燃剂	锡基阻燃剂在大多数聚合物中具有极其良好的阻燃消烟性能，特别是在抑制烟雾的毒性方面有着上佳的表现。其优点如下：（1）无毒、安全、容易操作；（2）具有阻燃作用和烟雾抑制作用；（3）添加剂量少，性能好；（4）与卤素和填充剂有良好的协同效果；（5）颜料适配性无限制；（6）应用领域广泛。研究证明新型阻燃剂锡酸锌具有优异的阻燃效果，针对锡酸锌开展如下关键技术研究：（1）锡酸锌为主的锡基阻燃剂制备关键技术研究，包括制粉、纳米化、表面改性、精加工等关键技术研究。（2）下游应用产品开发研究

续表

序号	材料名称	具体分析
23	锡基预成形钎料	锡基预成形钎料附加值高，制备工艺技术难度大，对集成电路焊接有较大影响。其产品有如下优点：（1）可以制成不同的形状和尺寸以满足特定需要；（2）可焊性好，减少助焊剂的飞溅及残留；（3）混合锡膏使用，提高焊料的金属含量；（4）单独使用可精确控制金属含量；（5）可实现卷带包装，便于生产装配。针对锡基预成形钎料开展如下关键技术研究：（1）合金成分配方研究。（2）成形技术工艺研究。（3）后处理技术工艺研究。（4）模具设计。（5）卷带包装工艺研究。（6）配套助焊剂研究
24	ITO 靶材	需要研究：（1）TFT 用 ITO 靶材关键技术研究，包括制粉、成形、烧结、精加工、靶材绑定等关键技术。（2）废靶回收关键技术
25	高纯铟	需要研究：（1）电解提纯的关键技术，包括电解提纯过程各杂质的走向和电解液成分、电解工艺参数等研究。（2）真空蒸馏提纯的关键技术，包括真空蒸馏炉冷凝收集装置结构、材质，蒸馏工艺参数等研究。（3）区域熔炼提纯的关键技术，包括区域熔炼炉结构的设计、各区域杂质富集的分析、工艺参数的控制等。（4）单晶提拉的关键技术，包括温度场的设计、坩埚材质和籽晶的选择及提拉工艺等的研究
26	50 万片/年 2～6in 磷化铟单晶及晶片	需要研究：（1）磷化铟单晶关键技术，包括直接合成技术、大直径合成技术、低位错密度合成技术、高热稳定合成技术、高成品率合成技术的关键技术。（2）磷化铟多晶关键技术，包括磷泡注入技术研究和水平凝固技术
27	多元多相高强韧新型 La-TZM 钼合金	为实现 La-TZM 钼合金微观组织可控和综合强韧化、多元多相高强韧新型 La-TZM 钼合金材料产业化，将开展以下研究：（1）基于复合强韧化原理和制造-应用一体化设计方法，在 Mo-Ti-Zr-C 合金的基础上，设计制备出一种多元多相高强韧新型 La-TZM 钼合金。（2）采用超声加湿混料制备微观组织均匀的多元多相 La-TZM 钼合金，探索 La-TZM 钼合金在特征粉末处理、成形、烧结过程中微观均匀性的演变规律，掌握多元多相钼合金的均质化调控原理，解决多元钼合金微观组织均匀性差的难题。（3）阐明 La-TZM 钼合金第二相形成动力学机制及其交互作用，分析第二相种类、尺寸、数量、弥散度等对钼合金力学性能的影响规律，揭示其细晶/固溶/弥散/形变复合强韧化机制及其协同作用机理
28	超纯稀土金属、化合物及其靶材	超高纯稀土金属及合金是发展电子信息产业不可或缺的关键材料。主要研究内容：（1）开发针对特定关键敏感杂质的新型、高效超纯稀土金属及化合物提纯技术及其专用装备。（2）开发低成本、短流程、集成化的稀土金属及化合物工业化绿色高效制备技术及其装备，工业化制备绝对纯度达到 4N5 级的超纯稀土金属和 6N 级的超纯稀土化合物。（3）开发稀土金属洁净熔炼、铸锭、轧制技术和专用装备。（4）开发超纯稀土金属靶材焊接、清洗等后处理技术，获得适用于集成电路、OLED 等领域的电子级超纯稀土金属靶材
29	非易失相变随机存储器用大尺寸高纯稀有金属多元合金靶材	我国半导体存储市场约 400 亿美元，是最大的集成电路消费国，但自给率却很低，其中存储器更是半导体行业四大产品类型中自给率最低的一个。通过研发与先进的非易失相变随机存储器配套的大尺寸高纯稀有金属多元合金靶材制备技术，支撑我国在高性能存储器自主研发领域的弯道超车，提前占领技术制高点，有利于促进国内新型集成电路存储制造技术创新能力提升和产业发展。将开展以下研究：（1）大尺寸高纯稀有金属（锗、锑、碲、砷、硅等）多元合金靶材制备技术。（2）多元合金在高温高压烧结过程中微观组织、致密化、应力分布的演化规律，以及合金成分原子扩散机制。（3）探究大尺寸脆性异质金属复合及加工过程中应力变形、开裂的机制，解决多金属粉末成分均匀合成关键技术，大尺寸、高密度、成分均匀、高可靠复合、高精密靶材加工技术
30	3D NAND 存储器用大尺寸超高纯钨及钨合金靶材	2016 年全球半导体的销售额之和为 3389.31 亿美元，其中存储器市场容量约 780 亿～800 亿美元，占全球半导体市场的 23%，是仅次于逻辑电路的第二大产品。据预测，未来十年 NAND 闪存的需求量将持续增长 10 倍。其中，2017 年 NAND 闪存市场就强势增长 44%。我国在 3D NAND 技术的发力成为国产存储器厂商弯道超车的机会。为满足我国 3D NAND 存储器制备用关键原材料的自主可靠供应，急需开展钨原材料的选型、压制工艺、烧结工艺和后处理工艺（锻造和轧制）等方面的研究，开发超高纯、大尺寸钨及钨合金靶材
31	核能级金属锆和核能级金属铪	核能级金属锆和核能级金属铪是核电堆芯燃料包壳材料和核反应控制不可替代的关键材料，降低环境污染风险和提高生产效率是此类材料技术发展的必然趋势。解决现有问题有两条可行路线，建议立项选择其一进行突破，使行业水平显著提升；亦可同时布局两条技术路线进行攻关，加速该领域绿色高效生产技术升级。研究内容如下：（1）采用现有湿法分离锆铪的技术或新研发的绿色技术分离锆铪；采用新研发的氧化锆/铪直接还原技术代替氯化法。（2）研发四氯化锆加压分离锆铪技术，显著提高生产效率，但该方法无法避免使用氯气

续表

序号	材料名称	具体分析
32	稀散金属高纯化制备关键技术	稀散金属锗、镓、铟、硒、碲是我国重要的战略性资源，是我国战略性新兴产业快速发展的基础关键原料。尽管我国稀散金属资源储量整体优势显著，但其分散伴生的赋存特性，决定了共伴生矿床中稀散金属品位较低，直接经济提取难度大。目前国内稀散金属冶炼及制备制造水平低，主要以4N 级初级低端产品为主，无法直接应用于太阳能电池、航空航天、红外光学、光电材料等高端技术产业。稀散金属资源国内产能利用率低，绝大部分资源以出口为主，再进口国外高端制品，这种生产模式不利于我国高端技术产业国产化水平提高和形成自主知识产权。为此，建议加大基础研发投入，开发经济高效的高纯稀散金属制备技术并实现产业化，形成自主知识产权池，提高战略性稀散金属资源的利用率。需要开发稀散金属高纯化制备关键技术
33	钽粉还原机理、表面改性关键技术、钽粉物理精炼法	为实现我国高端钽材料技术进步和钽产业链的不断延伸，满足微电子等相关领域产品更新的技术和市场需求，为我国电子、冶金、石化、能源、航空航天、军工等相关产业的发展提供重要基础材料支撑，促进钽工业整体技术和装备向着国际先进水平迈进，将开展以下研究：（1）通过氟钽酸钾钠还原、氧化钽还原机理研究及钽粉表面改性关键技术研究，制备化学、物理、电气性能优化升级的电容器级钽粉并实现产业化应用。（2）研究物理精炼法纯化钽金属的工艺，设计、高效匹配提纯参数，实现纯度 5N6 以上高纯金属的制备
34	球形稀有难熔金属粉末的等离子雾化制备技术	球形稀有难熔金属粉末的制备方法主要有等离子雾化法、气雾化法。等离子雾化法相比气雾化法具有缺陷较少、球形度更高、粒径分布可控的优点。目前此类粉末大都需进口，价格昂贵，对国产化需求非常迫切。国产化粉末制备技术存在对等离子雾化过程中粉末凝固机理缺乏了解、装备较落后、成本较高、批次稳定性低的问题。需研究球形稀有难熔金属粉末的制备技术
35	宇航级钽电容器用高耐压、高比容钽粉	我国钽电容器制备技术无论是技术的先进程度还是产品的种类、性能、稳定性和综合质量与发达国家相比都存在着较大的差距，应用领域和范围因此大大受限。尤其是在航空、航天、武器、船舶、通信、信息等领域，很多类型的钽电容器尚不能实现国产化，只能依靠进口。高性能电容级钽粉是高质量钽电容器的关键基础材料，目前在高比容钽粉和高耐压钽粉技术方面，德国、美国占据了国际领先地位；而我国电容器用钽粉在经历了 20 世纪末、21 世纪初的高速发展后，最近二十年的时间里技术创新能力明显不足，新品研发水平和效率、成果转化能力以及工业化生产水平均落后于国际先进水平。钽电容器小型化、高可靠性的发展要求，决定了电容器用钽粉必须朝着高比容、高耐压技术方向发展。高耐压、高容量、高寿命、高耐蚀、高抗干扰、低温特性好等是宇航级钽电容器必须具备的优异性能特征，全面满足宇航级钽电容器性能要求是电容器级钽粉制备新的技术课题。需要研究宇航级钽电容器用高耐压、高比容、高性能钽粉的制备技术

第5章 政策建议

（1）加强研发体系建设

紧密围绕国家发展战略，加强顶层设计，合理布局高性能有色及稀有金属材料的研发体系。重视当前处于研发阶段的前沿材料，适度超前安排，建立符合行业标准的高性能有色及稀有金属材料设计-制造-评价共享数据库，建设与国际接轨并具有我国特色的材料标准体系，着力突破高性能有色及稀有金属材料产业发展的工程化问题。

（2）完善产业发展环境

加快制定高性能有色及稀有金属材料产业发展指导目录和投资导向意见，完善产业链、创新链、资金链。发挥市场的资源配置作用，科学引导、理性投资，协调国家对重点基础材料行业的聚焦支持，帮助高性能有色及稀有金属材料中小企业群体健康成长，营造具有国际竞争力的产业生态环境。

（3）促进提质增效协同发展

提升高性能有色及稀有金属材料的产品质量稳定性，降低生产成本，增强产业支撑能力。围绕国家重大工程建设需求，加强产学研用协同创新，提高高性能有色及稀有金属材料的一致性和服役可靠性。推动优势高性能有色及稀有金属材料企业与高端装备制造企业建立供应链协作关系，优化品种结构，促进产品融入全球高端制造业供应链，提高我国高性能有色及稀有金属材料的国际竞争力。

（4）加强配套政策支持

加大财政、金融、税收等政策对高性能有色及稀有金属材料的扶持力度，建立和完善规范化的风险投资运行、避险和退出机制，形成鼓励使用国产高性能有色及稀有金属材料的健康体系。完善支持创新的税收政策，创造良好的投资环境，防止出现“投资碎片化”，落实研发费用加计扣除和高新技术企业所得税优惠等政策。

（5）推进人才队伍建设

实施创新人才发展战略，加强中青年创新人才和团队培养，鼓励采取核心人才引进和团队引进等多种方式引进海内外人才，鼓励企业产学研用结合，积极培养自主创新的人才队伍。充分发挥行业协会、科研单位和大学的作用，共同建立高性能有色及稀有金属材料产业专家系统，加强材料研发、生产和应用的直接沟通与交流。高性能有色及稀有金属材料产业专家系统可就高性能有色及稀有金属材料发展现状、发展趋势和需要关注的重点问题提供咨询意见。

（6）高端引领，建立产学研创新平台

针对目前产、学、研、用衔接仍不紧密，创新效果不突出的问题，以企业相关产业为基地，建立产学研创新平台，汇聚领域内院士、科技创新领军人才、杰青、长江等高端创新人才，加强高端人才在理论、技术、产品方面的引领，使创新人才与产业紧密结合，形成良性的创新模式，赶超国际先进技术，并形成可持续发展团队。

第2篇 绿色制造

第 1 章
有色金属行业绿色制造概况

1.1 有色金属绿色制造的内涵

有色金属是动力电池、风力涡轮机、太阳能光伏板、电动汽车、电力储能等领域的必用基础原材料，对未来能源的绿色转型至关重要，是人类绿色发展的物质基础。同时，有色金属生产也是能源消耗和固体废弃物、工业废水（含重金属、氨氮、高盐组分等）和温室气体排放的大户，只有生产过程绿色优化，才能提高资源/能源利用率，降低对环境的影响（负作用），并使企业经济效益和社会效益协调优化。有色金属的清洁冶炼与绿色制造受到关注和重视。

1.2 有色金属绿色制造国内外技术现状

2010 年欧盟委员会对外发布未来十年能源绿色战略（《能源 2020》），明确了欧盟发展绿色产业和提升能源利用效率的路线图，计划向能源消费结构优化和能源设备改造升级等重点领域进行投资。布鲁塞尔自由大学欧洲研究所（Institute for European Studies，IES）在研究报告《面向欧洲气候中和目标的金属行业：2050 年的蓝图》（Metals for a Climate Neutral Europe: A 2050 Blueprint）里系统总结了 1990 年以来欧洲有色金属工业在应对气候变化、绿色清洁生产制造方面取得的成绩，明确欧洲有色金属工业是绿色制造转型的领跑者。标志性进展如下：①温室气体的排放量显著减少，1990～2015 年间减少了 61%；②58%的能源消耗实现电气化，能源进一步清洁化，大幅减少了碳质能源的利用；③资源循环利用水平明显提高，超过 50%的金属通过回收利用生产，远高于世界其他地区，其中拥有 Aurubis、Metallo、Umicore、Rezinal、Nyrstar 等众多重要金属公司的比利时佛兰德斯地区是欧洲金属回收和创新生产的中心，这些公司不仅生产大量的有色金属，而且不断研究开发新技术，并密切合作，最大限度地发挥各种原材料的价值，成就了全球领先的资源循环利用产业模式。2017 年，美国能源部、国防部和商务部资助组建了节能减排创新中心（Reducing Embodied-energy And Decreasing Emission，REMADE），专注于能够显著降低制造关键材料所需能源的创新技术早期应用研究，并通过提高对金属、电子产品废弃物等重点能耗领域材料的回收、重复利用和再制造，促进制造业整体能效提升。其目标是到 2027 年，整体能源效率实现 50%的提升。

我国有色金属工业的发展一直秉承着节能减排、可持续发展的绿色生产理念，不仅在产量和规模上快速发展（2002 年铝铜铅锌等十种常用有色金属产量超越美国，成为世界有色金属生产第一大国，此后产量一直快速上涨，2019 年达到创纪录的 5866t，其中铝铜铅锌等基本金属产量占全球总产量的比例都超过了 40%），而且在技术经济和环保指标等方面也取得显著进步。

① 以科技创新引领产业全面升级,在引进、消化、吸收基础上实现了自主创新,成功研发出600kA超大型铝电解、悬浮铜冶炼、氧气底吹、双底吹等一批共性关键技术并应用生产，迅速实现了产业升级。其中，600kA超大型铝电解技术属世界首创，国际领先。

② 高端材料自主生产能力明显增强，自主生产的高端铝材、镁材和钛合金材已应用于航空、汽车、高速铁路等，超粗、超细、超纯均质硬质合金，核电锆铪材料以及其他稀有金属加工材在替代进口上取得了重大进展。

③ 扎实践行绿色发展理念，节能减排效果显著，铝锭综合电耗、粗铜冶炼综合能耗等指标都已达到世界先进水平。电解铝综合交流电耗达到世界领先水平，2010年全国电解铝原铝综合交流电耗为15480kW·h/t，2019年降为13531kW·h/t，比2010年下降12.5%，比世界（不含中国）平均水平低4.7%；铜冶炼综合标准煤能耗下降到230.7kg/t(铜),同比减少9.3kg/t(铜);铅冶炼综合标准煤能耗下降到341.5kg/t（铅），同比减少了34.4kg/t（铅）。三废污染物排放量大幅降低，规模企业都实现总量达标排放。

1.3 我国有色金属绿色制造技术瓶颈和存在的问题

与国际先进水平相比，我国在清洁生产、绿色制造方面还有明显差距。

① 能源电气化水平较低，生产过程仍大量使用煤等低质碳能源，碳排放当量及总量都很大，其中铝、锌、镍的单位碳排放强度分别是欧盟的2.8、2.5、8倍。

② 资源循环利用水平不高，二次金属回收利用率与西方国家差距明显（相差10%以上）。

③ 固体废弃物排放仍较大，没有形成规模化的治理和综合应用，冶金生产企业仍面临着经济和环保处置的双重压力。

④ 生产过程数字化、智能化水平低，系统能源综合利用效率仍不高。

第 2 章

有色金属主要行业绿色制造发展现状与趋势

2.1 轻金属行业绿色制造发展现状与趋势

2.1.1 铝冶炼绿色制造发展现状与趋势

2.1.1.1 铝冶炼产业/企业基本情况

铝是“有色金属之首”，原铝产量与消费量都居所有金属之首，全球产量超过5000万吨。表2-2-1列出了近年来全球氧化铝和电解铝的产量和消费量情况。近年来氧化铝和电解铝生产都处于平稳发展态势，变化幅度不大。

表2-2-1 近年来氧化铝和电解铝产量与消费量 单位：万吨

项目	产量		消费量	
年份	2018年	2017年	2018年	2017年
全球氧化铝	12469	13030	12840	13032
中国氧化铝	7161	7025	7270	7248
全球电解铝	6421	6335	6570	6352
中国电解铝	3648	3666	3713	3531

国内铝冶炼的优势企业主要是中国铝业、中国宏桥、南山铝业等。表2-2-2和表2-2-3列出了国内主要铝冶炼企业（上市公司）近年来电解铝、氧化铝的产量和收入情况。近年来铝冶炼集中度进一步提高，其中龙头企业中国铝业、中国宏桥、信发铝业电解铝产量明显增长，优势显著。

表2-2-2 主要铝冶炼公司近年生产经营状况简表（电解铝）

编号	公司名称	上市编号	电解铝产量/万吨				总营业收入/亿元			
			2018年	2017年	2016年	2015年	2018年	2017年	2016年	2015年
1	中国铝业	601600	417	361	295	331	1802	1810	1442	1235
2	中国宏桥	01378(HK)	586.5	715.5	568.75	428.18	901.9	979.4	613.9	441.1
3	南山铝业	600219	83.28	83.29	84.79	16.10	202.2	170.6	132.2	137.7
4	焦作万方	000612	37.72	40.65	36.10	44.21	49.1	50.2	39.3	46.6
5	怡球资源	601388	29.66	25.72	24.82	25.18	63	53.8	37.7	34.9
6	云南铝业	600807	161	137.2	121.0	119.3	216.9	221.3	155.6	158.6

表2-2-3 主要铝冶炼公司近年氧化铝产量

编号	公司名称	上市编号	氧化铝产量/万吨			
			2018年	2017年	2016年	2015年
1	中国铝业	601600	1351	1281	1203	1330
2	中国宏桥	01378(HK)	409.0	187.7		
3	南山铝业	600219	175.04	174.01	172.90	173.38
4	云南铝业	600807	140	84.8	82.0	100.3
5	神火股份	000933	69.15	64.52	46.65	75.92

2.1.1.2 冶炼产品及主要工艺技术流程

铝冶炼主要以铝土矿为原料，原则工艺流程如图 2-2-1 所示，主要包括氧化铝生产和铝电解两个关键作业单元。目前氧化铝生产主要采用拜耳法，即用氢氧化钠溶液在高压条件下进行铝土矿的溶出，制得铝酸钠溶液；再经稀释-降温-结晶等工序，从溶液中析出氢氧化铝，结晶母液经蒸发浓缩后用来重新溶出新的一批铝土矿。

铝电解的具体工艺为霍尔-埃鲁冰晶石-氧化铝融盐电解法，以氧化铝为原料，溶质是以水晶石为主的氟盐溶剂组成的多相电解质体系。此外其作为完整产业链，还包括阴极炭块生产和氟化盐生产两个作业单元。冶炼产品主要有氧化铝和铝锭（原铝）。

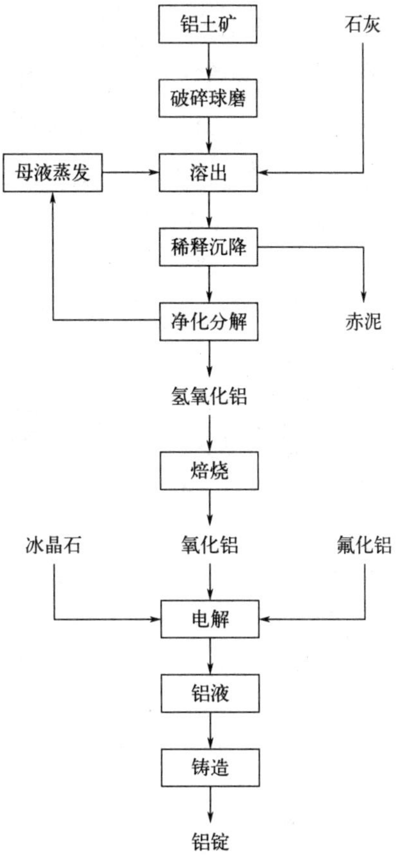

铝土矿
石灰
破碎球磨
母液蒸发
溶出
稀释沉降
赤泥
净化分解
氢氧化铝
焙烧
冰晶石
氧化铝
氟化铝
电解
铝液
铸造
铝锭

图 2-2-1 铝冶炼原则工艺流程

2.1.1.3 冶炼过程绿色化取得的主要成绩

（1）铝电解技术进步显著、发展快速，达到国际领先水平

近 20 年里，我国电解铝技术与产业快速发展，已成为世界上单槽容量最大、原铝能耗最低的国家。表 2-2-4 展示出了 2000 年以来各种电解槽的产量情况。我国全部采用最先进的点式中间下料预焙阳极电解槽，并采取超大容量作业，电解铝冶炼技术处于领先地位。

表 2-2-4 全球各种电解槽电解铝产量变化情况 单位：千吨/年

电解槽类型	2000 年	2005 年	2010 年	2015 年	2017 年
棒式中间下料预焙槽（CWPB）	2205	1606	1396	2508	821
点式中间下料预焙槽（不含中国，PFPB）	12497	16498	18922	20570	22935
点式下料预焙槽（中国，PFPB）	1009	7396	17358	31413	35905
边部下料预焙槽（SWPB）	1553	759	596	437	393
侧插槽（HSS）	2706	1244	492	67	73
上插自焙槽（VSS）	4687	4402	3590	2895	3277
总量	24657	31905	42354	57890	63404

（2）绿色节能成效显著，能效水平国际领先

铝冶炼的主要能耗环节是熔盐电解过程。我国电解铝普遍采用超大容量点式中间下料预焙阳极电解槽技术后，电解铝单元能耗持续降低，目前能效已经处于国际

领先水平，具体情况如图 2-2-2 所示。具体企业方面，2016～2019 年电解铝行业“能效”领跑者情况如下：山东宏桥新型材料有限公司（12643.0kW·h/t，2016 年；12593kW·h/t，2019 年）、青海桥头铝电股份有限公司（12654.8kW·h/t，2016 年）、山东魏桥铝电有限公司（12648.6kW·h/t，2016 年）以及云南铝业股份有限公司（12817kW·h/t，2017 年）。

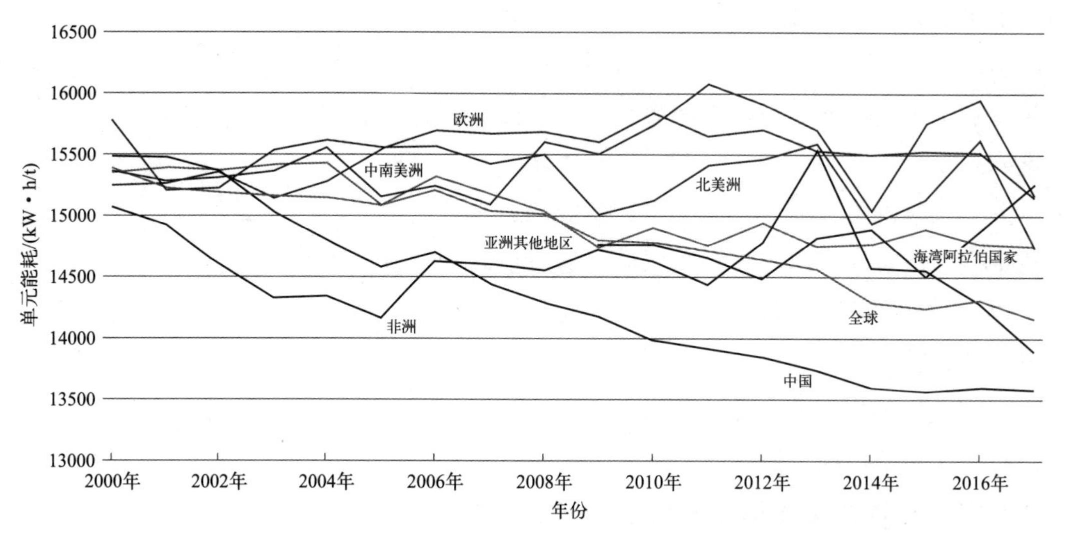

图 2-2-2　全球大区域电解铝能耗指标情况

（3）污染物单位排放量显著降低

铝冶炼过程不仅能源消耗大，同时也伴随着烟气、废水排放。近几年随着冶炼技术以及环保技术的提高，铝冶炼单位污染物排放显著降低。表 2-2-5、表 2-2-6 列出了中国铝业、中国宏桥环境保护关键绩效指标。

表 2-2-5　中国铝业 2016～2018 年烟气排放量与耗水量

绩效指标	单位	2018 年	2017 年	2016 年
烟气排放量	t/万元	0.0002208	0.0002614	0.0004006
耗水量	t/万元	257.38	290.38	401.13

表 2-2-6　中国宏桥环境保护关键绩效指标

项目	关键指标	2018 年	2017 年
废气污染物排放	氮氧化合物/t	12844	15398
	二氧化硫/t	46006	48714
	颗粒物/t	1833	1766
	氟化物/t	195	204
温室气体排放	排放总量/t	8423	9621
	排放密度(CO_2/Al)/(t/t)	13.04	14.89

2.1.1.4 绿色制造技术瓶颈、与国外的差距和存在的主要问题

（1）全氟化碳（PFC）消减效果不理想，与国外先进水平差距明显

铝电解过程是温室气体全氟化碳（Perfluorocarbon，PFC）的主要产生源。面对气候变化的严峻形势，温室气体，尤其是 PFC 的减排成为铝电解生存和发展的基础。目前我国电解铝已经普遍采用先进的点式中间下料预焙烧电解技术，但是 PFC 减排效果并不理想。2018 年 PFC 排放强度值为 0.80t(CO_2)/t(Al)，远高于国际同工艺（PFPB）排放水平[0.16t(CO_2)/t(Al)]，未达到“铝工业‘十二五’发展专项规划”设定的 2015 年目标值[0.5t(CO_2)/t(Al)]。

（2）冶炼过程自动化、智能化有待进一步提升

目前，我国铝工业仍处于工业化 1.0（炭渣、壳面块打捞人工简单工具作业，残极人工清理），工业化 2.0（多功能机组）以及工业化 3.0（槽控系统）混合并存的状态。此外，数据库建立与分析管理上还是以人工为主，离“制造业无人化”智能工厂差距明显。

（3）污染控制与环境保护措施有待加强

表 2-2-7 列出了 2017～2018 年我国铝冶炼大宗固体废物产生/利用情况，其中赤泥产生量超过 2000 万吨，但利用率不到 10%。当前的主流处置方式还是直接堆放，已经成为氧化铝冶炼厂最大的污染源。

表 2-2-7 中国铝冶炼大宗固体弃物产生/利用情况

项目	绩效指标	2018 年	2017 年
赤泥	生产量/万吨	2344.97	2105.30
	利用率/%	8.2	9.9
粉煤灰	产生量/万吨	494.56	356.30
	利用率/%	66.32	68.8
炉渣	产生量/万吨	141.16	87.20
	利用率/%	71.7	70.3

此外，电解铝生产过程中产生的废槽衬、铝灰、炭渣等固体废物，含有氟、氰化物等强毒性组分，属于危险废物，不仅物相结构繁杂，而且高效转化难度大。国内无害化处置技术研究起步晚，虽然形成了回转窑焙烧、铝土矿烧结、浮选处理、石灰水浸泡等无害化处置方法，但是处置技术不完善、处置规模受限，且无法做到资源循环利用，与国外大型铝冶炼业公司差距明显。

2.1.1.5 发展趋势及发展需求

（1）进一步提高铝冶炼过程的自动化和智能化，建设智能铝电解厂

关键装备（浸出槽/电解槽）大型化、生产模块化、过程智能化、管理信息化，是铝冶炼厂（系统）的发展趋势。

随着信息与自动化技术的不断发展，铝冶炼企业需要在全面完善电解槽等单元设备自动化操作的基础上，建立智慧型数据控制与自动化分析系统，并实现工厂全方位的智能化管控，打造智能铝冶炼厂。

（2）低品位复杂铝土矿的高效综合利用

我国已探明的高硫铝土矿资源储量达 1.5 亿吨，近年来国内氧化铝冶炼行业一直在进行技术攻关，至今仍未取得重大突破。铝土矿中硫含量过高，致使加压浸出时碱耗高，并且带来设备腐蚀、结垢、氧化铝产品质量降低等一系列问题。目前高硫铝土矿仍未得到大规模开发利用。

此外，一方面，由于铝土矿资源原因，不少氧化铝产品中锂、钾杂质含量明显提高，对电解铝生产过程运行造成了明显不利的影响，甚至导致电解槽不能持续正常生产，富锂氧化铝原料利用已成为铝冶炼企业亟待解决的问题。另一方面，在我国云南、贵州却发现了丰富的高锂铝土矿资源，Li_2O 平均品位达到了 0.74%，铝土矿中锂的综合回收有望成为新能源汽车用锂的重要来源。

（3）资源循环与固体废物综合利用

再生铝资源循环利用，赤泥、铝灰、炭渣等冶炼过程固废的资源化利用，是铝行业节能减排降耗最重要的措施。

（4）优化提高炭素材料的质量，从源头控制电解烟气污染物的产生量

炭素阳极被称为电解槽的“心脏”，电解烟气中的 SO_2 主要来源于炭阳极，氟主要是因阳极效应发生而产生，炭渣的形成及数量与阳极质量密切相关。有效提升炭素阳极的质量，既能改善电解铝槽的槽况，又能减少烟气中污染物的产生量，有效降低炭渣量；提升炭阴极的质量，则不仅能有效延长电解槽的寿命，还能够减少铝电解能耗（阴极压降）。

（5）铝电解的实际能耗远高于理论能耗，值得开展新的电解质体系研究开发

目前，最先进的电解铝企业能量利用率也仅 50%左右，这主要与目前采用的电解质体系密切相关。金属铝熔点 660℃，理论上电解温度在 700℃左右即可。但是，目前电解质体系采用的主熔剂冰晶石的初晶温度达 1008℃，铝电解温度必须维持在 900℃以上。若能够进一步开发新的电解质体系，大幅度降低电解质体系初晶温度，则有可能实现铝的低温电解，从而大幅度降低铝电解能耗。

2.1.2 镁冶炼绿色制造发展现状与趋势

2.1.2.1 镁冶炼产业/企业基本情况

凭借丰富的资源储备和煤炭能源优势，我国自 1999 年起就成为了全球最大的镁

生产供给国，向全球各国出口大量的镁锭、镁合金和镁粉等镁制品。表 2-2-8 中列出了近年来全球镁锭的生产与消费情况。自 2012 年到 2017 年，全球镁的产量在稳步增长；2018 年，中国镁锭产量的占比超过全球产量的 80%，远超排名第二的俄罗斯。图 2-2-3 中列出了 2018 年全球的镁产量分布情况。

表 2-2-8　近年来全球的金属镁生产与消费量

年份	2012 年	2013 年	2014 年	2015 年	2016 年	2017 年	2018 年
金属镁产量/万吨	80.2	87.8	97	97.2	100	105	97
金属镁消费量/万吨	66.49	79.24	84.05	83.3	92.08	98.48	99.32

不过，在 2018 年，我国由于受供给侧结构性改革和环保压力的影响镁锭产量下降，从而导致全球镁锭产量下降。

全球金属镁的消费自 2000 年以来整体步入上涨周期，2000～2009 年消费复合增长率为 4.5%；2009～2018 年消费增长更为迅速，年均复合增长率达到 7.9%；尽管 2018 年的原镁市场需求略有收缩，但依然较上年增长 0.85%。

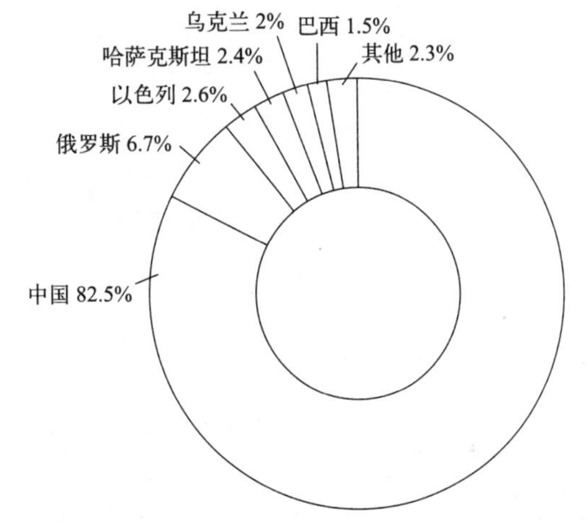

图 2-2-3　金属镁 2018 年全球产量分布图

国内原镁消费增速持续上涨，根据有色金属协会镁业分会统计，2018 年中国原镁消费量同比增长 7.2%至 44.69 万吨，占全球消费总量的 45%，保持全球第一原镁消费大国地位。中国原镁消费在全球的占比逐年提升，伴随国内镁合金市场景气上行，未来消费占比有望达到 50%。

2.1.2.2　冶炼产品及主要工艺技术流程

目前，原镁的生产工艺方法主要包括热还原法与电解法两大类。

（1）热还原法

热还原法根据还原剂的不同，分为金属热还原、炭热还原、炭化物热还原，目前应用最广的是金属硅热还原法。图 2-2-4 为硅热还原法炼镁工艺流程，具体包括白云石煅烧、硅铁制备、球磨/制球以及真空热还原等工序。

（2）电解法

电解法根据电解用氯化镁原料的不同，可分为氯化镁工艺、光卤石工艺及联合工艺三大类，图 2-2-5～图 2-2-7 为工业上电解法炼镁的典型工艺流程，其中最关键的工序是无水氯化镁的制备与氯化镁熔盐电解。

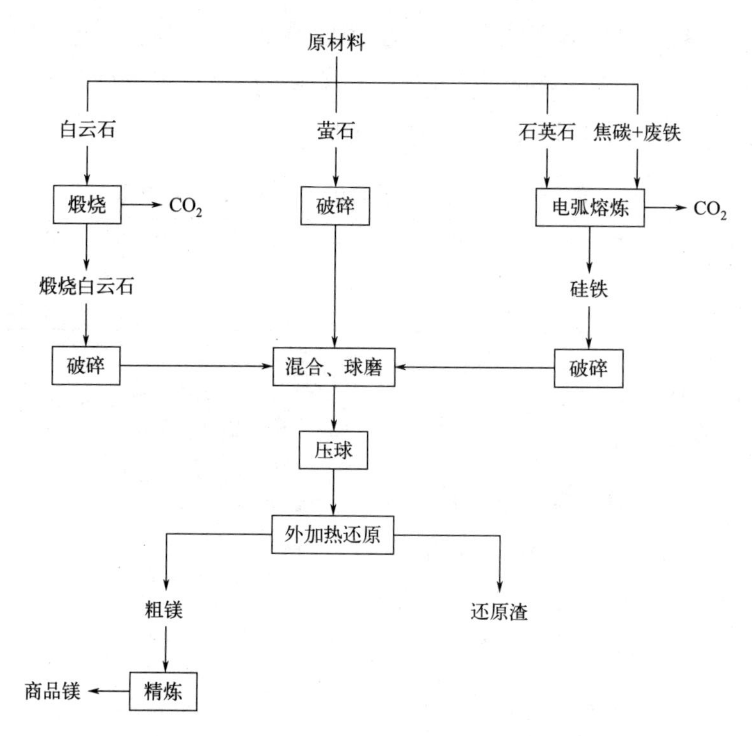

图 2-2-4 经典硅热还原法炼镁的工艺流程

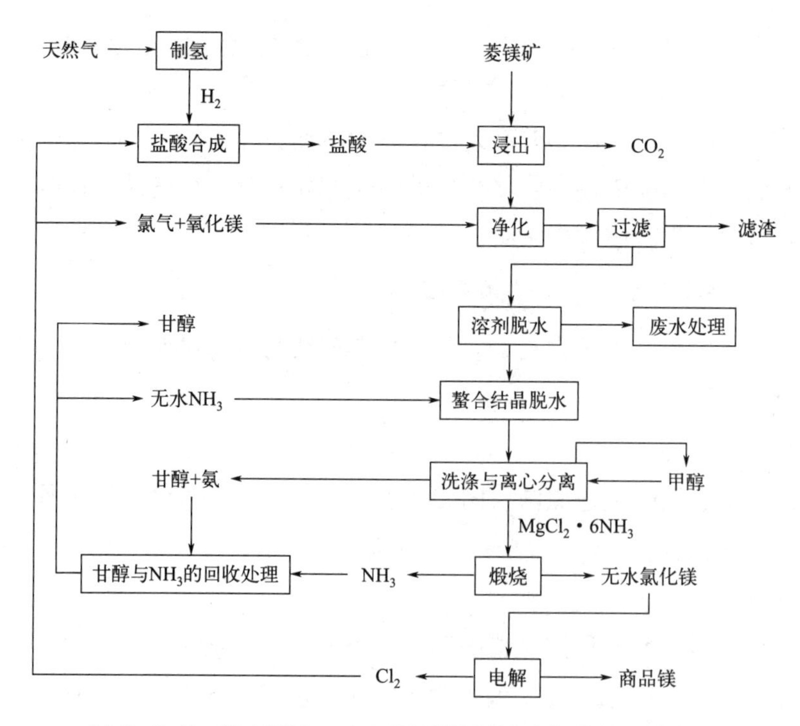

图 2-2-5 澳大利亚 AMC 公司溶剂脱水电解炼镁工艺流程

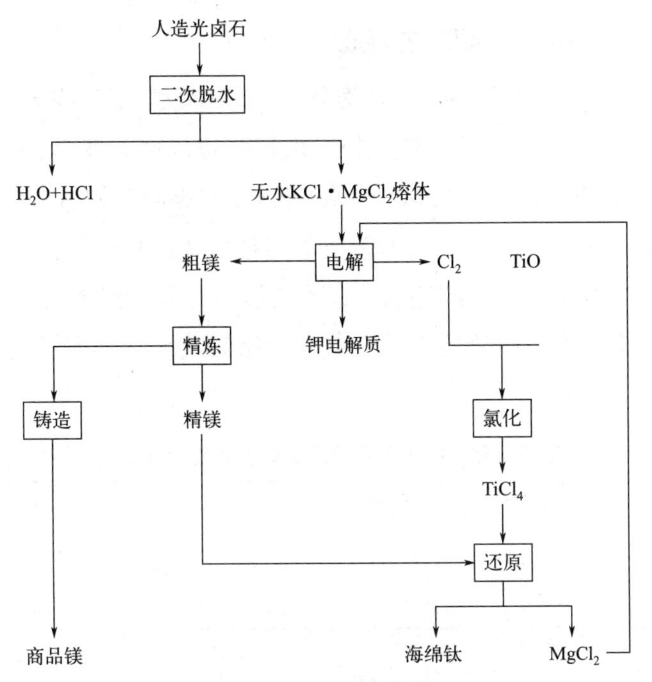

图2-2-6　苏联光卤石炼镁钛的联合工艺流程

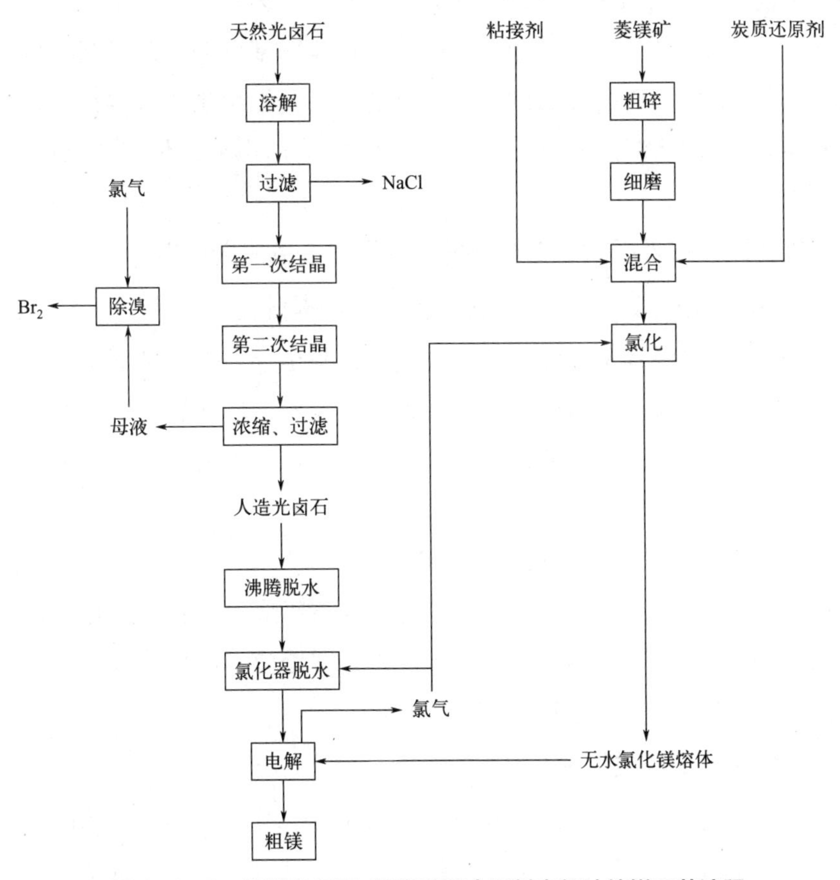

图2-2-7　苏联光卤石-菱镁矿混合原料电解法炼镁工艺流程

2.1.2.3 冶炼过程绿色化取得的主要成绩

（1）热法炼镁技术经济指标显著提升，二氧化碳排放显著减少

近 20 年来，我国硅热还原法炼镁技术取得快速发展。表 2-2-9 中列出了硅热还原法主要技术指标的变化情况，2006 年每吨镁标准煤消耗为 8～8.5t，2018 年下降到了 3t。这主要是因为采用了大量的新技术与新装备，具体包括：采用清洁能源及引进蓄热式高温空气燃烧技术的还原炉、竖式预热白云石和竖式冷却/煅白的回转窑、连续蓄热精炼炉、竖罐式蓄热还原炉、大容量粗镁及镁合金连续精炼炉、低频电磁半连续铸造机等。

表 2-2-9 近 20 年来我国热法炼镁的主要技术指标变化情况

年份	2000 年	2005 年	2006 年	2008 年	2010 年	2018 年
白云石/[t/t(镁)]	11.5～16	10～15	12～14	10.5～11	10.4～10.8	<10
硅铁/[t/t(镁)]	1.18～1.23	1.08～1.18	1.15	1.08～1.1	1.04～1.07	<1.04
标准煤/[t/t(镁)]	9～12.1	8～8.5	8～8.5	5.6～6.2	4.8～5.2	3

（2）电解法炼镁取得了一定的进展

2017 年初，青海盐湖集团年产 10 万吨电解镁一体化项目的试车生产实现重大突破，打通了卤水精制、脱水干燥、电解、铸造等四部分的生产工艺。该项目以水电为能源，以含氯化镁 33%左右的老卤废液为原料，整个生产过程机械化与自动化程度较高，副产品氯气直接生产 PVC；该工艺实现了闭路循环，几乎没有污染物排放，但运行成本较高。

2.1.2.4 绿色制造技术瓶颈、与国外的差距和存在的主要问题

（1）热法炼镁的自动化、智能化有待进一步提升

目前，我国热法炼镁不仅没有实现连续化，甚至连半连续都算不上，绝大多数企业依然人工装料、人工扒渣以及人工清罐，不仅操作环境恶劣（高温、高粉尘），而且能量损耗大。此外，数据库建立与分析管理上还是以人工为主，离“制造业无人化”智能工厂差距明显。

（2）污染控制与环境保护措施有待加强

热法炼镁过程的特征污染物，主要是还原渣与废煅白等固体废弃物和二氧化碳废气。尽管一些企业对固体废弃物采取了一些处理措施，如用作水泥熟料等，但并没有实现真正意义的高值化与资源化。

2.1.2.5 发展趋势及发展需求

（1）进一步提高镁冶炼过程的自动化和智能化，建设智能镁电解厂

关键装备大型化、生产模块化、过程智能化、管理信息化，是镁冶炼厂（系统）

的发展趋势。

随着信息与自动化技术的不断发展，镁冶炼企业需要在全面完善电解槽等单元设备自动化操作的基础上，建立智慧型数据控制与自动化分析系统，并实现工厂全方位的智能化管控，打造智能镁冶炼厂。

（2）开发新的技术及新装备

硅热法炼镁存在单体设备产量低、过程的热量回收率有待提高、生产过程劳动强度大等问题。因此，急需开发新结构还原罐（以提高单体产量）、新型余热回收装置以及连续炼镁等技术。

（3）急需开发无水氯化镁制备新技术

目前，镁电解用氯化镁原料大多直接或间接以水氯镁石为原料，通过采用氯化氢保护气氛下的脱水、氯气熔融氯化脱水、氯化氢熔融氯化脱水、光卤石脱水以及有机溶剂络合与氨螯合脱水等方法来制备。这些方法制备的原料尽管可以满足电解的基本要求，但是存在设备腐蚀严重、脱水不彻底、脱水产物难以实现高值化与资源化利用等问题，急需开发新的无水氯化镁制备技术。

（4）镁电解副产物氯气的纯化、高值利用及相应污染控制等技术急需开发

镁电解槽所产生阳极氯气的浓度不高，如何实现环保高值处置与处理，一直是镁电解企业急需解决的问题之一。

（5）新型镁电解槽急需开发

目前，我国镁电解槽有110kA无隔板电解槽、200kA流水线电解槽与90～165kA多极槽等几种。表2-2-10列出了这几种槽的设计指标。显然，90～165kA多极槽的综合指标最优。但与铝电解槽相比，镁电解槽的槽型相当小，另外，电流效率相对低。因此，开发新型镁电解槽、开展新电解槽相应的三场分布与优化等技术研究势在必行。

表2-2-10　现行镁电解槽技术设计指标的对比

槽型	110kA	175kA	200kA	90～165kA
	无隔板槽	无隔板槽	流水线槽	多极槽
单槽产能/(t/d)	0.933	1.525	1.743	3.65
直流电耗/(kW·h/t)	14500	13250	12400	10500
电路效率/%	78	80	80	80
氯气回收率/[t/t(Mg)]	2.75	2.8	2.8	2.9
氯气回收浓度/%	80	89	90	95
电解镁纯度/%	98.5	98.5	98.5	99.95

（6）氧化镁低能耗直接电解新技术

目前电解法炼镁成本高，且存在较大的环境问题，开发环境友好的低碳电解炼镁新技术意义重大。氧化镁直接电解具有原料来源广、制备容易、冶炼过程“三废”排放小等优点，波士顿大学 2001 年开发了固体透氧膜直接电解氧化镁工艺（SOM 法），展现出很好的发展前景。但是，该方法的产业化依然需要突破低温电解质与固体透氧膜等系列瓶颈。

2.1.3 锂冶炼绿色制造发展现状与趋势

2.1.3.1 锂冶炼产业/企业基本情况

根据美国地质调查局（USGS）2018 年发布的数据，全球锂资源储量约 5300 万吨，具体的分布如图 2-2-8 所示。其中阿根廷资源储量最多，占全球总量的 18%，约 980 万吨，其次是玻利维亚，总量为 900 万吨，占比 17%，接着是智利、美国、中国、澳大利亚等。

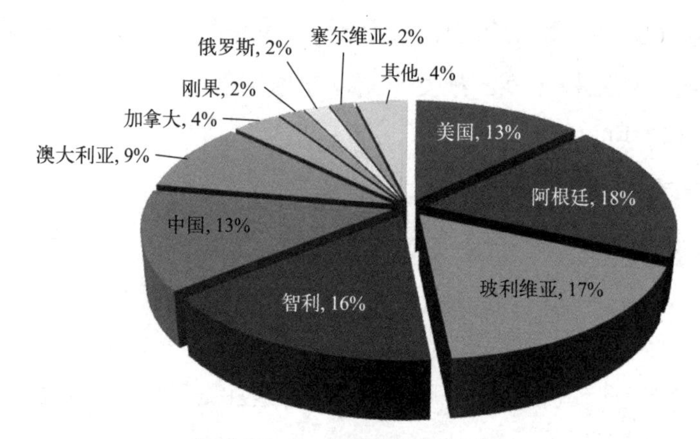

图 2-2-8 全球锂资源分布图

锂资源主要有伟晶岩型矿床和盐湖资源两种，其中卤水锂资源约占总量的 70%，矿石锂资源约占 30%。盐湖锂资源主要分布在阿根廷、智利、中国和美国；而伟晶岩型锂矿床主要集中在澳大利亚、智利、中国、南非和美国。其中，澳大利亚格林布什锂辉石矿是全球已开发的规模最大的高品位锂辉石矿。我国的矿石锂资源，主要有四川和新疆的锂辉石矿以及江西宜春的锂云母矿。其中四川甲基卡锂矿床是我国最大的伟晶岩型锂辉石矿床，已探明锂储量居亚洲之首。

表 2-2-11 总结了 2014～2018 年来全球主要国家的锂生产量。2017 年后全球锂产量明显增加。表 2-2-12 列出了我国主要盐湖提锂生产企业概况。

表 2-2-11　全球锂盐 2014～2018 年产量统计　　单位：t

国家	2014	2015	2016	2017	2018
阿根廷	3200	3600	5800	5700	6200
澳大利亚	13300	14100	14000	40000	51000
巴西	160	200	200	200	600
智利	11500	10500	14300	14200	16000
中国	2300	2000	2300	6800	8000
葡萄牙	300	200	400	800	800
津巴布韦	900	900	1000	800	1600
世界总量	31700	31500	38000	69000	85000

表 2-2-12　我国主要盐湖提锂生产企业概况

公司名称	资源地	主要产品及产量
西藏矿业	扎布耶盐湖	碳酸锂储量 184 万吨，资源量 246.63 万吨。碳酸锂精矿总产能 2.6 万吨；盐湖碳酸锂已有产能 0.5 万吨，在建扎布耶 0.5 万吨电池级碳酸锂
青海东台吉乃尔锂资源	东台吉乃尔盐湖	东台吉乃尔碳酸锂储量 247.7 万吨，原产能 1 万吨，新建成 1 万吨，合计产能 2 万吨，计划建设 1 万吨
中信国安	西台吉乃尔、部分东台吉乃尔	氯化锂储量 308 万吨，折合碳酸锂储量 362 万吨，产能 0.5 万吨，正在实施 1 万吨碳酸锂项目。青海恒信融锂业在建 1.5 万吨已投产
盐湖股份	察尔汗盐湖	碳酸锂储量 717.5 万吨，产能 1 万吨，正在实施 “3+2”锂盐项目
西藏城投	龙木错盐湖、结则茶卡盐湖	折合碳酸锂储量 390 万吨，产能 0.5 万吨，在建 1.5 万吨
藏格锂业	察尔汗盐湖、大浪滩盐湖	氯化锂储量 200 万吨，产能 1 万吨，正计划在大浪滩实施 3 万吨新项目
青海兴华	大柴旦盐湖	氯化锂储量 40 万吨，产能 0.5 万吨，新建 1.5 万吨
青海锦泰	马海湖	产能 0.5 万吨，新建 0.5 万吨
西藏旭升	当雄错	氯化锂储量 80 万吨，正在实施 3 万吨碳酸锂项目
青海五矿	一里坪	氯化锂储量为 178.4 万吨，在建 1 万吨碳酸锂已投产

2.1.3.2　锂冶炼的主要工艺技术流程

（1）矿石提锂工艺

1）石灰石烧结法

石灰石烧结法是历史悠久的提锂方法。它是用石灰或石灰石与含锂矿石烧结，再将烧结块溶出，以制取碳酸锂；具体包括生料的制备、焙烧、洗渣、浸出液浓缩、净化、结晶等工序。该法适用性普遍，原料可以是锂辉石、锂云母及铁锂云母等几乎所有的锂矿石，燃料可以使用煤、石油或燃气。不过，石灰石法的缺点也很明显，如能耗较高、锂的回收率较低、浸出液中锂的浓度低导致蒸发能耗高、设备维护困难，因此该工艺正被逐步淘汰。

2）硫酸法

硫酸法，是当前比较成熟的从锂辉石中提取锂的工艺。它是先将 α 锂辉石在

1000～1100℃下焙烧转型成为β锂辉石，然后磨细并加入足量的浓硫酸混合，再在250～300℃下焙烧；然后进行水浸，锂变成可溶性的硫酸锂，与不溶性脉石分开，过量的硫酸需要用石灰中和，调整溶液pH值同时除去Ca、Mg、Fe、Al等杂质，然后用碳酸钠深度除钙镁，得到纯净的硫酸锂；最后将净化液蒸发浓缩，加入碳酸钠沉淀，制备碳酸锂。

硫酸法对原料的适应性强，可处理低品位锂矿石，实收率较高；缺点是浸出液杂质含量高，净化负荷重，消耗大量的硫酸和碳酸钠，副产品硫酸钠价值低。

3）氯化焙烧法

氯化焙烧法，是利用氯化剂（$CaCl_2$、KCl、NH_4Cl、NaCl）使矿石中的锂及其他有价金属转化为氯化物进行提取，具体按温度不同分为中温氯化法与高温氯化法。中温氯化法，是在低于碱金属氯化物沸点的温度下焙烧，制得含氯化物的烧结块，然后用水浸出提取锂；高温氯化法，则在高于碱金属氯化物沸点的温度下焙烧，使LiCl成为气态挥发出来与杂质分离。这两种方法都可处理锂辉石和锂云母。

氯化焙烧法流程简单，添加剂廉价，锂回收率高；缺点是炉气腐蚀性强，LiCl收集比较困难，对设备要求高，试剂用量大。

4）硫酸盐焙烧法

硫酸盐焙烧法，是用硫酸盐（通常是硫酸钾或硫酸钠）与锂精矿烧结，使矿石中的锂与硫酸盐发生离子置换反应，将锂转化成可溶性的硫酸锂，然后溶出使锂进入溶液再提取。

5）压煮法

压煮法，是指用石灰、纯碱、氯化钠等原料与锂矿石按一定比例在反应釜中反应，将矿石中的锂浸出提取到溶液中，经过除杂等工艺得到锂产品。

（2）盐湖提锂技术

1）吸附法

吸附法，首先是利用吸附剂将盐湖卤水中的锂离子吸附，然后再将锂离子洗脱下来，使锂离子与其他离子分离，便于后续工序转化利用。该方法特别适用于高镁低锂卤水中锂的分离（镁锂比为500∶1或更高）；也适合于锂含量相对比较低的卤水（锂含量一般在300mg/L以上），在这种卤水中选择性好，与其他方法相比有较大的优越性。

该工艺的关键在于锂吸附剂的选择。目前开发的吸附剂可以应用于氯化物、硫酸盐型卤水提锂，但在碳酸盐型卤水中失效。除了要满足选择性要求外，还需要以下特性：吸附剂的吸附-脱吸性能稳定，机械强度好，破损率低，适合大规模的操作使用，制备方法简单，价格便宜，对环境无污染。

吸附法脱洗的合格液含锂为0.6～6g/L，镁含量小于2g/L，需要进一步除杂和浓缩。目前的成熟方法是用纳滤膜除钙、镁、硼，再用MVR浓缩到锂含量25g/L，然后进行碳酸钠沉锂。

目前，采用吸附法生产的企业有青海盐湖佛照蓝科锂业股份有限公司、藏格锂业，生产吸附剂的企业有蓝科锂业、贤丰科技有限公司、蓝晓科技股份有限公司。吸附工艺有单塔吸附（蓝科锂业）、模拟连续床吸附（藏格锂业）、连续床吸附（藏格锂业二期），生产规模约2万吨，在建5万吨。

2）电渗析膜法

电渗析膜法，将含镁锂盐湖卤水或盐田日晒浓缩的老卤（Mg/Li 质量比 1∶1～300∶1）通过一级或多级电渗析，利用一价阳离子选择性离子交换膜和一价阴离子选择性离子交换膜进行循环（连续式、连续部分循环式或批量循环式）工艺浓缩。该方法适用于相对高镁高锂的卤水处理，基本要求是卤水中锂离子（Li^+）含量要达到2g/L 以上。锂的单次提取率达80%以上，镁的脱除率≥95%，硼的脱除率≥99%，硫酸根离子的脱除率≥99%，解决了锂与镁和其他离子的分离，实现了盐湖锂、硼、钾等资源的综合利用。

该工艺的特点是设置简单、操作方便，但分离效率不高，滤膜使用周期较短；同时受制于膜分离组件的处理能力，限制了生产规模。

3）煅烧法

以提钾、提硼后的含锂氯化镁饱和卤水为原料，蒸发去水，得到含锂四水氯化镁；采用喷雾干燥、煅烧方法得到含锂氧化镁，加水洗涤过滤浸取锂，用石灰乳除去钙、镁等杂质；将溶液蒸发浓缩至含Li2%左右，加入纯碱沉淀出碳酸锂，锂的收率在 90%左右。但是设备腐蚀严重，并产生大量盐酸，因此难以持续运行而关停。

4）萃取法

在锂含量2g/L 以上的除硼老卤水中加入$FeCl_3$溶液形成$LiFeCl_4$，用磷酸三丁酯(TBP)-煤油萃取体系将$LiFeCl_4$萃取入有机相，成为$LiFeCl_4 \cdot 2TBP$的萃合物；经酸洗涤后用盐酸反萃取，再经蒸发浓缩、焙烧、浸取、去除杂质等工序，可得无水氯化锂，最后加入碳酸钠生成碳酸锂。

此法适合相对高镁锂比盐湖卤水（Li^+2g/L 以上）处理提取碳酸锂。但是，在萃取工艺中需要处理的卤水量大，对设备的腐蚀性较大，存在萃取剂的溶损、乳化等问题，在实施的过程中对设备材质的要求较高。

5）电化学脱嵌法

电化学脱嵌法属于新技术，是将锂离子电池的工作原理应用于盐湖卤水中选择性提取锂。构筑“富锂态吸附材料｜支持电解质｜阴离子膜｜卤水｜欠锂态吸附材料”的电化学提锂新体系，以此进行盐湖卤水中锂的选择性提取：

① 以 $LiFePO_4$ 为阳极，$LiFePO_4$ 脱锂后的 $FePO_4$ 为阴极，用阴离子交换膜将阴阳极分割成两个室；②阳极室（即富锂室）注入含 NaCl 或 LiCl 的支持电解质（实际可为清水），阴极室（卤水室）注入待提锂的盐湖卤水；③在阴、阳极两端施加一定的电压，阳极 $LiFePO_4$ 失去电子将 Li^+ 脱出进入富锂室，相反阴极 $FePO_4$ 因得到电子而迫使盐湖中的 Li^+ 进入到 $FePO_4$ 晶格中以维持材料的电中性（$FePO_4$ 重新变为 $LiFePO_4$），卤水室的阴离子则通过阴离子膜进入富锂室以维持整个体系的电荷平衡；④将完成电解周期电极（或卤水和支持电解质）对调，重新进行下一周期电解即可实现盐湖卤水中锂不断富集到富锂液中的目的。

该方法适合于高镁锂比以及西藏地区碳酸盐型盐湖卤水锂的分离，目前已经完成了工业化试验，取得了非常好的效果。在脱嵌过程中，不仅能有效除去硫酸根、碳酸根等二价阴离子和硼离子，同时能有效选择性分离锂与其他阳离子，获得的富锂液锂含量较高，能耗低，无需其他化工原料，绿色环保。

2.1.3.3 冶炼过程绿色化取得的主要成绩

近年来，国内在矿石提锂技术方面技术成熟，工艺可靠；但从长远看，盐湖卤水提锂技术开发更为重要。盐湖提锂技术种类多，典型的盐湖提锂工艺及相关优缺点如表 2-2-13 所示。

表 2-2-13 典型的盐湖提锂技术优缺点比较

主要方法	优点	缺点	工艺水平
沉淀法	工艺简单，成本较低，适宜低镁锂比盐湖卤水提锂	盐湖镁锂比较大，将导致用碱量过大和锂盐损失严重	国际通用
纳滤膜分离技术	装置简单，操作方便，不污染环境	易出现堵塞或损坏，成本高，不易工业化	先进
煅烧浸取法	生产碳酸锂并副产镁砂产品	设备腐蚀严重，需要蒸发水量大，能耗高	淘汰
吸附法	工艺简单，回收率高，选择性好，对环境的污染小，适合于高镁锂比盐湖卤水中处理提锂	收率低，低浓度锂卤水提锂投资高，不能用于碳酸盐型卤水处理	先进
溶剂萃取法	适于高镁锂比的卤水中提取氯化锂	工艺流程长，设备腐蚀性大，设备溶损问题严重，成本高	一般
电渗析膜法	工艺简单，回收率高，选择性好，对环境的污染小	只在锂含量大于 2g/L 的卤水中提锂	先进
电化学脱嵌法	工艺简洁，回收率高，成本低，无环境污染，原料适应性强，可快速投产/扩产	低浓度锂卤水提锂投资稍高	领先

2.1.3.4 绿色制造技术瓶颈、与国外的差距和存在的主要问题

从锂的发现以及锂的研究开发来看，锂工业起步于“矿石提锂”，后来随着锂资源的研究开发进展，“卤水提锂”以其独有的成本优势占据了 60%以上的全球份额。

全球卤水提锂产业主要集中在智利和阿根廷，主要由 SQM、FMC、Albemarle 和 Orocober 四家公司生产，其控制的盐湖自然禀赋好、镁锂比低。

我国是唯一主要以矿石提锂技术生产锂盐的国家（原料大部分来自澳大利亚），国内盐湖提锂企业由于各盐湖禀赋有限，直到近几年技术才有所突破，但产量规模还远小于国外巨头。

国内矿石提锂技术成熟、简单，易于掌握，产品品质稳定可靠，但各项消耗较大，有较大的环保压力，成本高，在高纯碳酸锂生产中有一定优势；国内卤水提锂工艺技术通用性不强，对卤水中各组分的含量要求较苛刻（尤其是镁锂比），产品品质不太稳定，成本低，在低端锂产品生产中两者差别不大。在一段时间内，在高端锂盐产品方面，矿石提锂技术很难被替代，长远看卤水提锂潜力更大。

2.1.3.5 发展趋势及发展需求

（1）锂价剧烈振荡

国家取消锂电行业补贴后，锂价格迅速跌落，碳酸锂最低仅 3 万元/t。近期，随着电动汽车市场回暖，锂价格又迅速攀升，碳酸锂达到 8 万元/t。

（2）资源开发如火如荼

目前国内从事云母生产的公司主要有：江西宜春银锂新能源，产能 3000t；江西合纵锂业，产能 1 万吨；江西云锂材料在江西修水县规划产能 2 万吨；江西海汇龙洲锂业有限公司年产 3 万吨电池级碳酸锂项目已经开工建设；江西南氏集团，计划建成年产能 3 万吨碳酸锂和 1 万吨氢氧化锂项目。

盐湖方面，国内整体产量有所提升。其中，青海恒信融锂业有限公司正在建设 1.8 万吨卤水提锂项目；蓝科锂业碳酸锂日产量已达 40t；青海东台资源复产后已生产了数千吨碳酸锂。我国盐湖锂资源储量丰富，但资源禀赋较差，高镁锂比的盐湖锂资源特点意味着新技术的开发尤为重要。

（3）提锂技术突破，产品质量成熟

国内锂辉石提锂技术成熟，企业也逐步将研发重点从基础锂盐转移到下游金属锂、丁基锂、锂系合金等新型锂电材料，产业链条逐步向深向远发展。

我国盐湖普遍存在镁锂比高、冶炼加工难度大的特征，限制了盐湖提锂企业产能扩张能力。随着近几年各大盐湖企业的技术突破，盐湖提锂的工艺不断完善，且逐渐达到产量化，产品品质也从工业级上升到电池级。

尤其是中南大学开发的电化学脱嵌法从盐湖卤水中提锂技术，具有工艺简洁、回收率高、成本低、无环境污染、原料适应性强、可快速投产/扩产等诸多优点，有望成为新一代盐湖锂资源开发技术。

2.2 重金属行业绿色制造发展现状与趋势

2.2.1 铜冶炼绿色制造发展现状与趋势

2.2.1.1 铜冶炼产业/企业基本情况

近年来，我国铜冶炼产业处于调整升级发展阶段。一方面，国家坚定推动供给侧结构性改革和强化环境保护要求，迫使落后的冶炼厂退出市场，2017 年精炼铜产量首次出现下降；另一方面，优势企业继续加大产能扩张力度，中铝东南铜业、赤峰云铜、南国铜业等采用“双闪”“双底吹”“双侧吹”等先进工艺大型（＞30 万吨/年）冶炼系统相继投产，进一步明显提升产业集中度和行业整体技术水平。

据统计目前国内共有 30 家矿产铜冶炼厂，主要集中分布在华东地区，阴极铜产能为 790.3 万吨/年；废杂铜/再生铜冶炼厂 25 家，阴极铜产能为 337 万吨/年，总产能为 1127.3 万吨/年。我国主要铜冶炼公司近年铜产量及营业收入见表 2-2-14。

表 2-2-14　主要铜冶炼公司铜产量及营业收入统计

编号	公司名称	阴极铜产量/万吨					总营业收入/亿元				
		2018 年	2017 年	2016 年	2015 年	2014 年	2018 年	2017 年	2016 年	2015 年	2014 年
1	江西铜业	146.37	137.42	121.05	125.85	120	2153	2051	2023	1858	1988
2	铜陵有色	132.86	127.85	129.79	131.51	130.99	846	824	867	869	888
3	云南铜业	68.02	62.61	58.22	53.73	51.70	474	570	592	567	624
4	大冶有色	50.04	47.94	42.90	46.69	—	307.5	335.3	389.16	393.63	—
5	山东方圆	74.8	—	65.5	60.8	54.8	625.0	—	559.9	577.32	640.0
6	中金黄金	32.07	18.70	34.10	—	9.49	345	329	389	371	336

2.2.1.2 冶炼产品及主要工艺技术流程

目前，我国原生铜冶炼基本都采用火法工艺，具体的工艺路线为：熔炼—吹炼—火法精炼—电解精炼，产品则为电解铜。其中铜精矿熔炼是工艺的关键，目前已全部淘汰鼓风炉、反射炉和电炉等传统熔炼工艺，采用现代先进的富氧强化熔炼工艺，具体有闪速熔炼和熔池熔炼 2 种工艺方案。其中熔池熔炼又可分为顶吹、底吹和侧吹等工艺。吹炼方面，传统工艺是 P-S 转炉吹炼，近年新发展了闪速吹炼（旋浮吹炼）、顶吹炉吹炼、底吹炉连续吹炼等 3 种新工艺。目前国内共有 8 种不同熔炼

/吹炼组合工艺，具体见表 2-2-15。图 2-2-9、图 2-2-10 分别给出了“双底吹”和“双闪”熔炼具体工艺流程。

表 2-2-15　粗铜火法冶炼（熔炼-吹炼）工艺组合及其应用范例

编号	熔炼工艺	冶炼厂数量	总产能/(万吨/年)	应用典型企业
1	闪速熔炼-P-S 转炉吹炼	4	245	江铜贵冶
2	闪速熔炼-闪速吹炼（双闪）	3	120	祥光铜业
3	富氧顶吹熔炼-P-S 转炉吹炼	7	195.5	云南铜业
4	富氧顶吹熔炼-顶吹吹炼	2	20	云锡铜业
5	富氧侧吹熔炼-P-S 转炉吹炼	7	88	白银有色/富邦铜业
6	氧气底吹熔炼-P-S 转炉吹炼	4	40	山东恒邦
7	氧气底吹熔炼-底吹吹炼（双底吹）	2	60	山东方圆
8	氧气底吹熔炼-旋浮吹炼	1	21.8	中原冶炼厂
	合计	30	790.3	

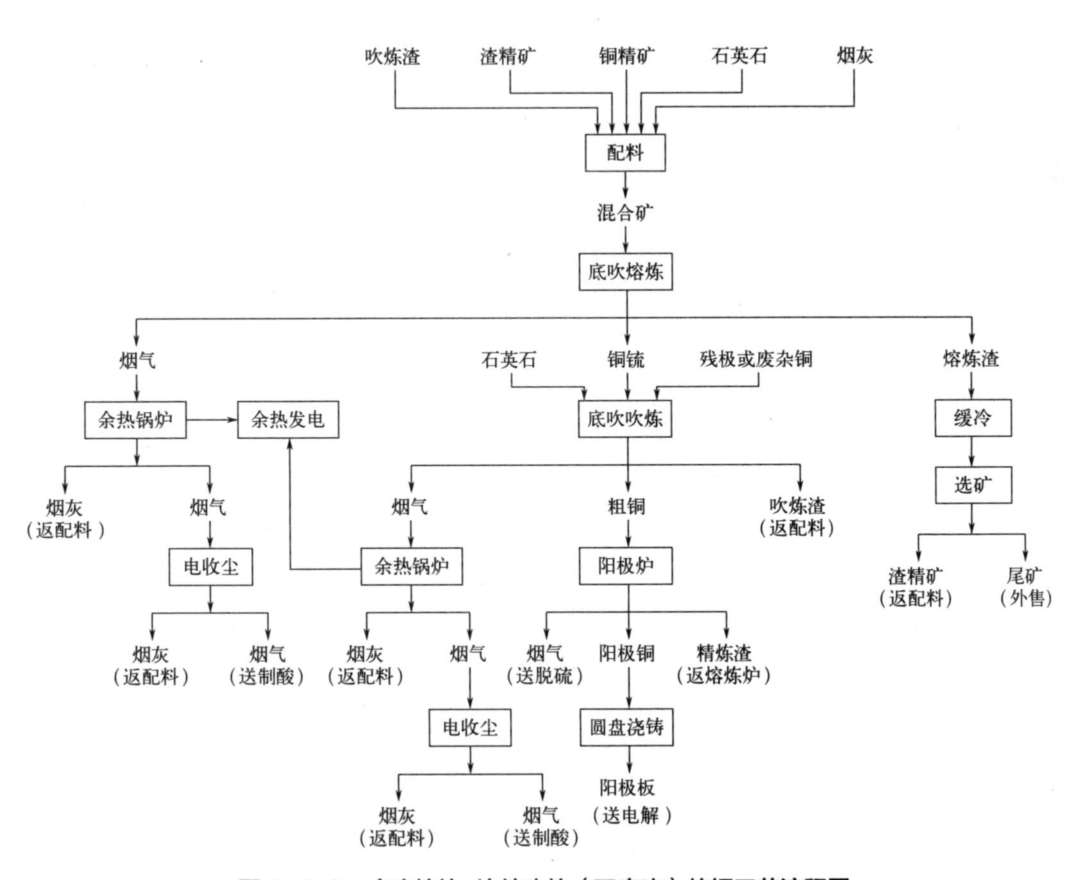

图 2-2-9　底吹熔炼-连续吹炼（双底吹）炼铜工艺流程图

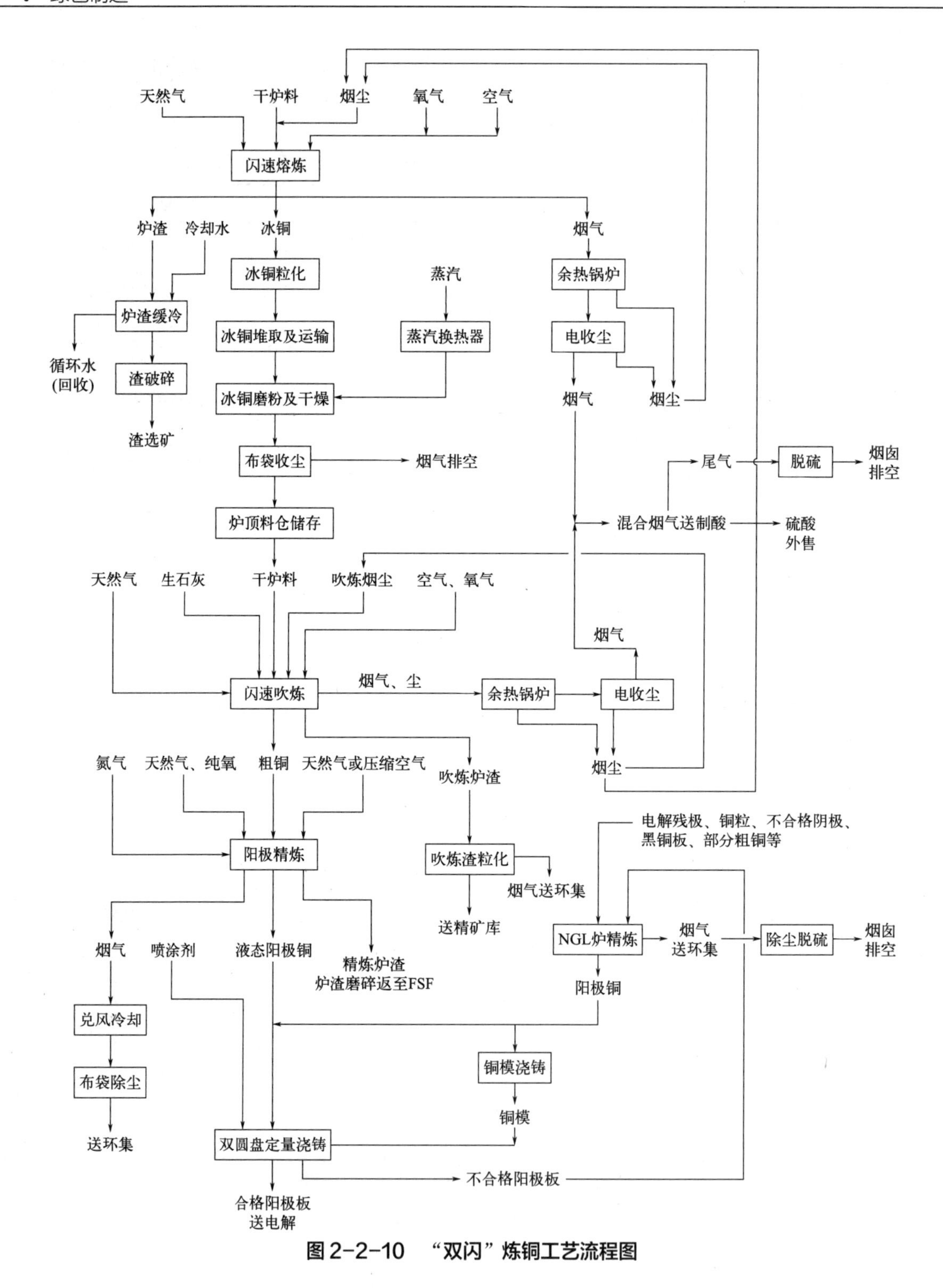

图2-2-10 “双闪”炼铜工艺流程图

再生铜冶炼工艺根据原料品位的不同，有“一段法”“二段法”“三段法”流程。一段法：铜品位>98%的紫杂铜、黄杂铜、电解残极等直接加入精炼炉内精炼成阳极，电解生成阴极铜；二段法：废杂铜在熔炼炉内先熔化，吹炼成粗铜，再经过精炼炉—电解精炼，产出阴极铜；三段法：废杂铜及含铜废料经鼓风炉（或 ISA 炉、TBRC 炉、卡尔多炉等）熔炼—转炉吹炼—阳极精炼—电解，产出阴极铜。

电解：主要有始极片技术和永久性阴极铜电解技术，目前永久性阴极铜电解技术成为主导。

2.2.1.3 冶炼过程绿色化取得的主要成绩

（1）新建冶炼厂单体产能明显提高，产能集中度进一步提升，头部企业优势日益突出

随着铜陵有色/金冠铜业、金川集团防城港 40 万吨、东南铜业 40 万吨“双闪”等新项目先后投产，产业集中度进一步提高。据统计，江西铜业、铜陵有色、金川集团、云南铜业（包括东南铜业）、大冶有色、阳光祥光、山东方圆等前 10 家企业精炼铜产量占全国总产量的比例接近 80%。

（2）冶炼单位能耗明显下降，领先企业达到国际先进水平

能源消耗方面，由于全面淘汰传统炼铜工艺，采用现代先进的强化熔炼工艺，加之装备及控制水平提高，冶炼厂能耗明显下降。目前，我国铜冶炼从精矿到阳极铜工艺单位产品能耗，不同企业（方法）在 200～400kg（标准煤）/t（阳极铜）之间波动，江铜等部分企业能耗已居世界领先水平。近年来工信部等三部委公示的铜冶炼行业能效领跑者为：江铜贵溪冶炼厂 2017 年 7 月创下铜冶炼综合能耗 152.35kg（标准煤）/t（Cu）的世界最高水平；祥光铜业有限公司 2017 年铜冶炼综合能耗为 259.51kg（标准煤）/t（Cu）；云南铜业股份有限公司西南铜业分公司 2019 年铜冶炼综合能耗为 224.64kg（标准煤）/t（Cu）。

（3）环境排放显著降低，基本实现达标排放

环境排放方面，通过持续的技术进步与管理严格化，主要铜冶炼企业均基本实现了废水和废气达标排放。2019 年不少企业的排放达到特别排放限值标准（SO_2 100mg/m^3，颗粒物 10mg/m^3），其中新投产的中铝东南铜业烟气 SO_2、颗粒物浓度均远低于国家最新排放标准。

（4）稀贵金属回收利用不断完善，成为企业提质增效的重要着力点

铜冶炼过程矿物中伴生的稀贵金属主要富集到铜阳极泥中，其回收工艺不断完善。目前，主产品金、银的回收率已达到 99%以上，铂族金属（铂、钯）和稀有金属（硒、碲）也分别得到了有效回收，成为了铜冶炼企业增效创收的重要途径。

2.2.1.4 绿色制造技术瓶颈、与国外的差距和存在的主要问题

（1）协同冶炼回收刚刚起步，单位产出与国际先进水平有明显差距

主要冶炼企业仍奉行“规模取胜，扩产增效”的传统策略，重心仍在扩产增效，

对于国内迅速增长的城市矿产（电子废物、废旧电池）等高价值二次资源明显关注不够，一次冶炼厂协同处理城市矿产动力不足，协同冶炼回收刚刚起步，单位产出与国际先进水平有明显差距。

（2）部分特征污染物排放因子明显高于国外优秀企业，污染控制与环境保护有待进一步加强

尽管近年来国内铜冶炼厂污染控制与治理明显提升，环境排放大幅降低，基本实现达标排放，部分先进企业污染物排放已远低于国家排放标准。但是，与国际先进水平比较仍有一定差距。例如粉尘排放，德国奥鲁比斯（Aurubis）公司 2012～2014 年粉尘(dust)排放量为 55～89g/t(Cu)，而国内最先进的中铝东南铜业 SO_2 粉尘排放量为 129.4g/t(Cu)。

（3）智能工厂建设刚刚起步

2016 年贵溪冶炼厂进入工信部智能制造试点示范项目名单，标志着国内铜冶炼企业开启了建设智能工厂的序幕。但是，与国外先进铜冶炼厂相比，国内智能化基础薄弱，大量工艺过程参数仍未能实现在线测定、实时传输以及反馈控制，相关工作任重而道远。

2.2.1.5 发展趋势及发展需求

（1）强化生产过程的自动化/智能化，建设智能工厂，进一步提高生产效率

国内骨干铜冶炼厂单系统冶炼产能/产量都达到 20 万吨/年以上，基本管理也已经达到了较高水平，进一步提升生产效率的关键在于强化生产过程的自动化/智能化，建设智能工厂。

（2）重视精矿原料与城市矿产协同熔炼，大幅提高稀贵金属产出

积极响应区域高质量发展的需求，充分利用铜冶炼厂的大型熔池熔炼系统，适宜搭配处理电子废物、废旧锂离子电池等高价值多金属城市矿产的特点，研究发展铜熔炼系统协同熔炼处理城市矿产技术，既消解了城市矿产，又大幅提高系统的稀贵金属产出，实现向城市超级冶炼厂的转型发展。

（3） 污染控制与治理

国内大型铜冶炼厂所在区域基本属于国内经济次发达地区，未来 10～20 年将处于快速发展阶段，环境保护要求必然进一步提高。因此，冶炼厂的污染控制与治理任务仍然十分繁重，具体来说优先任务是烟气中 SO_2 与颗粒物排放、危险固废处置。

（4）精炼-材料加工一体化

精炼熔体直接进行合金成形，是铜冶炼企业进行节能降耗的重要措施，是未来的发展方向。

2.2.2 铅冶炼绿色制造发展现状与趋势

2.2.2.1 铅冶炼产业/企业基本情况

目前国内原生铅冶炼厂主要分布在河南、湖南和云南三省，三省产能之和占全国总产能的比例接近 70%。其中 21 家企业的铅冶炼产能在 10 万吨以上，合计产能为 285 万吨，占全国总产能的 55.5%。河南豫光金铅、金利金铅、济源万洋三家企业产能最高，超过 20 万吨。表 2-2-16 列出了主要铅冶炼上市公司近年的生产经营情况。

表 2-2-16 主要铅冶炼上市公司近年生产经营状况简表

编号	公司名称	上市编号	电铅及其合金产量/万吨					总营业收入/亿元				
			2018年	2017年	2016年	2015年	2014年	2018年	2017年	2016年	2015年	2014年
1	豫光金铅	600531	42.2	41.5	40.8	34.8	36.3	193	174	136	110	88
2	冶炼集团	600961	7.6	9.6	10.3	11.3	12.2	130	138	127	138	151
3	驰宏锌锗	600497	7.56	8.56	7.88	4.14	10.6	190	185	141	181	189
4	金贵银业	002716	8.14	9.10	10.96	9.85	7.20	107	113	78.5	57.5	43
5	中金岭南	000060	4.71	5.01	5.12	5.46		200	190	151	169	246
6	恒邦股份	002237	9.52	9.77	8.81	7.20	8.37	212	198	164	141	154

另外，再生铅回收已经成为国内铅冶炼的重要组成部分，再生铅占铅产量的 40%。2017 年 88 家再生铅企业处理废铅酸蓄电池产能超过 1000 万吨/年，龙头企业主要有安徽华铂再生资源科技有限公司（南都电源）、安徽超威环保科技有限公司、骆驼股份、江苏新春兴再生资源有限公司（60 万吨/年）等。

2.2.2.2 铅冶炼产品及主要工艺技术流程

目前，我国原生铅冶炼基本都采用火法工艺，原则工艺路线是“精矿（氧化）熔炼—（铅渣）还原熔炼—（粗铅）火法精炼—电解精炼”。其中粗铅冶炼环节，即精矿（氧化）熔炼—（铅渣）还原熔炼是整个工艺的关键；主流技术是富氧强化熔池熔炼工艺，具体有底吹、侧吹、顶吹等作业方式。表 2-2-17 列出了目前国内粗铅冶炼的主要工艺及其应用情况。

表 2-2-17 国内粗铅火法冶炼工艺及其应用情况统计

编号	熔炼工艺	使用厂家数	代表企业
1	底吹熔炼-液态铅渣底吹还原熔炼	4	豫光金铅、山东恒邦
2	底吹熔炼-液态铅渣侧吹还原熔炼	13	金利金铅、万洋冶炼
3	底吹熔炼-鼓风炉还原熔炼	4	
4	顶吹熔炼-液态铅渣侧吹还原熔炼	1	会泽冶炼厂
5	侧吹熔炼-侧吹还原	1	南方金属
6	基伏赛特/闪速熔炼	2	江铜铅锌
7	其他(ISP)	5	韶关冶炼厂
	合计	30	

目前，国内粗铅冶炼的主流工艺，是底吹熔炼-液态高铅渣侧吹直接还原熔炼与底吹熔炼-液态高铅渣底吹直接还原熔炼。实际上，它们都是由 SKS 炼铅法即精矿底吹熔炼-鼓风炉还原熔炼工艺发展进化而来的，其原则流程基本一致。图 2-2-11 给出了典型的富氧底吹熔炼-液态铅渣侧吹还原炼铅的原则工艺流程。

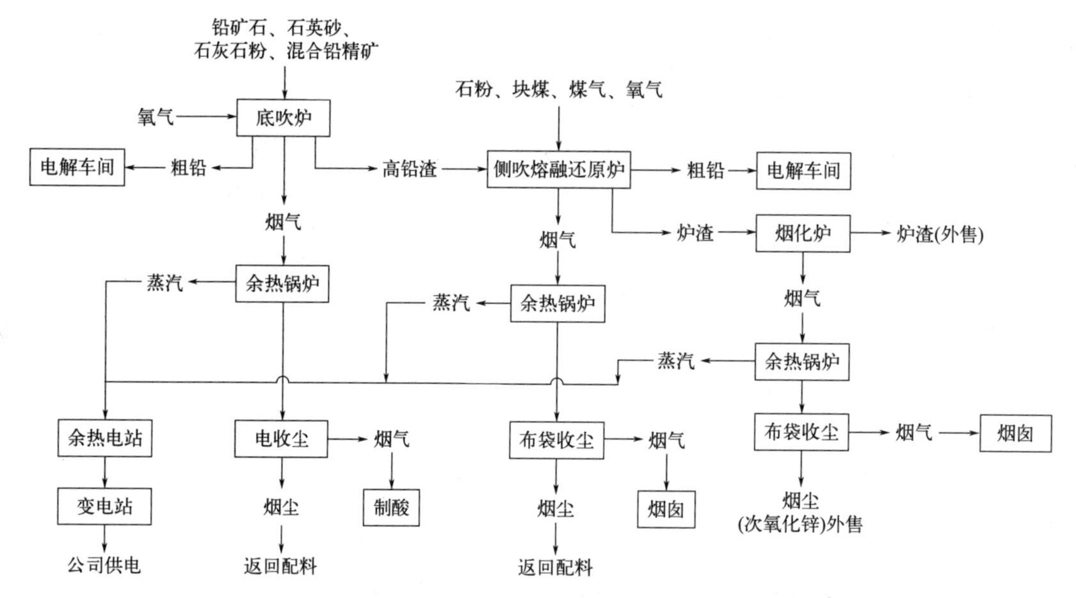

图 2-2-11　铅精矿富氧底吹熔炼-液态铅渣侧吹还原炼铅工艺流程图

再生铅方面，全球铅消费中 85%以上用于铅酸蓄电池的生产，废铅酸蓄电池一直是再生铅冶炼的主要原料，全球精铅产量约 50%为再生铅。目前，废铅酸蓄电池处置回收铅一般采用机械破碎—物理分选—熔炼—精炼的原则工艺流程，具体是废电池经破碎，分选，分离出铅栅、铅膏、塑料壳、隔板、电解液，然后熔炼回收铅栅、铅膏中的铅锑金属。其中铅膏的处理是熔炼技术的重点和难点。目前，主要有鼓风炉还原造锍熔炼转化脱硫-还原熔炼、直接脱硫富氧还原熔炼、再生/原生铅搭配混合熔炼等冶炼技术。

2.2.2.3　冶炼过程绿色化取得的主要成绩

（1）氧气底吹熔炼-液态铅渣直接还原技术已成主流，头部企业产能优势进一步提高

近年来我国原生铅产量呈现逐渐下降的趋势，产能增长主要来自现有铅冶炼厂的技术升级改造。随着大部分铅冶炼厂完成铅渣还原技术改造，氧气底吹熔炼-液态铅渣直接还原熔炼工艺已成为铅冶炼主流工艺。

（2）综合回收稀贵金属提高经济效益取得明显效果，阳极泥处理工艺技术进步明显

由于铅精矿加工费大幅下降，单纯扩大铅冶炼产能规模已不足以应对日趋激烈的市场竞争，而且面临巨大的环保压力。因此，近年来铅冶炼企业纷纷拓展原料来源，搭配处理银精矿、铅银渣、铅浮渣、铅泥、烟灰等物料，增加富含银、铋、锑等稀贵金属和加工费区间大的复杂精矿及二次原料的处理量，从而明显提高稀贵金属综合回收产量，提升企业经济效益。

火法工艺是阳极泥冶炼处理的主流技术，近年来在熔炼设备、工艺等方面技术进步明显。豫光金铅、金利金铅等企业采用底吹/侧吹炉代替传统的还原炉和氧化炉，采取强化熔池熔炼，明显提高了还原/氧化熔炼效果，缩短了熔炼周期，工艺技术与设备基本达到国际先进水平。

（3）节能减排进步明显，环保水平明显提高，基本实现达标排放

铅冶炼企业通过富氧底吹熔炼-液态高铅渣直接还原技术升级改造，节能减排效果明显，铅冶炼综合能耗明显下降。图 2-2-12 列出了 2012～2017 年铅冶炼综合能耗变化曲线，2013 年 466kg（标准煤）/t，2015 年 400kg（标准煤）/t，2017 年则下降至 367kg（标准煤）/t，五年间下降 21.4%。国内头部企业豫光金铅 2017 年铅冶炼综合能耗达到 320kg（标准煤）/t。

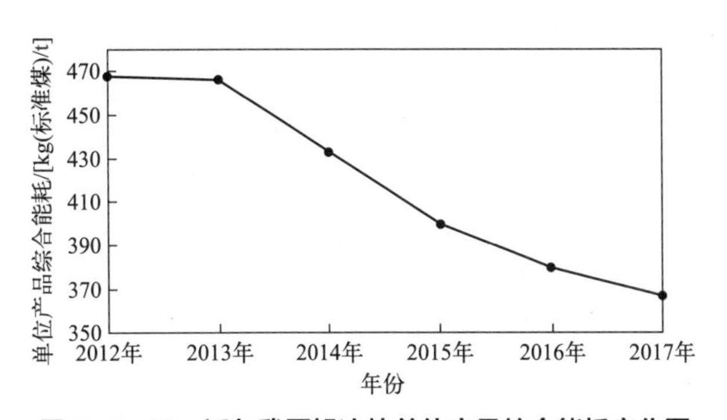

图 2-2-12　近年我国铅冶炼单位产品综合能耗变化图

由于技术与装备不断完善提高，加之国家环境保护管理日益严格，铅冶炼行业主流企业的废气（SO_2）、废水（Pb、Cd、As、Hg 等重金属）都基本实现达标排放，其中少数先进企业单位产品的污染物排放量（SO_2、重金属）已经达到国际先进水平。

2.2.2.4　绿色制造技术瓶颈、与国外的差距和存在的主要问题

（1）污染控制与劳动防护仍然任重道远

代表国内领先技术水平的河南省豫光金铅股份有限公司 2018 年粉尘单位排放量为 23.35g/t(金属)，远高于欧洲先进水平。虽然主流冶炼企业基本实现达标排放，

但是行业整体离国际先进水平与当地人民生活实际需要还有明显差距，仍应进一步强化铅冶炼企业污染控制与治理工作。

具体来说，烟尘/SO_2/颗粒物重金属进一步减排是优先任务，同样必须重点关注的是砷、铅等重金属危废处置。

（2）再生铅冶炼及综合回收水平有待进一步提高

粗铅连续脱铜技术还处于工业化初期，技术运行稳定性有待进一步加强。另外，铅冶炼过程伴生金属综合回收水平仍然不高，有待进一步提高。例如再生铅冶炼脱硫-还原熔炼、直接脱硫富氧还原熔炼、原生/再生混合富氧熔炼技术的发展明显推动了再生铅冶炼行业的发展，但是仍然面临能耗大、运行成本高等问题，必须进一步发展。

（3）过程自动化/智能化水平不高，智能工厂建设亟待启航

行业领先企业，豫光金铅、株冶（株洲冶炼集团股份有限公司）、江西铜铅锌基本实现冶炼基础过程自动化，但是总体来说，过程自动化/智能化水平不高，铅锭连铸连轧、码垛及打包等机械自动化和智能化技术远落后于国外。

2.2.2.5 发展趋势及发展需求

（1）进一步升级再生铅冶炼技术

2019 年生态环境部等 8 部委为了加强废铅蓄电池污染防治，全面打好污染防治攻坚战，发布了《废铅蓄电池污染防治行动方案》。在技术层面发展废铅膏富氧强化熔池熔炼工艺，实现铅膏直接脱硫还原熔炼，降低能耗，是再生铅冶炼技术发展的主要方向。

（2）进一步强化污染控制与治理

在加强烟气中二氧化硫、氮氧化物减排的同时，重视烟气中颗粒物，尤其是PM10、PM2.5 的减量排放，大幅提高环境保护与卫生防护水平。

（3）强化过程自动化/智能化控制，建设智能工厂

将数字化、智能化作为铅冶炼企业进一步优化生产管理、提高生产效率与劳动防护水平、降低生产成本与消耗的关键措施，强化生产作业过程自动化/智能化，建设智能工厂。

2.2.3 锌冶炼绿色制造发展现状与趋势

2.2.3.1 锌冶炼产业/企业基本情况

我国是锌生产大国，锌产量占全球总产量的 50%以上。锌冶炼产能主要分布在云南、陕西、湖南、内蒙古等地区，2018 年四地锌产量占全国总产量的 56.88%，具

体比例为 19.4%、13.7%、12.38%、11.4%。主要骨干企业有驰宏锌锗、株冶集团、锌业股份、陕西有色、中色股份。在表 2-2-18 中给出了主要锌冶炼上市公司近年的生产经营简况。

表 2-2-18 锌冶炼公司生产经营状况简表

编号	公司名称	上市编号	电锌及其合金产量/万吨					总营业收入/亿元				
			2018年	2017年	2016年	2015年	2014年	2018年	2017年	2016年	2015年	2014年
1	驰宏锌锗	600497	39.2	39.7	27.6	25.4	31.9	190	185	141	181	189
2	株冶集团	600961	35.3	42.8	48.6	52.0	52.6	130	138	127	138	151
3	锌业股份	000751	32.0	30.2	30.3	28.7	28.7	83.6	67	47	41	44
4	中色股份	000758	21.4	22.7	21.7	21.5	21.7	148	154	191	196	182
5	中金岭南	000060	21.23	21.06	20.20	20.41	21.23	199.6	189.66	150.59	169.37	245.74

2.2.3.2 冶炼产品及主要工艺技术流程

锌冶炼的原料为锌精矿，具体有硫化锌精矿和氧化锌精矿，其中硫化锌精矿是主体。目前，锌冶炼有湿法和火法两种工艺路线，其中湿法是主流工艺。我国锌湿法冶炼产能约占总产能的 70%，冶炼产品则为电锌（精锌）。表 2-2-19 列出了目前国内锌冶炼主要的工艺及其应用简况。

表 2-2-19 国内主要的锌冶炼工艺技术

工艺类型	工艺技术	应用企业
火法	ISP	白银有色集团股份有限公司、中国冶金科工集团有限公司（简称中冶）葫芦岛有色金属集团有限公司、汉中锌业有限责任公司、深圳市中金岭南有色金属股份有限公司（简称中金岭南）韶关冶炼厂
经典湿法	两段浸出+火法挥发	株洲冶炼集团股份有限公司（简称株冶集团）、云南省曲靖有色金属有限责任公司、河南豫光锌业有限公司、云南驰宏锌锗股份有限公司会泽冶炼分公司
强化湿法（热酸浸出）	热酸浸出+黄钾铁矾	赤峰中色锌业有限公司、白银有色集团股份有限公司西北铅锌冶炼厂、内蒙古兴安铜锌冶炼有限公司、巴彦淖尔紫金有色金属有限公司
	热酸浸出+赤铁矿	云南锡业集团（控股）有限责任公司（简称云锡）文山锌铟冶炼有限公司
	热酸浸出+针铁矿	温州有色冶炼有限责任公司
全湿法	富氧加压浸出	呼伦贝尔驰宏矿业有限公司、青海西部锌业有限公司、中金岭南丹霞冶炼厂

图 2-2-13 给出了常规湿法炼锌工艺流程，国内株冶集团是典型代表。经典的湿法炼锌工艺，或者称传统湿法炼锌工艺，实际上是火-湿法联合流程。锌精矿通过焙烧、浸出、净化、电解等工艺产出电解锌，而浸出渣则返回回转窑挥发产出氧化锌烟尘，再经湿法处理溶液返回主系统。20 世纪 60 年代末起，热酸浸出、黄钾铁矾/针铁矿/赤铁矿等强化湿法（热酸浸出）工艺相继实现工业生产，通过采取高温高酸浸出锌处理中性浸出渣，使锌的冶炼回收率提高到 97%～98%。但是，其处理复杂精矿的综合回收能力明显不如经典工艺，而且渣量甚至更大，并需要进一步处理。20 世纪 80 年代，加拿大舍利特高尔顿矿业公司进一步发展了锌精矿直接氧压浸出工艺，取消

了锌精矿焙烧工序，精矿中的硫以元素富集在浸出渣中另行处理，实现了真正意义上的锌冶炼全湿法流程。目前国内有 3 套锌精矿直接氧压浸出炼锌系统在运行。

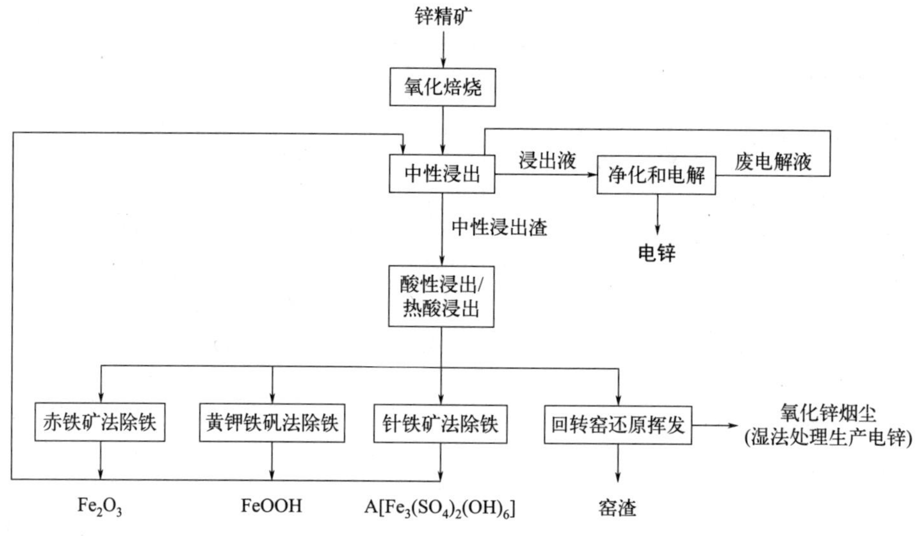

图 2-2-13　锌冶炼湿法工艺的典型流程

密闭鼓风炉熔炼法（ISP 法）是目前世界上仍在运行应用的唯一火法工艺。其主要有烧结焙烧、还原熔炼、精炼等工艺，详细工艺流程如图 2-2-14 所示。

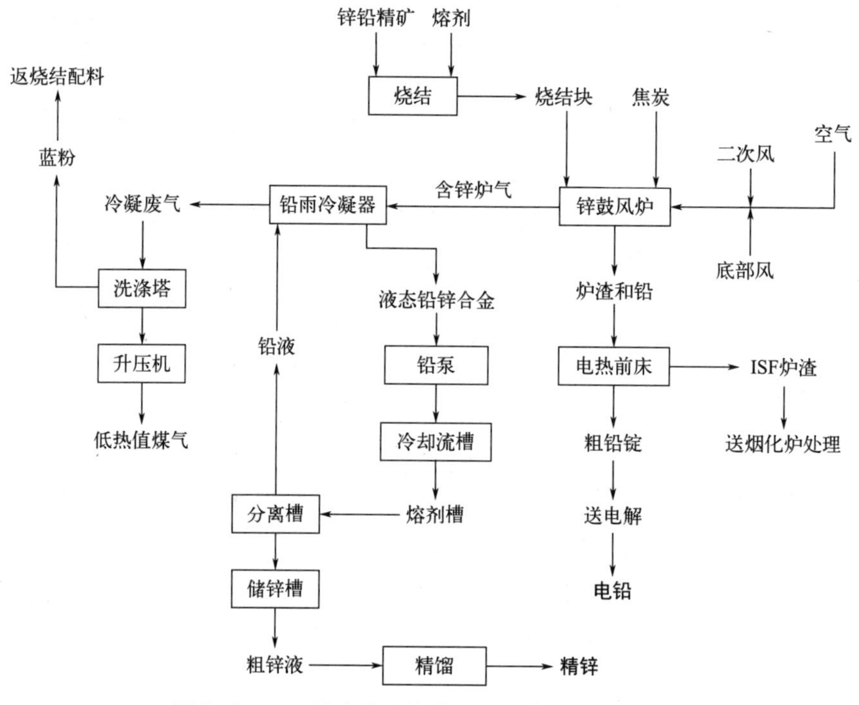

图 2-2-14　锌火法冶炼典型工艺（ISP）流程图

2.2.3.3 冶炼过程绿色化取得的主要成绩

（1）工艺装备水平明显提升，头部企业技术指标已经达到世界先进水平

经过一系列技术改革建设，国内代表性锌冶炼企业，如株冶有色（衡阳）、驰宏锌锗、中金岭南丹霞冶炼厂、中色锌业、豫光锌业、紫金矿业巴彦淖尔等的工艺装备水平明显提升，生产技术经济与世界同类企业不相上下，甚至高于世界先进水平。

（2）节能减排进步明显，环保水平明显提高，基本实现达标排放

图 2-2-15 给出了 2013～2017 年我国湿法炼锌单位产品综合能耗的变化情况，2013 年电锌（湿法工艺）冶炼综合能耗为 897kg(标准煤)/t，2017 年下降至 876kg(标准煤)/t。由于技术和装备不断完善提高，加之国家环境保护管理日益严格，锌冶炼行业主流企业基本实现了烟气（SO_2）、废水（重金属）达标排放，其中少数先进企业单位产品主要污染物（SO_2、重金属）排放因子已经达到国际先进水平。

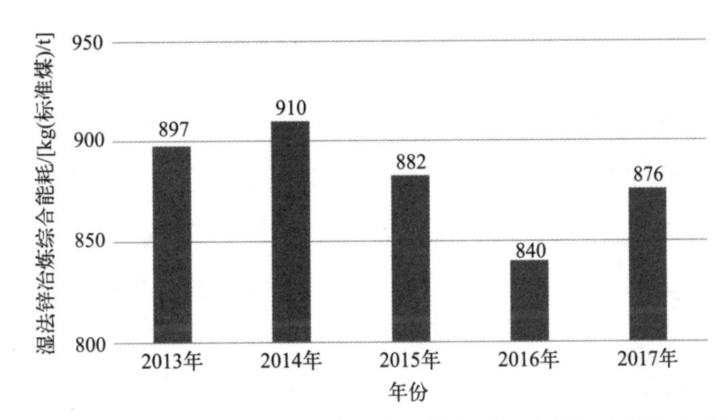

图 2-2-15 近年我国锌冶炼（湿法工艺）单位产品综合能耗变化图

2.2.3.4 绿色制造技术瓶颈、与国外的差距和存在的主要问题

（1）湿法冶炼渣的清洁熔炼亟待加强

目前国内湿法浸出产出的浸出渣、除铁渣仍主要采用回转窑焙烧还原工艺处理回收锌铟，虽然有着不错的回收效果，但是能耗高、烟气收集治理难度大，而且无法综合回收铜、银等有价金属。富氧强化还原熔炼是国外先进企业的成功经验，急需强化此方面的技术发展和应用。

（2）铅锌混合精矿冶炼技术需要进一步发展

国内产出的铅锌混合精矿，原来主要采用 ISP 工艺处理，但是 ISP 工艺仍需低温烧结，环境污染严重，亟待发展铅锌混合精矿的强化熔炼工艺技术，实现冶炼过程低碳化。

（3）过程管理数字化/智能化与国外有明显差距

加拿大 Teck 特里尔冶炼厂采用机器学习（machine learning）分析技术，优化设

备运行管理已经多年。2019 年，Teck 公司启动了业务数字化转化的 RACE21™ 计划。与之相比，国内锌冶炼企业过程管理数字化/智能化刚刚起步，差距明显。

（4）污染控制和治理与国际先进水平仍有明显差距

虽然环境保护与污染控制取得了明显的进步，但污染控制治理与国际先进水平仍有明显差距，例如烟气中颗粒物（粉尘），特别是 PM2.5、PM10 的排放量水平明显高于国外。另外必须提出的是，锌浸出渣、电炉烟灰回转窑还原挥发过程是联合国环境规划署认定的二噁英（dioxins, PCDD/F）重要产生源，欧美国家相关企业已经将二噁英减排作为污染控制重要内容，并且已经采取了相应措施。我国锌冶炼企业目前还没有考虑浸出渣/电炉灰回转窑还原挥发过程的二噁英排放控制问题。

2.2.3.5 发展趋势及发展需求

（1）湿法冶炼渣的强化还原熔炼处理

针对锌湿法冶炼产出的浸出渣、除铁渣与二次物料，从资源综合利用与环境保护双重需要出发，发展环境友好的强化还原熔炼处理技术，建立基于强化还原熔炼处理的锌湿法冶炼渣/二次物料清洁资源化技术体系。

（2）强化生产过程的自动化、智能化，建设智能工厂

将生产过程数字化、智能化作为锌冶炼企业进一步优化生产管理、提高生产效率、降低成本消耗与安全环境风险的重要抓手，强化推进生产过程自动化/智能化，建设智能工厂。

（3）污染控制与治理

在进一步加强烟气中二氧化硫、氮氧化物，废水中重金属减排的同时，重视烟气中颗粒物，尤其是 PM10、PM2.5 的减量排放与剧毒重金属（砷、汞、镉）危险废物的安全处置，并且以人居环境质量改善为目标，优化企业生产环境管理。

2.2.4 钴镍与铂族金属绿色制造发展现状与趋势

2.2.4.1 冶炼产业/企业基本情况

我国是一个镍、钴及铂族金属资源短缺的国家，其中镍资源相对短缺，钴与铂族金属紧缺，钴储量仅占世界储量的 1.14%，铂族金属储量仅占世界储量的 0.39%，冶炼企业原料主要依赖进口。金川集团是国内最大的镍钴与铂族金属冶炼企业，依托世界第三大硫化铜镍矿床，具备 20 万吨镍、1 万吨钴、3500kg 铂族金属的生产能力。镍冶炼方面，除了金川集团外，主要冶炼企业还有吉恩镍业、广西银亿等。

钴冶炼方面，冶炼能力与产量最大的是华友钴业，钴冶炼生产能力为 3 万吨金属量/年，是国内最大的钴产品生产供应商。其钴产品主要有四氧化三钴、硫酸钴、

氢氧化钴、氧化钴等，原料（资源）则主要依赖在非洲刚果（金）的自有矿山和国际采购。洛阳钼业2018年收购了TFM铜钴矿80%的权益后，成为世界第三大钴生产商。目前，其钴产品为初级氢氧化钴，销售给国内外钴冶炼商精加工。表2-2-20列出了近年来我国主要钴冶炼企业的产量情况。

表2-2-20　我国主要钴冶炼企业钴产量（金属量）　　单位：t

年份	2018年	2017年	2016年
华友钴业股份有限公司	27252	23720	20916
金川集团股份有限公司	18747	16419	4677
中国总钴产量	78361.2	59084.3	49800
世界总钴产量	135000	116000	107500

铂族金属方面，目前国内仅金川集团通过铜镍精矿冶炼回收伴生的铂族金属，其产量占我国铂族金属产量的80%以上，其他都是从二次资源中回收。

2.2.4.2　镍冶炼产品及主要工艺技术流程

目前，镍冶炼原料主要有硫化镍精矿和红土镍矿两种，两种原料的冶炼工艺完全不同。硫化镍精矿一般是先火法熔炼（闪速熔炼和转炉吹炼）后产出高冰镍，然后进一步湿法冶炼净化产出电解镍，具体有两条技术路线：

① 高冰镍缓冷—磨浮—硫化镍精矿熔铸—可溶阳极隔膜电解，最终产出电解镍产品，具体流程如图2-2-16所示，金川集团即采用此工艺。

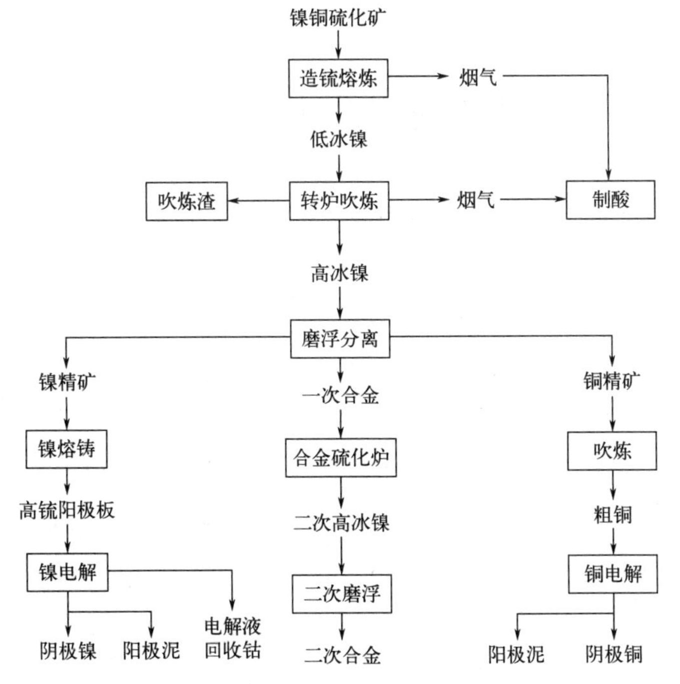

图2-2-16　金川集团硫化镍矿冶炼原则工艺流程

② 高冰镍细磨—硫酸加压选择性浸出—黑镍除钴—镍不溶阳极电解产出电解镍，新疆阜康镍冶炼厂即采用此工艺，具体工艺流程如图 2-2-17 所示。

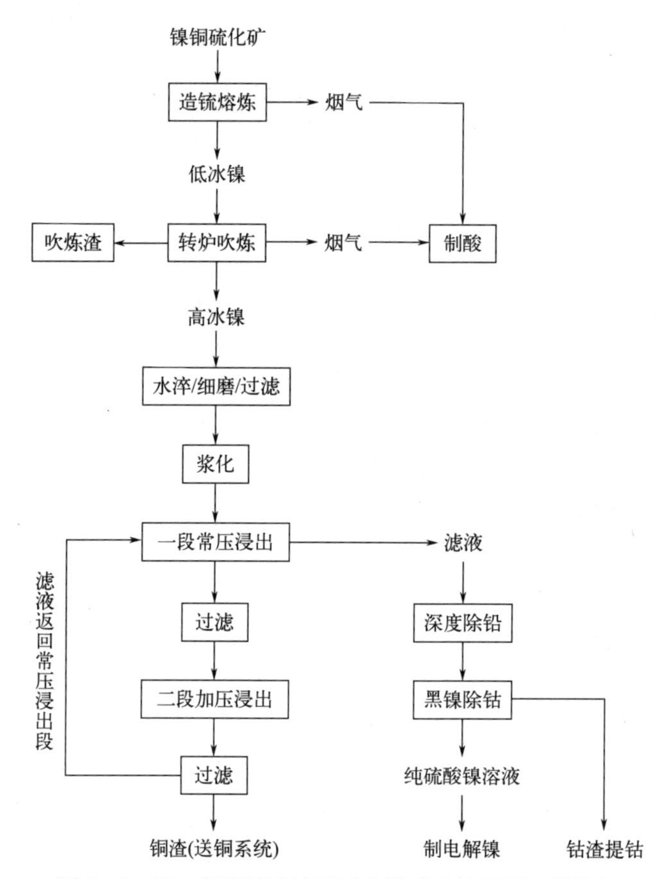

图 2-2-17 阜康镍冶炼厂硫化镍矿冶炼原则工艺流程

红土镍矿(laterite)，是热带或亚热带区域硫化镍矿岩体经长时间大规模风化-淋滤-沉积而成的地表风化性氧化镍矿。其中镍以镍褐铁矿、硅酸镍等形式呈化学浸质状态存在，很难通过选矿方法富集，一般采用直接冶炼提取回收其中的镍、钴、铁等金属，具体冶炼方法主要有火法焙烧、湿法酸浸、火湿法联合工艺三类。其中火法焙烧工艺主要适用于处理腐蚀土、过渡性高镍高镁低铁/钴矿石，典型代表就是回转窑预还原-高炉还原熔炼生产低镍生铁工艺、还原硫化熔炼生产低铁镍锍工艺。湿法酸浸工艺主要适用于处理褐铁矿型低镍低镁高铁/钴矿石，一般采用高压硫酸浸出，镍产品形式则根据下游需求而变，可以是硫酸镍、氢氧化镍中间物、硫化镍富集物等。火湿法联合工艺，典型代表是还原焙烧-氨浸工艺（图 2-2-18），主要适用于处理过渡性褐铁矿型矿石，镍产品形式为硫酸镍、氧化镍。

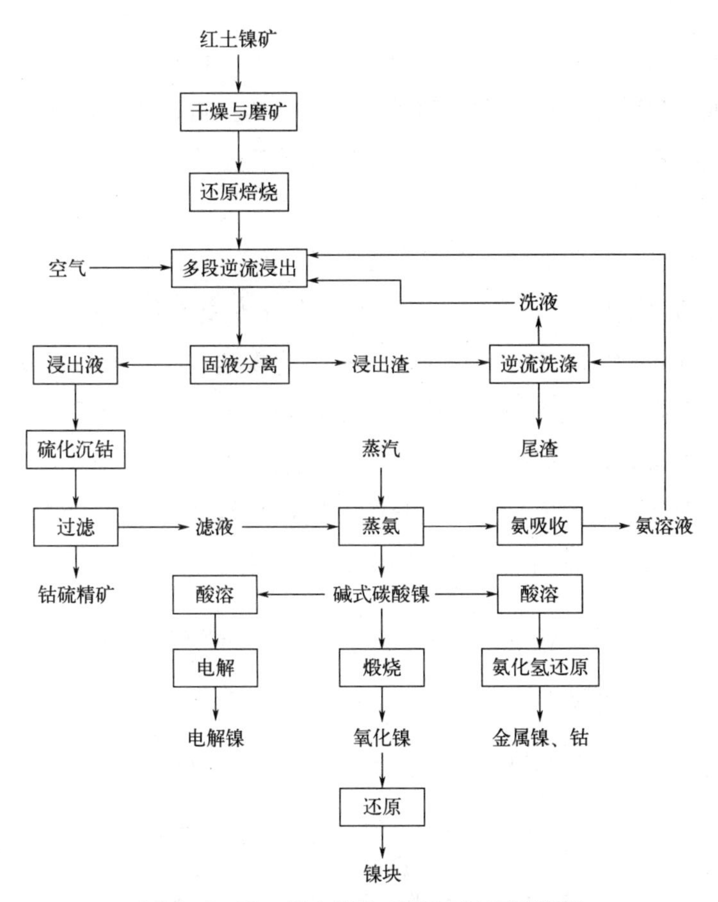

图 2-2-18　红土镍矿 CARON 工艺流程

表 2-2-21 列出了国内红土镍矿冶炼工艺技术及其应用简况。其中 RKEF 法应用最普遍，目前国内红土镍矿冶炼系统基本都采用该工艺。RKEF 法基本流程包括干燥、焙烧-预还原、电炉还原熔炼、精炼等工序。其中干燥在回转窑中进行，主要脱除矿石中的部分自由水和结晶水；焙烧-预还原在长筒型回转窑内完成，预热矿石，并且选择性还原部分镍和铁；电炉还原熔炼，则充分还原镍和铁，并将镍铁和渣分离，产出粗镍铁；粗镍铁进一步采用钢包精炼，脱除粗镍铁中的硫、磷等杂质，获得产品镍铁，用于不锈钢的生产。

表 2-2-21　国内红土镍矿冶炼工艺技术及应用简况

工艺类型	工艺技术	产品形式	应用范例
火法	回转窑预还原-电炉还原熔炼(RKEF)	镍铁	中国有色（缅甸达贡山 130 万吨/年）、青山控股（福建青拓、广东广青）、江苏德龙（盐城）、宝山钢铁德胜（福州）、广东北海诚德镍业
	还原造锍熔炼	冰镍锍	朝阳昊天集团
	回转窑选择性固态还原-磁选分离	镍铁	印尼 SILO 公司(2015 年)
湿法	高压硫酸浸出工艺(HPAL)	氢氧化镍/钴中间产品	中国冶金科工瑞木镍钴项目（巴布亚新几内亚马当省）

RKEF 法工艺流程短，对原料适应能力强，尤其适合于处理难熔的硅镁镍矿，渣中有价金属含量较低，生产控制简单、便于操作，机械化和自动化程度高，产品镍铁与不锈钢生产对接好。不过，遗憾的是，该工艺不能回收矿石中伴生的钴/铜等有价金属。

湿法，尤其是高压硫酸浸出工艺(HPAL)，是红土镍矿另一经典工艺，中国冶金科工瑞木钴镍项目就是采用该工艺。HAPL 工艺的优势是可以回收矿石中伴生的钴/铜金属，Ni/Co 回收率高，产品结构灵活，氢氧化物或硫酸盐产品可以直接对接目前新能源汽车动力电池三元正极材料生产。不过其工艺流程复杂，对设备要求高，固定投资大，浸出渣后处理麻烦。

我国是严重贫钴的国家，国内自身的钴冶炼原料主要是镍、铜冶炼过程中副产的钴渣或溶液。其生产原则工艺流程如图 2-2-19 所示。

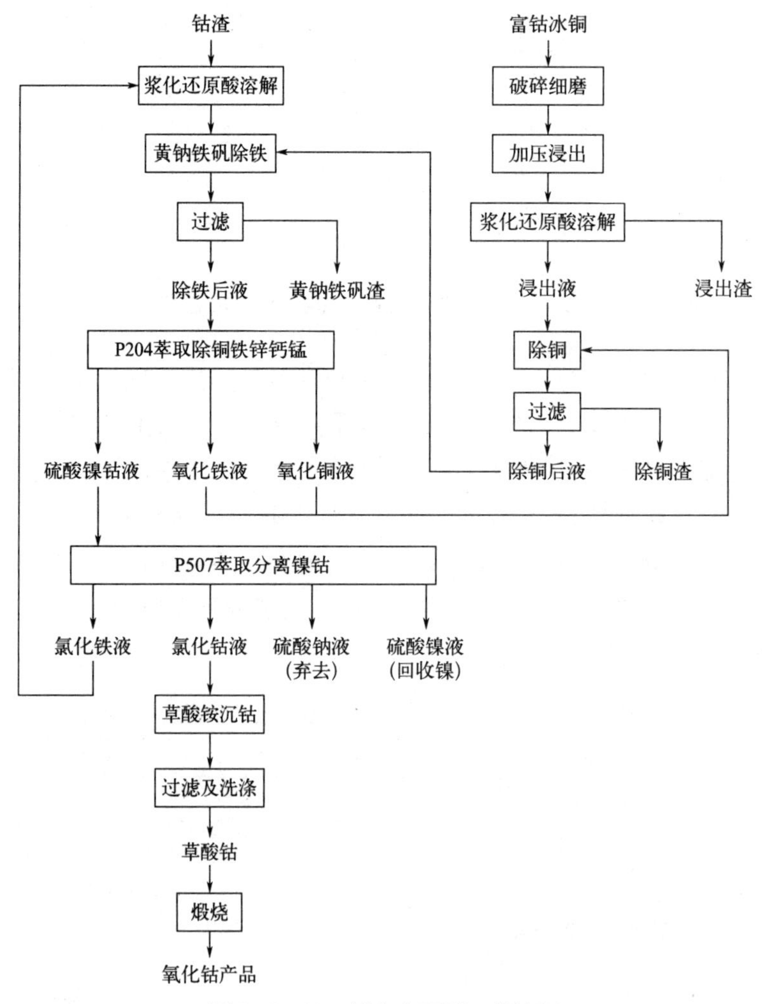

图 2-2-19 钴生产原则工艺流程

我国铂族金属 80%以上产自金川集团，年产铂族金属约 2.5t。其主要冶炼原料来源是图 2-2-19 中高冰镍磨浮分离得到的二次合金，经氯化浸出-深度分离等工艺制备铂、钯、铑等铂族金属。

2.2.4.3 冶炼过程绿色化取得的主要成绩

（1）我国镍钴冶炼水平整体提升，环境明显改善，三废基本实现达标排放

我国镍冶炼已经采用了世界上先进的闪速熔炼工艺，优化烟气吸收系统，开展专门的危废资源化处置项目建设，有效地解决了烟气排放和固废处置问题。

（2）国内镍钴冶炼企业在全球积极寻求开发镍钴矿资源，弥补资源的不足

例如，中国冶金建设集团同吉林镍业公司合作开发位于巴布亚新几内亚的瑞木镍矿；中国有色集团在缅甸达贡山建设处理红土镍矿的冶炼厂；青山控股集团在印度尼西亚的苏拉威西省莫罗瓦利建设镍冶炼厂等。红土镍矿火法冶炼技术我国处于世界领先行列。

2.2.4.4 绿色制造技术瓶颈、与国外的差距和存在的主要问题

（1）冶炼过程自动化、智能化有待进一步提升

我国镍冶炼在熔炼—吹炼—精炼等火法工序的衔接上，大部分仍处于间断式作业状态，还没有实现各工序的高效衔接，存在能量损失等情况。美国肯尼亚科特冶炼厂以闪速熔炼工艺为基础发展了双闪工艺，解决了转炉吹炼过程中间断作业导致的低浓度 SO_2 污染问题；奥托昆普公司发展了“一步法”炼镍工艺，使得镍的火法冶炼工艺更为简洁高效。

（2）高附加镍产品生产技术仍落后于国外先进企业

经过近 30 年的迅速发展，我国镍冶金的工艺技术目前已接近或达到了国际先进水平。但部分高品质镍产品的生产工艺与国外先进水平还有一定的差距，例如羰基镍产品等，目前只有少数发达国家拥有羰基法生产技术。国内还处于研究试产阶段，目前仅金川集团和吉恩镍业有生产，年产量均不足 1000t。

（3）铂族金属二次资源回收技术落后，回收率低

尽管从二次资源中回收提取铂族金属已经成为发达国家铂族金属产能的重要组成部分，但由于我国清洁高效关键技术及装备缺乏，失效铂族金属二次资源循环过程中不仅铂族金属回收率低，而且回收过程释放大量“三废”污染物，严重制约了铂族金属资源再生行业的可持续发展。

2.2.4.5 发展趋势及发展需求

（1）开发新型冶炼工艺，提高主伴生元素综合回收效率

当前，镍硫化矿冶炼工艺均须经历低冰镍转炉吹炼产出高冰镍这一过程。这一

过程虽然可以除去大部分铁，但有近一半的钴被分散到转炉渣中而损失。同时，铂族金属回收流程冗长、工艺繁复，铂族金属分散损失大，回收率不足 90%。中国工程院 2018 年发表的战略研究报告，认为这些问题都与现有的低冰镍转炉吹炼工序有关，并认为开发以直接处理低冰镍为基础的镍冶炼新工艺，是提高镍冶炼有价元素综合回收率的发展趋势。

（2）二次资源回收，缓解国内镍、钴及铂族资源匮乏的问题

国内镍、钴及铂族资源匮乏，但是消耗量巨大，国内资源供给无法满足要求。需求和供给的矛盾，将迫使国内寻求新的资源供给来源。因此，加强再生资源综合回收利用是发展的必然。

2.3 稀贵金属行业绿色制造发展现状与趋势

2.3.1 钨冶炼绿色制造发展现状与趋势

我国钨资源储量、生产量、贸易量和消费量均居世界第一，是名副其实的钨业大国。近十年里，我国钨工业保持平稳快速发展，产品结构不断调整，企业效益、产业集中度以及产品科技含量不断提高，形成了钨冶炼产品、化工产品、硬质合金和钨材钨丝等门类齐全的产品产业链，如图 2-2-20 所示。

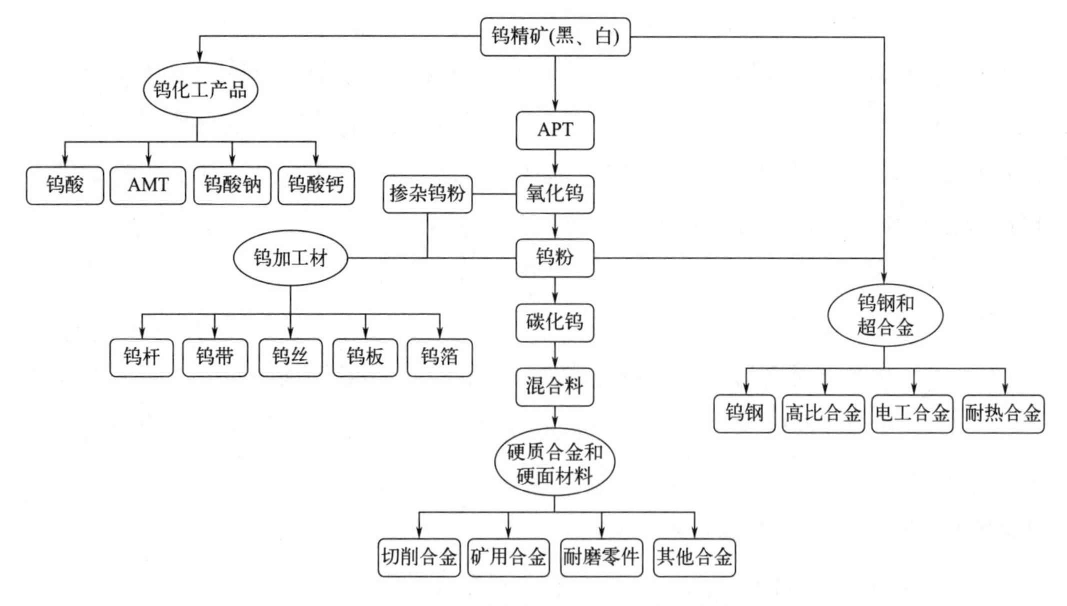

图 2-2-20　我国钨冶炼产业链示意图

2.3.1.1 钨冶炼产业/企业基本情况

钨冶炼加工，主要包括仲钨酸铵（APT）、氧化钨、钨粉、碳化钨以及硬质合金的生产等。表 2-2-22 给出了 2013～2017 年我国钨冶炼产品产量情况。表 2-2-23 列出了我国主要钨冶炼加工企业近年的生产经营情况。

表 2-2-22 2013～2017 年我国钨冶炼产品产量 单位：t

年份	仲钨酸铵		三氧化钨		蓝钨		钨粉		碳化钨粉		偏钨酸铵（含钨酸）	钨酸钠	钨条（杆）
	产量	其中商品量	产量	其中商品量	产量	其中商品量	产量	其中商品量	产量	其中商品量			
2013 年	56103	40035	25239	3158	21951	9303	33271	6457	32795	17364	5000		2129
2014 年	73934	44309	24309	4085	27110	10696	32508	9482	29505	18171	6558	1014	2531
2015 年	68011	37602	25283	6052	30974	12415	36703	10733	30011	18273	4774	689	2920
2016 年	79742	49642	28331	7856	29417	9790	38887	9629	33953	21741	6520	65	2638
2017 年	92797	71994	37842	10223	36987	14000	45495	10813	44343	27800	6012	46	2445

表 2-2-23 近年主要钨冶炼公司生产经营状况简表

编号	公司名称	上市编号	APT 产量/万吨					总收入/亿元				
			2018 年	2017 年	2016 年	2015 年	2014 年	2018 年	2017 年	2016 年	2015 年	2014 年
1	中钨高新	000657						81.8	67.1	52.0	58.6	83.8
2	厦门钨业	600549	2.48	1.68	1.64	1.76	1.95	196	142	85.3	77.5	101
3	翔鹭钨业	002842	0.75	0.31	—	—	—	16.8	9.76	7.15	7.29	7.41
4	章源钨业	002378	0.68	—	—	—	—	18.7	18.3	13.1	13.4	20.4

2.3.1.2 冶炼产品及主要工艺技术流程

钨冶炼产品，主要有仲钨酸铵（APT）、黄色氧化钨、蓝色氧化钨、紫钨、偏钨酸铵。其中 APT 是最重要的冶炼中间产品，其余冶炼产品均可以通过 APT 而生产，因此 APT 的冶炼生产是钨冶炼的关键。其冶炼生产过程包括钨矿石分解、净化转型制备纯净溶液和 APT 结晶三个关键环节。

目前国内钨矿石分解，主要有氢氧化钠分解法、苏打压煮法和硫磷混酸协同浸出法。其中，硫磷混酸法是最新的工业化方法，具有清洁高效、成本低等优点，将是未来的主流工艺。净化转型制备纯净钨酸铵溶液主要有化学法、离子交换法和萃取法，APT 蒸发结晶主要有连续结晶和蒸发锅结晶等方式。图 2-2-21 为硫磷混酸协同浸出制备 APT 的原则工艺流程。

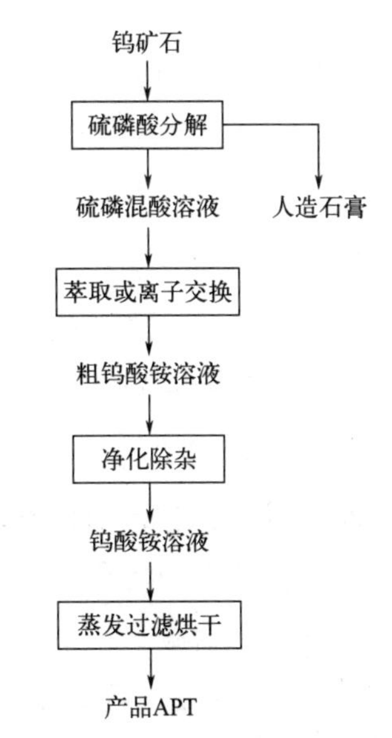

图 2-2-21 白钨精矿硫磷混酸法制备 APT 原则工艺流程

2.3.1.3 冶炼过程绿色化取得的主要成绩

（1）硫磷混酸法等新工艺成功应用，使钨冶炼技术迈上新台阶

近年来硫磷混酸协同浸出、苏打压煮-碱萃取等高效、绿色冶炼新技术先后工业应用，并取得显著成效。其中，硫磷混酸协同浸出工艺的产业化是钨冶炼技术发展新的里程碑，该工艺在经济和环保指标等方面均明显优于国内外现有技术，总加工成本降低 30%以上，同时，废水量仅为 3～$5m^3/t$(APT)，远低于传统工艺的 20～$100m^3/t$(APT)。

（2）氨氮回收技术愈发成熟，氨氮废水达标排放

水体中氨氮过量会导致水体变黑变臭，是我国水污染的主要污染物之一。钨冶炼过程中钨酸钠转型必然会用到氯化铵和氨水，产生大量含低浓度氨氮的废水(300mg/L 左右)。我国在处理氨氮废水方面的处理工艺主要有生物法、吹脱法、化学沉淀法、离子交换法、折点氯化法等，其中折点氯化法由于具有反应速度快、脱氮效果好、操作简单等优点，在处理氨氮废水方面取得很好的应用。Cl_2∶NH_3-N 质量比为 7.8 左右时，出水氨浓度达到国家一级排放标准。增加蒸发结晶氨氮回收工艺，实现氨氮废水达标排放。

（3）二次资源回收利用

国内在 20 世纪 70 年代就开始对废旧硬质合金的再生技术进行研发，目前废旧硬质合金回收量已经达到年产量的 30%。河北清河和湖南株洲是两大主要基地，代表技术方法有锌熔法、高温破碎法、选择性电化学溶解法等，但是回收产品品质低、质量不稳定，回收硬质合金往流程简洁化、产品高质化方向发展。如格林美在湖北荆门专门建立钨资源循环利用公司，2016 年设计生产仲钨酸铵产品 5000t。

（4）钨产品升级明显，硬质合金生产技术和装备水平大幅提升

钨产品向高性能、高精度、高附加值方向升级发展，开发了超细晶、超粗晶、功能梯度硬质合金及超大型硬质合金制品等，质量与国外差距明显缩小。

2.3.1.4 绿色制造技术瓶颈、与国外的差距和存在的主要问题

（1）复杂低品位钨资源综合回收利用技术

传统的钨碱法冶炼技术主要以处理中高品位的钨精矿为原料。随着优质钨资源的不断开发和消化，资源的禀赋日益变差，给钨选矿和冶金带来了更大的挑战。由于选矿、冶金企业仍以标准精矿为界，采取两者截然分开的技术路线，使得钨的选冶回收率难以兼顾。

（2）清洁生产与环境保护亟待系统推进

钨碱渣被划入“危废”导致钨冶炼全行业仓促、被动应对，深刻地反映了系统推进钨冶炼清洁生产与环境保护的重要性。

（3）中低端产能过剩，结构性问题依然突出

我国钨企业“多、散、小”的状况依然没有得到根本改变，产业集中度低，国际竞争力不强，钨冶炼生产能力仍然过剩，低水平重复建设还在继续。国内钨企业生产的中低档产品多、高端产品少，产品的附加值、质量和性能不高，以出口低附加值的初中级钨冶炼产品为主的格局依然没有得到根本改变。

2.3.1.5 发展趋势及发展需求

（1）新型酸法钨冶炼技术的体系化

新型酸法工艺-硫磷混酸协同浸出工艺可有效处理低品位矿，降低精矿原料品位，提高总钨回收率，并且可以实现连续生产，为钨冶炼过程自动化、智能化控制提供了可能，无疑是未来的主流工艺。但是目前配套技术等方面研究都存在明显欠缺，无法充分发挥新工艺的优势，下一步有必要围绕硫磷混酸协同浸出工艺，开发与之配套的酸浸渣处理、伴生元素综合利用以及冶炼过程自动化/智能化控制技术，形成高效智能的硫磷混酸协同浸出提取钨冶炼技术体系。

（2）冶炼材料一体化、高纯产品的开发

目前，高纯钨材料的生产与销售基本上由美国、日本和欧洲等发达国家和地区的企业控制，只有日本钨株式会社、日本联合材料公司、奥地利 Plansee 集团等能够提供 5 N 纯度的高纯钨材料。如日本东芝公司为提高半导体配线用材的质量，要求将钨粉的纯度从 99.9%提高到 99.999%以上；美国生产钨薄膜和溅射靶材，要求钨的纯度更是高达 99.9999%。而我国目前提供市场的钨原料——仲钨酸铵（APT）最高级别的零级产品对杂质要求难以满足高纯钨制品的制备。

另外，高端钨材如超细晶、超粗颗粒晶、功能梯度硬质合金以及超大型硬质合金制品等硬质合金产品质量与国外同类产品质量仍有一定的差距，企业缺乏核心竞争技术和产品。

（3）钨二次资源的回收技术往流程简洁化、产品高质化方向发展

目前，国内的钨二次资源回收不规范，废硬质合金、废钨粉、钨丝钨材、磨削料、高速钢、含钨合金分类不清，给回收带来了巨大困难；并且许多含钨废料为难熔的金属材料，其中还有很多别的有价金属如钼、钴、镍、钽、铌没有实现高效回收。钨二次资源的回收与冶炼技术有待进一步加强，为废硬质合金、催化剂、钨钼靶材、难溶合金表面涂层等典型二次资源建设建立标准高效冶炼工艺技术与产业平台。

（4）污染控制与环境保护

针对钨冶炼氨氮（COD）废水排放问题，应从源头减排，开发新型钨提取转型

技术；开发和推行无渣除钼技术，使钼以钼酸盐形式回收；开发碱压煮渣的无害化和资源化技术。

2.3.2 钼铼冶炼绿色制造发展现状与趋势

地球上 98%以上的钼是以辉钼矿的形式存在的，辉钼矿是钼的主要冶炼原料。而元素铼在自然界中高度分散，几乎没有独立的矿床，其主要寄生矿物是辉钼矿，在钼冶炼过程中进行回收。

2.3.2.1 钼铼冶炼产业/企业基本情况

钼主要应用于钢铁行业，其用量占年消费量的 70%～80%。我国的钼矿资源主要集中在河南、陕西、辽宁、吉林等地，其中河南产量最大，约占全国总量的 40%，其次是陕西和内蒙古，产量约占全国总量的 18%及 13%。2016 年底我国主要钼生产矿山情况见表 2-2-24。我国主要钼冶炼公司生产经营状况见表 2-2-25。

表 2-2-24 2016 年底我国主要钼生产矿山保有资源储量

编号	矿山名称	累计探明资源储量		2016 年底保有资源储量	
		金属量/万吨	品位/%	金属量/万吨	品位/%
1	金堆城钼矿	97.93	0.096	53.4	0.089
2	汝阳东沟钼矿	68.98	0.106	63.26	0.122
3	栾川上房沟钼矿	71.58	0.140		
4	栾川三道庄钼矿	74.15	0.084	46.35	0.073
5	栾川南泥湖钼矿	78.93	0.0626	72.94	0.0613
6	黑龙江鹿鸣钼矿	75.18	0.092	70.24	0.092
7	内蒙古大苏计钼矿	14.14	0.125	10.43	0.133
8	敖仑花钼矿	7.58	0.055	6.17	0.06
9	黄龙铺王河沟钼矿	14.29	0.104	8.7	0.072
10	黑龙江大黑山钼矿	21.89	0.0815	20.6	0.0703

表 2-2-25 主要钼冶炼公司生产经营状况简表

编号	公司名称	上市编号	折合钼金属产量/万吨					总营业收入/亿元				
			2018 年	2017 年	2016 年	2015 年	2014 年	2018 年	2017 年	2016 年	2015 年	2014 年
1	金钼股份	601958	1.42	1.36	1.18	1.26	1.26	87.78	102.06	101.65	95.53	85.26
2	洛阳钼业	603993	1.54	1.67	1.63	1.7	1.63	260	241	69.5	42.0	66.6
3	吉翔股份	603399	1.88	1.77	1.27	1.55	1.62	37.3	22.0	13.7	16.1	22.8

注：钼铁、钼精矿折算，钼铁含钼金属 55%，钼精矿含钼金属 30%。

2.3.2.2 冶炼产品及主要工艺技术流程

钼冶炼的主要产品为钼酸铵、钼酸钠、三氧化钼以及钼粉及其制品等。2016 年我国主要钼产品的产量见表 2-2-26。

表 2-2-26　2016 年我国主要钼产品及产量简表

产品名称	钼铁	钼酸铵	钼酸钠	钼粉	锻轧钼杆/条/板及型材	高纯三氧化钼
产量/t	103868	38365.25	2310	8218.5	1244	8169.1

产品名称	氧化钼	粗钼丝	细钼丝	钼制品	未锻轧钼杆/条/板及型材
产量/t	121988	440	859.94	3341.8	958.6

硫化钼精矿是钼冶炼的主要原料，一般是先氧化焙烧转化为钼焙砂，再冶炼成为钼氧化物、钼金属及其合金。

国外钼精矿焙烧采用多膛炉，全球有近百座多膛炉分布在美国、智利、加拿大、俄罗斯等国家，国内只有金钼股份和洛阳钼业引进了多膛炉焙烧技术。除多膛炉外，辉钼矿的焙烧设备还包括回转窑、沸腾炉。它们各自的主要经济技术指标见表 2-2-27。其中多膛炉无论是处理量还是其他指标均略好于回转窑，沸腾炉所制焙砂含硫率太高，不能满足钼铁的生产，应用的企业也较少。

表 2-2-27　钼矿不同焙烧方式的生产技术指标对比

焙烧方式	年产量/t	产品含硫率/%	回收率/%	天然气消耗
多膛炉	18000～20000	≤0.1	98.6～99	20～100
回转窑	4600～7000	≤0.1	98.3～98.5	20～150
沸腾炉	—	2～2.5	—	—

（1）钼铁的生产

钼铁是钼与铁组成的合金，通常含钼 50%～60%，用作炼钢添加剂。炉外冶炼法是目前应用最广泛的钼铁冶炼方法，即以钼焙砂为原料，采用硅铁、铝粒作为还原剂，依靠自热反应制得。钼焙砂原料，除要求品位高以外，对杂质也有严格要求，重点控制的杂质成分是 S 0.07%～0.1%、P 0.01%～0.02%、Cu 0.1%～0.5%。表 2-2-28 给出了钼铁生产原辅材料单位消耗（以含钼 55%计）。电耗为 95～120kW・h/t，钼金属回收率 98.5%～99%。

表 2-2-28　钼铁生产原辅材料单位消耗　　单位：kg/t（产品）

原辅料	氧化钼	硅铁	铁鳞	钢屑	硝石	铝粉	石灰
单耗	1213	339～350	250	260～270	<40	45～60	30～100

（2）钼酸铵的生产与铼的回收

钼酸铵是重要的中间化学品，为钼催化剂、钼颜料等化工产品的基本原料。钼酸铵的制备一般以钼焙砂为原料，经典工艺路线是氨浸出—溶液净化—钼酸铵结晶，原则工艺流程如图 2-2-22 所示。

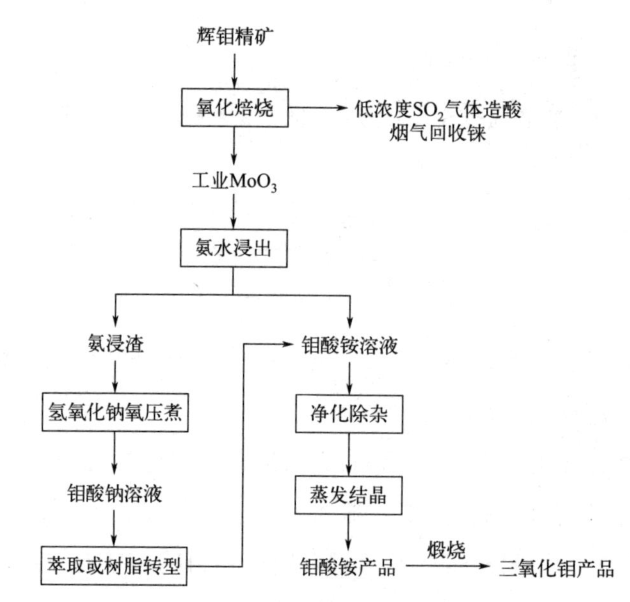

图 2-2-22　辉钼矿冶炼制备钼酸铵/三氧化钼原则工艺流程

上述经典工艺的最大缺点是，氧化焙烧产生大量低浓度 SO_2，无法经济有效制酸。另外，铼的回收率也非常低，不足 60%。为此，人们开发了辉钼矿氧压浸出冶炼工艺，具体的原则工艺流程如图 2-2-23 所示。其中氧压浸出一般在 200℃、氧分压 1.0～1.5MPa 的条件下进行，辉钼矿被氧化，约 90%以上以钼酸的形式沉入渣中，其余则进入浸出液；而后再分别经氨溶和转型制备钼酸铵溶液，除杂后经结晶制备钼酸铵产品，铼则从浸出液中回收，回收率可达到 95%。

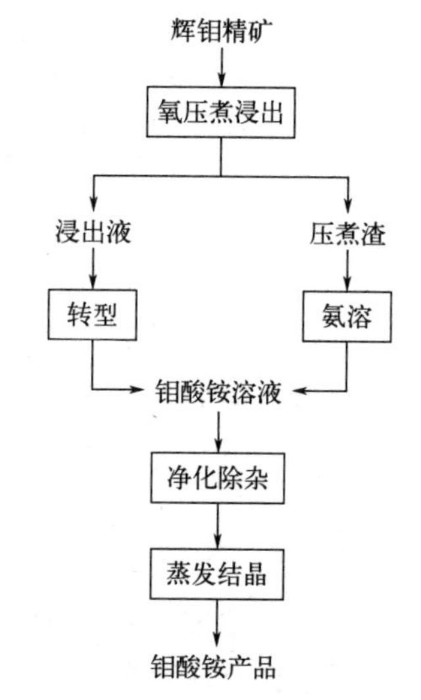

图 2-2-23　辉钼矿氧压浸出冶炼工艺原则流程

2.3.2.3　冶炼过程绿色化取得的主要成绩

（1）环境保护与治理取得显著成效

针对辉钼矿焙烧产生的低浓度二氧化硫烟气，2007 年洛阳钼业首次实现低浓度烟气制硫酸，2009 年金钼股份也采用了类似的烟气制酸技术，而新华龙则采用碱吸收法处理制备亚硫酸钠。目前，我国三大主要钼冶炼企业的二氧化硫烟气问题均得到有效治理。同时，氨氮废水治理以及回收技术得到了应用，也基本实现了废水的达标排放。

（2）低品位钼资源综合回收利用得到重视

与辉钼矿共伴生的有价元素还包括铼、铋、铜、钨等，其中铼至今没有发现独立矿床，主要寄生在辉钼矿中。目前冶炼企业对伴生金属，尤其是铼的回收愈加重视，金钼股份、洛阳钼业等企业已经开始从烟气中回收铼。2011年金钼股份被认定为全国首个专属钼资源综合利用示范基地，可见国家对提高低品位钼资源综合回收利用也极为重视。

2.3.2.4 绿色制造技术瓶颈、与国外的差距和存在的主要问题

（1）复杂低品位钼资源综合回收利用技术

随着高质量钼资源的不断消耗，低品位共伴生钼矿所占的比例越来越高，现有氧化焙烧-氨浸出工艺不适合处理低品位辉钼矿，易造成焙烧结块、浸出不彻底。2012年美国肯尼科特公司采用先进的辉钼矿直接氧压浸出工艺建造了一座万吨级三氧化钼冶炼厂，后又扩建至两万吨以上（以钼金属计）。

（2）中低端产能过剩，结构性问题依然突出

我国钼工业起步较晚，钼的精深加工与国外相比还有较大差距，特别是在满足小批量、多品种、差异化终端需求方面还有很长的路要走。

2.3.2.5 发展趋势及发展需求

（1）新型钼清洁冶炼综合回收工艺的开发

当前钼冶炼仍旧采用传统的“氧化焙烧-氨浸出”工艺，冶炼过程中产出的大量低浓度 SO_2 烟气已实现制酸，但时有超标排放事件发生，技术还需要进一步改进，而氨氮废水问题和伴生有价元素的回收将是重要的发展方向。

（2）冶炼材料一体化、产品多样化以及高纯产品的开发

当前我国钼冶炼产品仍是以钼酸铵和三氧化钼等中间产品为主，高纯材料、钼功能材料等高技术、高价值产品占比较小，这一方向仍有很大的发展空间。

（3）二次资源的回收与冶炼技术有待进一步加强

辉钼矿是战略金属铼最主要的寄生矿物，而当前从烟气中回收铼的回收率非常低，不足60%。这对我国航空业的发展极为不利，甚至将成为严重制约的瓶颈。但铼的回收依赖于整个钼冶炼体系，在当前辉钼矿氧化焙烧-氨浸出依然为主要的钼冶炼工艺条件下，开发可替代性强、综合回收率高的新型冶炼技术是十分必要的。

（4）污染控制与环境保护

现阶段低浓度辉钼矿焙烧烟气制酸已经成功得到应用，但也时常出现二氧化硫超标排放的事件。这表明低浓度烟气制酸体系尚存在一定的问题，仍需进行技术改进，同时氨氮废水同样是以末端治理为主。随着社会进步，环保政策日益严厉，烟气排放、废水排放标准必定会进一步提高。清洁生产是解决污染的根本之道，开发清洁生产工艺具有重要意义。

2.3.3 钛冶炼绿色制造发展现状与趋势

2.3.3.1 钛冶炼产业/企业基本情况

表2-2-29为典型钛冶炼公司生产经营状况简表。龙蟒佰利联集团股份有限公司（2021年7月更名为龙佰集团股份有限公司，简称龙佰集团）是我国钛白粉（TiO_2）生产的龙头企业，同时也是亚洲最大的钛白粉生产企业，其次是攀钢集团钒钛资源股份有限公司（简称攀钢钒钛）和中核华原钛白股份有限公司（简称中核钛白）。近年来我国钛冶炼头部企业发展迅速，产量增幅明显，尤其是龙蟒佰利联2014～2018年五年间钛白粉生产量增加了3倍，销售额增长了5倍。

表2-2-29 典型钛冶炼公司生产经营状况简表

编号	公司名称	上市编号	钛白粉产量/t					总收入/亿元				
			2018年	2017年	2016年	2015年	2014年	2018年	2017年	2016年	2015年	2014年
1	龙佰集团	002601	62.7	59.7	35.9	20.9	19.5	106	104	41.8	26.6	20.6
2	攀钢钒钛	000629	22.8	20	12.1	8.5	7.2	152	94.4	106	114	168
3	中核钛白	002145	20.97	22.1	19.0	17.2	16.4	30.9	32.6	20.5	16.3	17.3

钛白粉除用作颜料外，还是生产海绵钛的主要原料。21世纪以来中国海绵钛产量经历了一个波动式的高速发展过程：2001～2007年近乎翻倍式高速发展，2008年和2009年产量回调；4万亿元投资的拉动，促成了2010～2012年的高速增长；国家促产业升级、转变增长方式的政策，促使海绵钛产业主动进入回调期，2013～2015年产量下降；2016年，中国海绵钛又开始稳步增长，详见表2-2-30。2018年中国海绵钛冶炼企业产量见表2-2-31。

表2-2-30 21世纪以来中国海绵钛产量

年份	2010年	2011年	2012年	2013年	2014年	2015年	2016年	2017年	2018年
产量/t	57770	64952	81451	81171	67825	62035	67077	72922	74953
增率/%	41.6	12.4	25.4	−0.34	−16.4	−8.54	8.13	8.7	2.8

表2-2-31 2018年中国海绵钛冶炼企业产量统计

企业名称	2018产量/t	占比/%
攀钢钒钛	17600	23.5
洛阳双瑞万基	15000	20.0
朝阳百盛	13200	17.6
宝钛华神	9500	12.7
贵州遵钛	9400	12.5
朝阳金达	7403	9.9
鞍山海量	2400	3.2
锦州铁合金	450	0.6
小计	74953	100

2.3.3.2 冶炼产品及主要工艺技术流程

目前，钛冶炼的主要产品是钛白粉和海绵钛。钛冶炼以氯化工艺为主，可分为三大步骤：①富钛料的制取；②$TiCl_4$的制备（粗$TiCl_4$的制备以及纯$TiCl_4$的制备）；③纯$TiCl_4$氧化制备钛白粉，镁还原制备海绵钛。其中，钛白粉和海绵钛生产的主流工艺流程如图2-2-24所示。

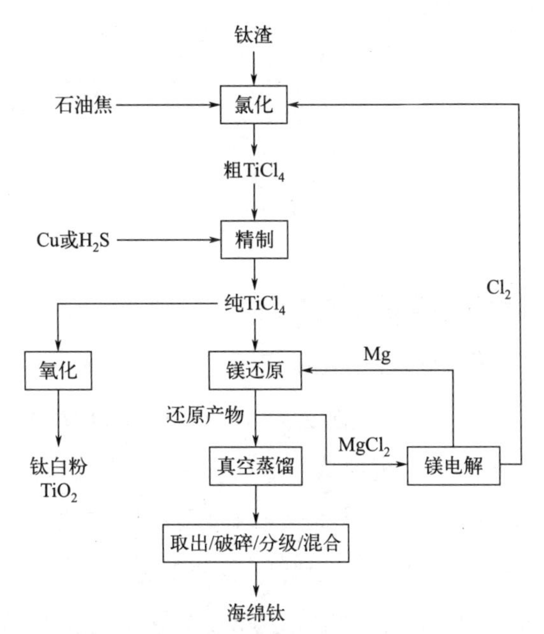

图2-2-24 钛白粉/海绵钛冶炼生产的主流工艺流程

钛冶炼的第一步是钛渣的生产，这一过程本质上是一个二氧化钛的富集过程，分为湿法和火法两种。湿法是人造金红石的过程，而火法就是电炉法富集的过程。我国的钛渣生产主要采用电炉法。

2005年以前我国的钛渣电炉容量都在7000kV·A以下，而且都是敞口电炉，技术经济指标差，环境污染严重，劳动条件恶劣。此后，先后从乌克兰、南非引进了半密闭和密闭电炉，在此基础上西安电炉研究所又研制成功了更高功率的交流密闭电炉，使我国在钛渣电炉装备和冶炼技术方面都取得了长足发展。表2-2-32为钛渣生产技术经济指标。

表2-2-32 钛渣生产技术经济指标

项目		加拿大	苏联	中国		
电炉类型		密闭式	半密闭式	敞开式半密闭式	直流空心密闭式	佰利联密闭式
电路容量/kV·A		24000～105000	5000～25500	400～25500	30000	33000
钛矿组成	TiO_2	36.5	56～64	45	50	50
	Fe_2O_3+FeO	55～56	25～34	40～42	48.26	48.16

续表

项目	加拿大	苏联	中国		
还原剂种类	无烟煤	无烟煤	石油焦、焦炭	无烟煤	无烟煤
还原剂耗量/[t/t(渣)]	0.13～0.15	0.14～0.18	0.19	0.28	0.216～0.228
电极耗量/[kg/t(渣)]	15～20	20～21	>30	9	12～15
炉前电耗/[kW·h/t(渣)]	2200～2400	2300～2500	3000～3300	2580	2600
钛渣品位/%	72～80	85.9～90	80～90	>90	>90
劳动生产率/[t/(年·人)]	629	270～310	60～85	400	414
TiO_2回收率/%	92～93	94～95	88～91	96	96
副产铁利用	加工成铸件或钢铁粉	未处理	少数企业铸为铁锭	铸成炼钢生铁	铸成炼钢生铁
炉气处理利用情况	炉气回收利用，粉尘返回配料	净化放空，余热生产蒸汽，粉尘返回	仅攀钢钛渣厂处理，未利用	炉气回收利用，粉尘返回配料	炉气回收利用，粉尘返回配料

2.3.3.3 冶炼过程绿色化取得的主要成绩

（1）技术装备和节能减排取得巨大进步

在技术装备方面，研制成功了适应国内原料的无筛板沸腾氯化炉、世界最大的单炉13t大型海绵钛还蒸炉；引进建成了25.5 MW半密闭电渣炉、30 MW直流密闭电渣炉、大型有筛板沸腾氯化炉、多极性镁电解槽等。在节能减排方面，主要海绵钛企业已基本实现氯化炉密闭排渣，杜绝了氯气的无组织排放，海绵钛的电耗已由“十一五”初期的34000kW·h/t下降至20000kW·h/t，降低幅度为41.17%。

（2）产品质量进步明显

海绵钛零级品率已提高至70%左右，布氏硬度不大于90的海绵钛约30%；布氏硬度不大于95的海绵钛已可小批量生产，高纯钛（N4.5～N5.5）已批量生产。

（3）四氯化钛制备新工艺进步明显

攀钢已经突破了含钛型高炉渣中钛的提取和应用技术，4万吨高炉渣提钛示范线已于2018年建设完成，目前正处于试产状态，并计划进一步建设数十万吨级的生产装置。

2.3.3.4 绿色制造技术瓶颈、与国外的差距和存在的主要问题

（1）中国钛原料多而不精、生产成本高、品质差，难以满足高端市场需求

中国钛工业的原料主要以钒钛磁铁矿为主，基本属于低品位岩矿，其钙镁（杂质）含量高（≥2%）、工艺流程长、生产成本高（电费等）、环保压力大，尤其是生产航空级钛合金，大部分用于硫酸法钛白粉的加工生产，金属钛工业需求量只占7%左右，高端航空级金属钛生产原料90%依赖进口（澳大利亚和越南等）。这就造成了中国高端领域用钛原料的长期不稳定供应，难以满足未来中国高端领域用钛合金原

料的长期稳定需求。

（2）采选冶工艺落后

以化工应用为基础的中国采选冶原料生产工艺，长期存在高品质原料海绵钛（“90”钛）生产批量少、零级品率低、批次质量不稳定等现象，从而造成了钛合金在高端的航空航天等领域长期存在批次质量不稳定的问题。

（3）加工材品种缺项

如钛及其合金型材、钛及其合金挤压管材、大型钛合金锻件、大型钛铸件等，急需中国钛行业补足这些缺项，以充分满足国民经济发展的需要。俄罗斯等国在设计许用应力、安全系数选取、合金系研究、腐蚀、抗爆冲击、断裂及疲劳、加工工艺特别是焊接工艺等技术方面领先中国二十年，我国现在只能少量生产几种发动机用钛合金牌号和规格，占发动机用量30%左右的钛合金大部分还需要进口。

2.3.3.5 发展趋势及发展需求

（1）研究新工艺降低钛冶炼成本和三废排放

“制钛新工艺”一直是全世界关注的热门研究课题，近年来“一步法”炼钛这个世界性难题取得了一定进展，英国剑桥和澳大利亚CECRI先后研究了几种不同的二氧化钛制钛新工艺，成本可降低50%左右，特别是剑桥的FFC连续电解法。除此以外，现有二氧化钛制备工艺是一个复杂且存在高污染的过程，也有待新技术的开发。

（2）生产过程自动化，提高生产效率和产品稳定性

通过技术创新和技术改造，全面地改进和优化氯化、精制、还原蒸馏、精整、镁电解等工序装备和技术；通过系统研究和过程控制，建立智能化操作和评价系统，优化和稳定每一个重要节点的技术参数，提高产品生产效率、质量稳定性和一致性。

2.3.4 稀土冶炼绿色制造发展现状与趋势

2.3.4.1 稀土冶炼产业/企业基本情况

稀土是我国极其重要的优势资源，它不仅可应用于传统产业的优化升级，同时对发展信息产业和高科技产业也有着十分重要的作用。稀土产业是我国具有较高国际竞争力的优势产业之一。在《国务院关于促进稀土行业持续健康发展的若干意见》精神指引以及工信部的具体推动下，2016年全国稀土资源开采、冶炼分离、资源综合利用企业资产优化兼并重组为六大稀土集团：中铝、北方稀土、厦门稀土、厦门钨业、广东稀土和南方稀土。随着国家产业管理的规范化，市场经营秩序明显好转，行业运行稳中有进。表2-2-33列出了主要稀土冶炼企业生产经营状况。

表 2-2-33　主要稀土冶炼企业生产经营状况简表

编号	公司名称	稀土产量/万吨					总营业收入/亿元				
		2018 年	2017 年	2016 年	2015 年	2014 年	2018 年	2017 年	2016 年	2015 年	2014 年
1	北方稀土	5.76	5.14	6.76	5.94	5.73	140	102	51.1	65.5	58.4
2	五矿稀土	0.410	0.344	0.086	0.304	0.402	9.25	7.16	4.48	4.59	7.02
3	厦门钨业	0.3288（氧化物）					22.33				

2.3.4.2　冶炼产品及主要工艺技术流程

根据组成性质不同，我国的稀土矿可分为离子吸附型、包头混合型、氟碳铈矿 3 种类型。它们的冶炼工艺各不相同，下面分别介绍。

离子吸附型稀土矿，原矿品位低，但是主要呈离子吸附形态，容易浸出。目前其工艺流程是先直接浸出、净化回收混合氧化物产品，然后再盐酸重溶、萃取分离、沉淀煅烧产出单一稀土氧化物。其工艺技术主要分为浸取和萃取分离两个部分。

浸出工艺，主要是原地浸取法和堆浸法。原地浸取工艺，是在不破坏矿体地表植被、不剥离表土开挖矿石的情况下，利用一系列浅井（浅槽）注入浸矿液；浸矿液从天然埋藏条件下的非均质矿体中有选择性地溶解或交换回收稀土元素，具体包括浸取、除杂、沉淀、灼烧、护尾等过程工艺，流程见图 2-2-25。原地浸出稀土回收率 75%～85%，每吨 REO 硫酸铵消耗量约 7～12t。

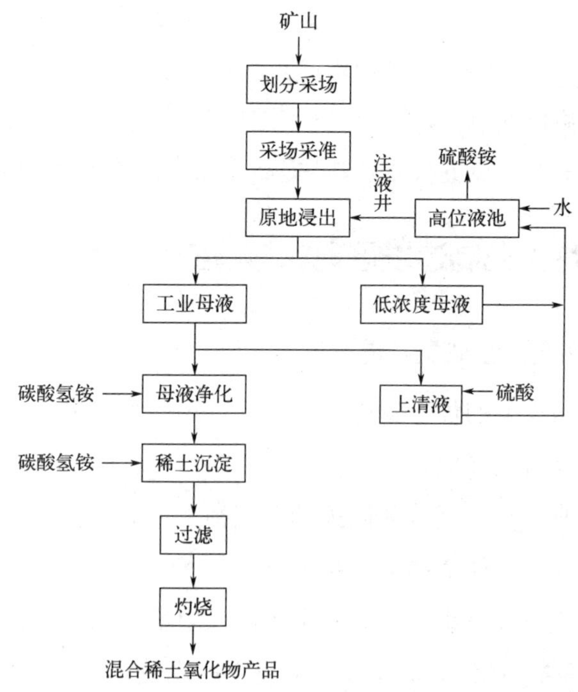

图 2-2-25　离子吸附型稀土矿硫酸铵原地浸取工艺流程

堆浸工艺，则是剥离表土、开挖矿石，将其集中筑堆进行浸取，具体包括筑堆、注液、集液、除杂、沉淀、灼烧、生态修复等过程，浸出效率高、浸取剂消耗少。其中除杂、沉淀、灼烧等过程与原地浸取工艺类似。与原地浸取相比，避免了浸矿剂的渗漏，但是需要破坏植被，存在水土流失严重等缺点，必须进行生态修复，成本高，一般适用于压覆矿石资源回收。

萃取分离的工艺流程如图 2-2-26 所示。混合稀土氧化物精矿先用盐酸浸出，得到氯化稀土溶液和酸溶渣；溶液用 P507、环烷酸等萃取剂进行多段萃取分离，得到单一稀土或几种稀土的富集物溶液，再经过沉淀、灼烧，得到单一稀土氧化物。另外，酸溶渣一般含有放射性，必需建库堆存。

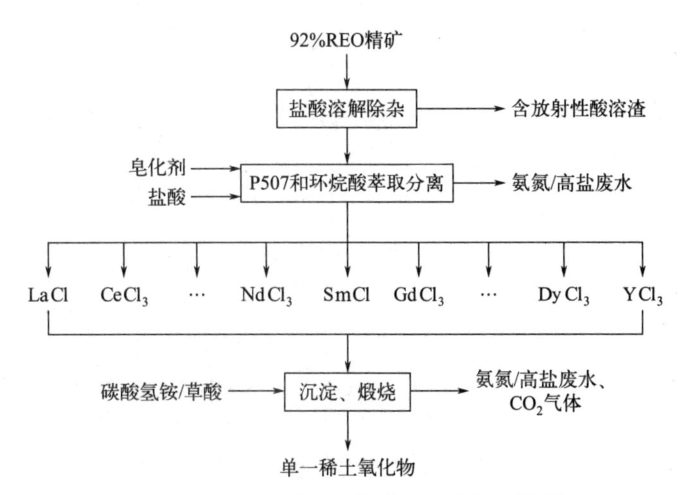

图 2-2-26　离子型稀土精矿冶炼分离工艺流程图

包头混合型稀土矿的主要稀土矿物是氟碳铈矿和独居石，是世界公认的难冶炼矿种，目前一般是先选矿产出稀土精矿，然后再冶炼处理。冶炼工艺主要有硫酸法和烧碱法。

目前，包头混合型稀土矿冶炼处理，主要采用由北京有色金属研究总院张国成院士团队开发的第三代酸法，即浓硫酸强化焙烧-萃取分离法，具体工艺流程如图 2-2-27 所示。工艺过程如下：将稀土精矿与浓硫酸混合，在回转窑中进行焙烧分解，使稀土矿物转化为硫酸稀土，经水浸、中和除杂后得到硫酸稀土溶液，进一步萃取分离，产出单一稀土氧化物；焙烧时钍和磷则反应生成不溶性焦磷酸盐进入渣中，然后进行安全处置。

该法具有生产连续化、控制简便、易于大规模生产等优点，而且对原料品位要求低、运行成本低、产品质量好、稀土回收率高。该法已被扩展用于低品位氟碳铈矿、独居石矿的处理，目前马来西亚工厂的 Mt.Weld 独居石型稀土矿即采用该法处理。

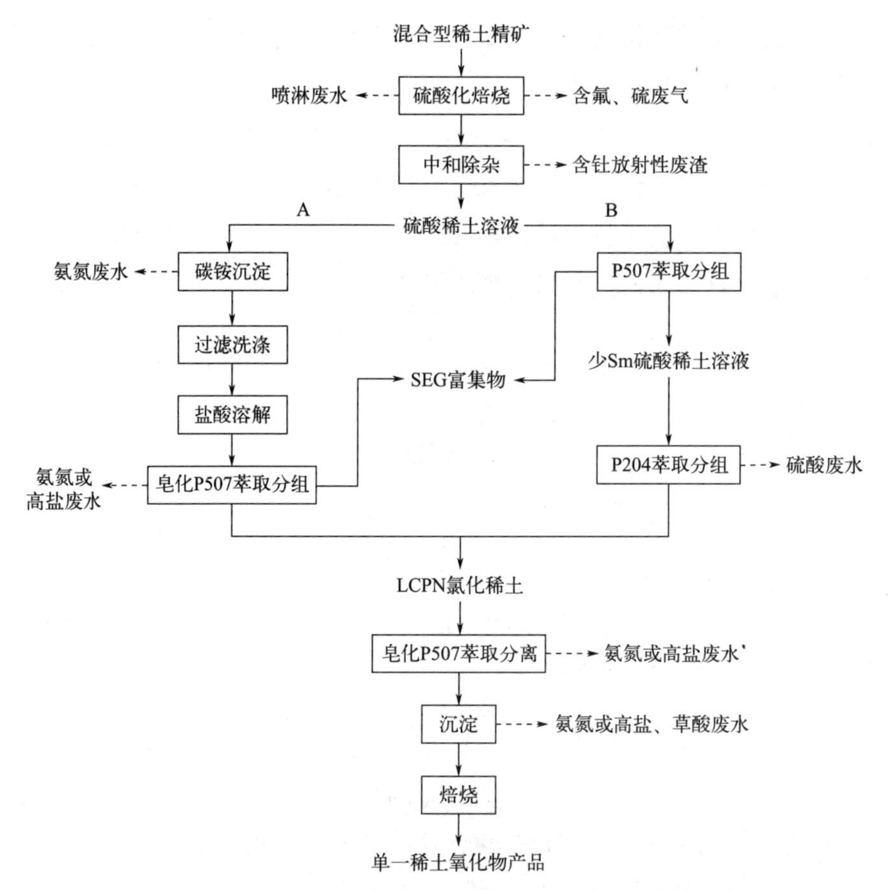

图 2-2-27　包头混合型稀土矿第三代硫酸法工艺流程图

氟碳铈矿，目前普遍采用氧化焙烧-盐酸浸出法工艺，具体的工艺流程见图 2-2-28。工艺过程为：精矿经氧化焙烧大部分稀土转化为可溶于盐酸的氧化稀土、氟化稀土或氟氧化稀土，铈则被氧化为四价；然后盐酸浸出，大部分三价稀土被浸出得到少铈氯化稀土，铈和部分三价稀土、氟、钍则留在铈氟富集物中；再经过碱分解除氟，产出富铈渣，进一步生产硅铁合金，或还原浸出生产纯度为 98%左右的氧化铈。少铈氯化稀土溶液则先中和除铁、钍、铅，再萃取分离、沉淀、煅烧，产出单一稀土氧化物。

目前，四川省稀土企业基本都采用该法。该法的特点是投资小、生产成本较低，但属间断作业不连续，钍、氟分散在渣和废水中难以回收利用，对环境造成污染，而且铈产品纯度仅 98%左右，价值低。

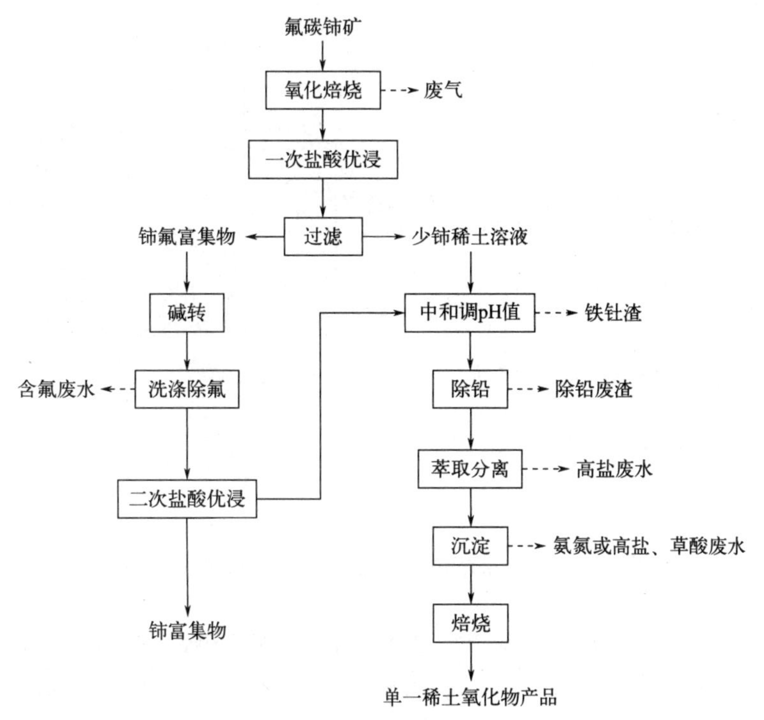

图 2-2-28 氧化焙烧-盐酸浸出法工艺流程图

2.3.4.3 冶炼过程绿色化取得的主要成绩

（1）稀土清洁提取与综合回收进步明显

主要技术进步包括复杂地质条件离子型稀土原地浸矿新工艺、包钢尾矿稀土、铌等资源综合利用选矿技术。

（2）稀土冶炼分离源头减排与工艺节能降耗效果显著

针对稀土冶炼分离过程中存在的化工材料、能耗高、资源综合利用率低、三废污染严重等问题，发展了一系列高效、清洁环保的冶炼分离工艺，从源头消除三废污染，提高资源综合利用率，减少消耗、降低成本；主要包括模糊萃取分离技术、联动萃取分离技术、非皂化或镁（钙）皂化清洁萃取分离技术，从源头消除了氨氮废水，酸碱消耗大幅度降低，已在多家大型稀土企业应用。

有研稀土首先提出并研发成功碳酸氢镁溶液皂化萃取分离和沉淀回收稀土的原创性技术（图 2-2-29），以自然界广泛存在的廉价钙镁矿物、回收的镁盐废水、CO_2 气体为原料，连续碳化规模制备纯净的碳酸氢镁溶液，替代液氨、液碱、碳铵或碳酸钠等用于皂化有机相萃取分离稀土元素、稀土沉淀结晶等，实现氨氮零排放、镁盐废水和 CO_2 的闭路循环利用，大幅降低材料消耗和生产成本，明显提高了稀土资源利用率。新工艺与常规工艺主要经济技术指标对比如表 2-2-34 所示。

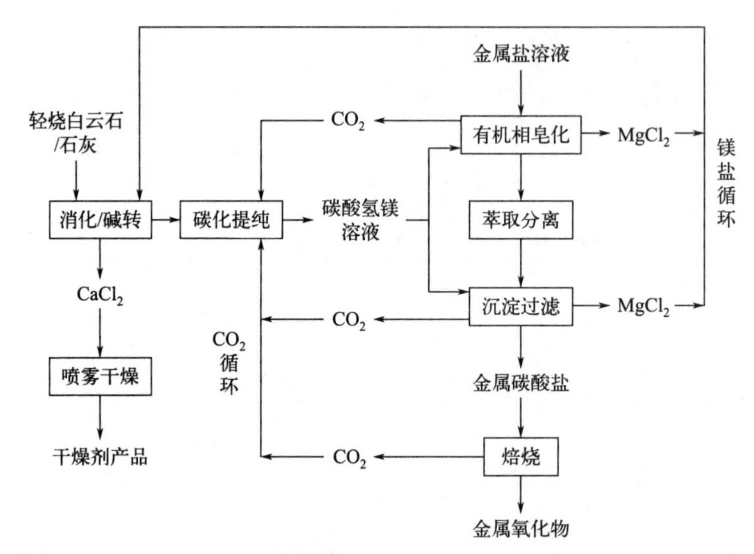

图 2-2-29　碳酸氢镁分离提纯稀土新工艺流程图

表 2-2-34　碳酸氢镁分离提纯稀土新/常规工艺经济技术指标对比

项目	常规工艺	新工艺
稀土收率	约 98%	>99%
稀土纯度	>99.99%	>99.99%
盐排放	4～5t/t(REO)	0.03t/t(REO)
盐及 CO_2 循环率	0	>90%

（3）高纯稀土氧化物与金属制备技术逐步成熟

从满足以发光材料、催化材料和电子陶瓷材料等为代表的稀土功能材料需求出发，发展了溶剂萃取法制备超高纯稀土氧化物工艺、新型稀土沉淀结晶技术、特殊物性稀土氧化物可控制备技术、万安培低电压节能环保熔盐电解槽及配套技术等一系列创新性技术，部分成果已在行业内推广应用。

2.3.4.4　绿色制造技术瓶颈、与国外的差距和存在的主要问题

（1）清洁生产与环境保护

近年来我国对稀土工业进行调整和政策管理的着眼点与出发点就是要强化资源综合利用、清洁生产和环境保护，尽管已经取得了一定的进展，但是仍不理想，离国家的要求还有明显的差距。例如，目前离子吸附型稀土矿提取工艺以原地浸出为主，存在渗漏、氨氮排放超标等影响生态环境的问题。

（2）产品高纯化和高端化明显不足

我国稀土产量和消耗量均居世界第一，在稀土提取和分离上也处于世界领先位置。稀土永磁、发光、储氢等材料制备技术陆续突破，带动了相关产业快速发展，主要稀土功能材料产量年均增幅 30%以上，对稀土产品的品质要求也越来越高。而

我国在稀土金属的高效、低成本和深度提纯技术及针对特定用途的超高纯稀土金属关键敏感杂质去除技术的开发方面存在明显短板，稀土产品高端化不足。

（3）元素平衡性应用问题比较突出

La、Ce、Y等元素存在较大富余与积压，为了平衡各种稀土元素的价值，增强供应链稳定性，美国针对低价值稀土（轻稀土）开发新用途，将原本大量过剩的稀土铈(Ce)用于铸造铝合金，开发了具有极佳铸造性能的铝铈合金，我国在这方面的研究工作还需加强。

2.3.4.5 发展趋势及发展需求

（1）稀土提取与冶炼分离过程绿色化

发展高效低盐低碳无氨氮排放的萃取分离技术，集成开发出适用的自控技术及装备，提高资源利用率及生产效率，降低整体化工原材料消耗及生产成本，彻底解决萃取分离过程氨氮和盐的排放问题。在稀土冶炼分离过程物料循环利用技术及装备方面，重点研发稀土提取、萃取分离过程酸、碱、盐等回收利用技术，研究稀土分离过程产生的废水、废气综合回收利用技术及装备，实现稀土化合物高效清洁制备。

（2）低品位共生矿及伴生钍、氟等有价元素综合回收利用

复杂难处理稀有/稀土金属共生矿选矿/冶炼过程中的综合回收利用，氟碳铈矿及伴生重晶石、萤石、天青石、钍、氟等综合回收技术，包头混合型稀土矿及伴生萤石、铌、钍、钪等综合回收技术，伴生钍、氟资源的高值化利用。

（3）稀土二次资源的综合利用

在稀土废旧物收集、处理、分离、提纯等方面的专用工艺、技术和设备方面，支持建立专业化稀土材料综合回收基地，对稀土火法冶金熔盐、炉渣、稀土永磁废料和废旧永磁电机、废镍氢电池、废稀土荧光灯、失效稀土催化剂、废弃稀土抛光粉以及其他含稀土的废弃元器件等二次稀土资源回收再利用。

（4）高纯稀土氧化物和金属生产

随着我国经济社会的转型升级，集成电路、半导体、光伏、平板显示等战略性新兴产业所需的高纯稀土氧化物和高纯稀土金属的需求量迅速增加。在高纯稀土氧化物和稀土金属制备方面，重点研发领域包括低温熔盐电解制备稀土金属、稀土金属高效低成本净化技术、敏感杂质去除技术开发。

第 3 章

有色金属行业绿色制造技术路线图（2020～2035 年）

3.1 有色金属绿色制造拟发展的关键技术

布鲁塞尔自由大学欧洲研究所在研究报告《面向欧洲气候中和的金属行业——2050年的蓝图》里，明确提出了欧盟为了实现2050年碳中和的气候目标，有色金属绿色生产需采取的重要措施与拟发展的重点技术清单：

① 电力生产的脱碳化，尤其是新型可再生能源（风能、太阳能）；

② 提高能源效率；

③ 原铝/铜电解生产的新工艺（铝的惰性阳极电解/铜的硫化物熔盐电解）；

④ 进一步电气化；

⑤ 使用氢作为熔炼的还原剂；

⑥ 使用生物质碳作为冶炼的还原剂；

⑦ 碳捕获、利用和/或储存[CC(U)S]；

⑧ 强化从二次原料（采矿残渣、炉渣、淤泥和废料）中回收金属（赤泥的综合利用，低品位矿、废渣的资源化利用,电子废料的资源化利用）；

⑨ 行业耦合：有色金属生产以外的需求响应和余热利用。

与欧洲相比，我国有色金属清洁生产、绿色制造的任务更为艰巨，下面的技术则是实现有色金属清洁生产、绿色制造的关键措施：

① 火法冶炼过程强化与能源清洁化（生物质碳作为燃料/还原剂）；

② 二次资源/城市矿产循环利用，尤其是加快工业研发废旧锂离子动力电池、电子废物资源化清洁利用技术；

③ 复杂矿产资源的选冶联合技术，有价元素的分类、定向提取技术，提高资源的综合率；

④ 固体废弃物（选矿尾矿、炉渣、赤泥、分解渣）的减量化、资源化和无害化；

⑤ 绿色冶炼新工艺（重点关注：铝的惰性阳极电解、铜的硫化物熔盐电解、氢能熔炼/冶炼、开发和推行从源头减排氨氮废水的钨/钼/稀土等稀有金属的清洁冶炼工艺）；

⑥ 能源的使用耦合：有色金属生产余热利用、新型可再生能源（风能、太阳能）的就地转化/储存/利用；

⑦ 关键金属的高纯分离与材料化；

⑧ 碳捕获、利用和/或储存[CC(U)S]；

⑨ 生产过程电气化、数字化、智能化。

3.2 轻金属行业绿色制造技术路线图

基于对我国轻金属行业（主要涉及铝、镁和锂产业）的绿色制造情况分析，提出了轻金属行业拟发展的技术方向和研究内容，并制定了 2020～2025 年、2025～2030 年、2030～2035 年三个阶段的里程碑目标，形成了轻金属行业绿色制造技术路线图（2020～2035 年），如图 2-3-1 所示。

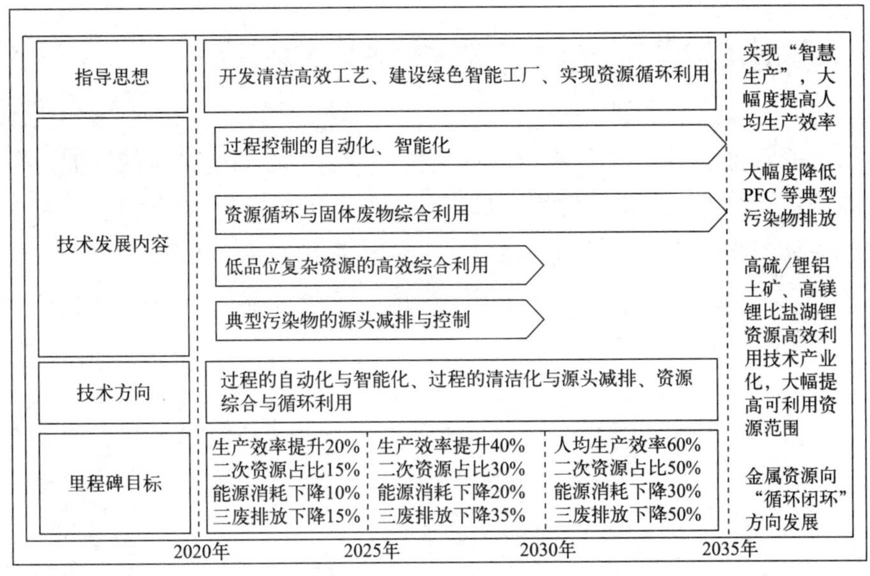

图 2-3-1　我国轻金属绿色制造技术发展路线图（2020～2035 年）

3.3　重金属行业绿色制造技术路线图

基于对我国重金属行业（主要涉及铜、铅、锌、镍钴与铂族金属产业）的绿色

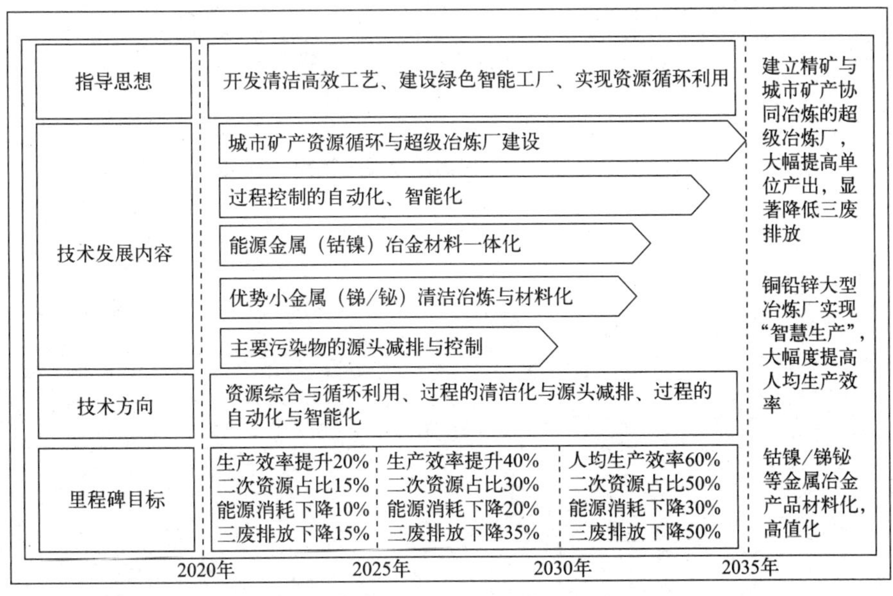

图 2-3-2　我国重金属绿色制造技术发展路线图（2020～2035 年）

制造情况分析，提出了重金属行业拟发展的技术方向和研究内容，并制定了 2020～2025 年、2025～2030 年、2030～2035 年三个阶段的里程碑目标，形成了重金属行业绿色制造技术路线图（2020～2035 年），如图 2-3-2 所示。

3.4 稀贵金属行业绿色制造技术路线图

为了保障我国高纯稀贵金属/材料的自主供应，支撑高端产业的发展，推动稀贵金属行业的绿色制造，提出了稀贵金属行业拟向“精细分离与高纯化”“冶金材料一体化”“资源循环利用”的技术方向发展，并制定了 2020～2025 年、2025～2030 年、2030～2035 年三个阶段的里程碑目标，形成了稀贵金属行业绿色制造技术路线图（2020～2035 年），如图 2-3-3 所示。

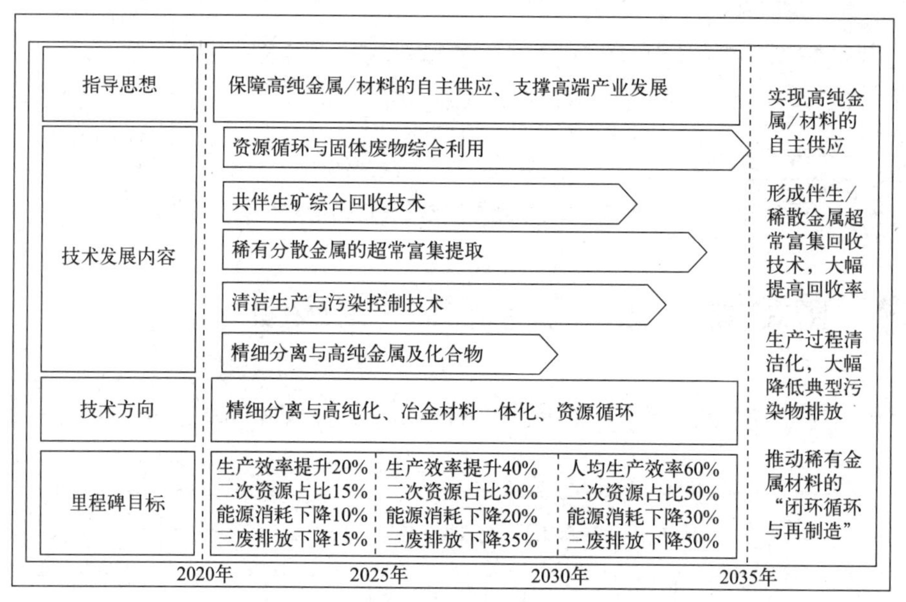

图 2-3-3　我国稀贵金属绿色制造技术发展路线图（2020～2035 年）

第 4 章

有色金属行业绿色制造技术 2020～2035 年发展愿景

到 2030 年，中国单位国内生产总值二氧化碳排放将比 2005 年下降 65%以上，非化石能源占一次能源消费的比例将达到 25%左右。

有色金属是碳中和转型的关键基础材料之一，为了实现上述目标，我国有色金属工业应该建立如下发展愿景:

经过努力，到 2035 年，有色金属工业实现绿色转型，能源消耗降低 30%，直接能源电气化/去碳化达到 70%，单位产值二氧化碳排放将比 2005 年下降 80%以上，基本金属二次资源回收率达到 50%以上，三废排放下降 35%以上，为实现国家绿色发展、碳中和目标做出重要贡献。

第3篇 智能制造

有色金属是指除铁、锰、铬三种黑色金属之外的铜、铝、铅、锌、镍、锡等64种金属元素。行业一般将上述64种金属分为以铜、铅、锌为代表的重金属，以铝、镁为代表的轻金属，钛、钼、钨等稀有金属（含稀土金属）以及金、银、铂等贵金属产品四大类。其中体量大、用途广的主要有铜、铝、铅、锌、镍、锡、锑、镁、钛、汞十种有色金属。在GB/T 4754—2017《国民经济行业分类》中，有色金属行业(简称有色行业)包括有色金属矿采选业及有色金属冶炼和压延加工业两大类。其中，有色金属矿采选业包括有色金属矿采选、贵金属矿采选、稀有稀土金属矿采选等三个中类行业；有色金属冶炼及压延加工业包括常用有色金属冶炼、贵金属冶炼、稀有稀土金属冶炼、有色金属合金制造、有色金属压延加工等五个中类行业。

有色金属及其合金具有耐蚀性、耐磨性、导电性、导热性、韧性、高强度性、放射性、易延性、可塑性、易压性和易轧性等各种特殊性能，是经济社会和国防军工发展的战略物资，也是发展国民经济、提高人民生活和维护国家安全的基础材料，具有十分重要的战略地位。有色金属工业是制造业的重要基础产业之一，作为重要的功能材料和结构材料，有色金属广泛应用于人类生活的各个方面，如航空、航天、汽车、机械制造、电力、通信、建筑、家电等绝大部分行业都以有色金属材料为生产基础。随着现代工业、农业和科学技术的突飞猛进，有色金属在社会发展中的地位越来越重要，用途日益广泛，是实现制造强国的重要支撑。

中国是世界最大的有色金属生产国和消费国，我国十种主要有色金属（铜、铝、铅、锌、镍、锡、锑、镁、海绵钛、汞）产量连续17年稳居世界第一。2018年，我国有色金属产量超过紧排其后的9个国家产量合计数。

本篇围绕有色行业智能制造的技术路线图这一主题，分别根据有色金属矿山、有色金属冶炼、有色金属加工三个领域智能制造的不同要求和特点，从发展现状与需求、发展目标、瓶颈问题、重点任务和技术路线图几方面对有色行业智能制造进行分析和阐述。

第1章 有色行业智能制造发展现状与智能化需求

1.1 有色行业智能制造总体发展情况

1.1.1 有色金属行业的主要特点

有色金属行业战略地位重要，属于为整个制造业和服务业提供基础原材料的重要流程生产行业。相对于其他制造业或流程制造业来说，有色金属行业具有比较鲜明的特点。

第一，有色金属品类繁多，造成了有色金属生产企业规模相对小、布局总体比较分散的特点。各类金属的矿产资源分布、生产优势和产品需求分散，制约了有色行业集约化产业链的形成，不过近年来这一情况正在改善。

第二，有色金属行业的生产工艺流程复杂多样，如不同金属的冶炼工艺有湿法、火法、电冶金等工艺类型，每一类型中的工艺、装置、工序环节都比较繁杂。因此一般智能制造技术的可移植性受工艺场景限制，大大增加了研发成本、推广成本和时间周期。

第三，有色金属生产过程是典型的大规模物质能量转化过程，动态特性复杂、机理模型不完备。从各类矿石到高纯度的有色金属产品需要经过一系列复杂的物理化学反应和固、液、气三相之间的复杂转变，加上品类和工艺繁多，工艺机理方面的基础模型远不如钢铁和石化行业完备。

第四，有色金属行业生产流程长，协调优化需求迫切。有色金属冶炼行业中各工序连贯且不可分割，混合、分离、返流等操作普遍存在，生产过程中的任一工序出现问题，都将影响最终产品的质量、生产能耗和排放，因此工序之间的协调以及生产全流程的优化显得尤为重要。

第五，有色金属行业的市场化程度高，受国际市场行情和全球经济形势的影响比较大。国际市场供求行情复杂，面临复杂、海量的生产工况和纷繁复杂的市场信息，决策难度较大。同时，我国有色金属行业的原生矿产资源禀赋较差，资源总量也严重不足，依赖进口，而进口资源成分日趋复杂，导致生产工况波动大。

第六，从国际市场竞争和盈利能力来看，我国出口的有色金属产品缺乏高技术产品，价值相对较低、盈利能力不足。虽然 2017 年以来全行业整体效益好转，同比显著提升，但行业总体利润率不高，全行业主营业务收入利润率约为 4%。

1.1.2 智能制造现状与整体水平

我国有色金属工业通过自主创新、集成创新和引进技术消化吸收再创新，技术装备水平取得了明显提高，铜、铝、铅、锌等主要有色金属的冶炼工艺和生产装备已达到国际先进水平，产品质量明显提高。改革开放以来特别是近 10 多年来，我国有色金属工业也产生了一大批重要科技成果，并成功应用于生产实际，取得明显成效，实现了有色金属产业结构的优化升级。我国有色金属行业的国际竞争力有所增强，并保持着持续改善的势头。

为解决资源、能源、环保与质量提升的问题，我国有色金属工业正朝着大规模、高效、强化以及多功能集成的现代冶金和绿色冶炼方向发展，以达到大幅提高资源与能量的利用率、有效减少污染的目的。我国有色金属企业从国外引进了一些先进的模型、软件、系统等，但存在技术适应性差、核心技术不能自主、技术服务费用昂贵、更新维护困难等问题。目前我国有色金属生产过程的智能化水平整体不高，对蕴含机理知识、运行特性和控制响应规律的生产数据利用率低，核心工序主要依赖人工进行分析、判断、操作和决策，现有的制造技术体系必须围绕智能制造主题实现新的突破。

1.1.3 有色金属矿山的智能制造现状与水平

目前我国有色金属矿山企业主要在自动化装备仪表、PLC（可编程控制器）、DCS（分布式控制系统）等基础自动化方面进行了大量应用，实现了部分采矿装备自动化控制、生产过程数据采集和处理等功能，从单体设备控制发展到生产过程控制，由手工控制、机械控制、PID 控制提升到多回路控制、模糊控制、数字控制、优化控制等。智能化程度较高的矿山已经率先实现了无人排水、无人供电、无人皮带集中控制、无人压风、无人提升、无人主风机等固定设施的智能化及铲运机、破碎机、有轨电机车等部分采矿装备的远程化遥控作业。但与此同时，我国有色金属矿山智能化还普遍存在装备自主作业程度不足、存在信息孤岛、生产调度与决策水平低、生产过程控制水平低、机器人和智能装备应用少等问题亟待解决。

1.1.4 有色金属冶炼的智能制造现状与水平

随着有色金属产能规模不断增长，有色金属冶炼工艺和装备均得到了较大的发展，有色金属冶炼企业在自动化、信息化建设方面投入了大量的资源，取得了明显的成绩。少数龙头企业还建立了生产执行系统（MES）、能源管理系统（EMS）、供应链管理系统（SCM）和企业资源计划（ERP）等综合管理系统。计算机模拟仿真、智能控制模型、大数据分析、云平台等技术开始应用于有色金属冶炼企业生产管理、决策支持以及远程服务等领域。但从生产过程底层到经营决策顶层还存在着一些问题：在生产控制层面，精细化优化控制水平不高，需要凭经验和知识操作；设备预测性维护水平不高；能源管理调度与生产运行不够协同；废水废气废渣全生命周期监管和溯源不严密；供应链采购与生产运行关联度不高；产业链分布与市场需求存在不匹配。国外先进冶炼厂已建立若干智能工厂示范，以南非和智利为代表的矿业发达国家已有智能工厂应用案例，例如智利的远程控制湿法炼铜厂和发电厂。国内的有色冶金智能制造水平还存在差距。

1.1.5 有色金属加工的智能制造现状与水平

有色金属制备加工工艺具有工序多、影响因素多、各工序组织与性能存在遗传等鲜明特点。我国铝/铜合金加工材生产中主体设备的装备水平和主要工艺流程与欧美日先进企业接近，具备较好的自动化、信息化硬件基础，积累了大量生产过程数据，但采集的数据有效性差，关键变量参数存在缺失等问题。由于铝/铜合金加工材工艺技术复杂、多工序工艺技术协同控制匹配难、多工序间物流与信息流不连续，造成信息孤岛、集成困难。目前我国铝/铜合金产品质量的一致性、稳定性差，成品率低，生产制造成本高，劳动生产率低，研发效率低，原创产品少，在数字化材料研发、质量管控、生产效率、生产柔性等方面与国际先进企业还有一定的差距。

1.2 有色金属行业重点领域智能制造发展现状与智能化需求

1.2.1 有色金属矿山的智能制造现状与智能化需求

（1）有色金属智慧矿山的发展现状与总体需求

有色金属智慧矿山的发展重点为信息智慧互联、智慧生产调度与决策、生产过程智能控制、智能装备与机器人几方面，其发展现状和智能化需求分析如下。

在信息智慧互联方面，信息集成手段的缺乏导致“信息孤岛”普遍存在。一方面，随着物联网技术的兴起，实时自动采集的设备和生产运行状态数据、监控数据等已成为最快增长的工业数据来源。这些数据常以不同形式存在，现有的设备和技术手段难以对大规模多源异构数据进行存储、处理、分析等统一管理，影响工业数据的开发与利用。另一方面，大多数企业各部门运作操作均处于相互孤立状态，且多数仍由人工手动录入数据，信息无法实时共享，无法满足企业业务高效处理的需求，同时系统异构导致数据难以有效联通与共享。

在智慧生产调度与决策方面，目前大部分矿山企业采用 MES 系统完成企业的运营管理，仅能实现基本的信息采集、流程管理，缺乏运行管理的优化或优化水平较低，导致总体生产调度与决策水平过低、运行效率不高。而数据挖掘、决策支持等新技术无法直接应用于真实场景，加之人工操作决策不及时、主观性强、缺乏合理依据导致实际生产调度与决策水平较低、运行效果欠佳。因此，需要大力发展数据挖掘等技术在矿山的工业应用，实现智能决策与智能运维。

在生产过程智能控制方面，由于现有的数据分析技术难以对工业数据进行有效的分析利用，因此目前生产过程关键设备的详细参数及工序排布大多由人工进行设置调整，造成目前生产过程控制水平普遍偏低。因而需要大力发展人工智能、机器学习等技术在矿山生产管理中的应用，实现生产过程的智能控制与自我学习。

在智能装备与机器人方面，由于矿山部分区域网络不易布设和维护，且现场存在高温、腐蚀、强磁、强电、振动、多尘的恶劣工况条件，给机器人和智能装备的空间感知与定位、路径规划、操作动作设计等造成了较多障碍。目前有色金属矿山装备智能化主要体现在固定设施无人值守及部分采矿装备的地表远程控制，采矿作业系统无人化自主作业程度不足，需要大力发展新型智能采矿装备、机器人在矿山工业领域的实际应用，如智能凿岩台车、智能锚杆台车、智能铲运机、智能卡车、智能装药车、智能破碎机等具备自主作业功能的智能化采矿装备等，降低人员劳动强度，提高生产安全性、质量稳定性和生产效率。

（2）有色金属智慧矿山案例——铜辉矿业

新疆伽师县铜辉矿业有限责任公司（简称“铜辉矿业”）隶属于山东招金矿业股份有限公司，是集铜矿石采选于一体的中型有色金属矿山企业。目前，铜辉矿业拥有矿业权面积 47.05 平方千米，矿山保有铜矿石资源储量 600 万吨以上，年采选能力 50 万吨以上。

1）智能制造现状

2010～2013 年，铜辉矿业先后投入 1000 多万元，进行井下“安全避险六大系统”建设；2011～2012 年，投入 500 多万元进行选矿自动化改造；2012～2015 年，投资 1.2 亿元进行膏体充填采矿技术研究，实现了安全高效、零排放、零污染矿山开采模式，成为全疆唯一的自动化膏体充填站；2017～2018 年，投资 3000 多万元进行智慧选矿厂建设，实现了选矿“无人值守”、毛矿“智能分选”、35kV 变电站“智能值守”和地磅“远程称重”。

铜辉矿业矿井开拓方式为竖井+盲斜井开拓，年矿石生产能力达到50万吨以上，建成了新疆首个全尾砂膏体充填系统，研究成功了全尾砂膏体低阻力高效浓密技术、膏体长距离管道减阻减磨技术、膏体大直径管道低速柱塞流技术，形成了高强度低成本膏体配比调控技术，实现了高度集成的充填设施自控监测系统管理目标，年减少尾矿排放20万立方米，整个车间员工只需15人，不及其他同类矿山人数的1/3。选矿厂利用“无人值守”“智能值守”“智慧选矿”技术，解决对选矿生产实时数据的获取，对选矿流程实现远程自动化控制。

2019年，铜辉矿业建设了“工业互联网安全生产调度指挥平台”，集数据通信、处理、采集、控制、协调、综合智能判断、图文显示为一体，采用集中管理、分散控制调度指挥模式，将多个矿山自动化系统进行深度融合，实现了矿山生产向“无人值守”“智能值守”“远程控制”的智能化操作模式发展。

2）智能制造技术需求

铜辉矿业在智能化方面需要进一步实现多种采矿装备的智能化控制及无人化控制，减少现场作业人员，提高生产效率，进一步基于工业大数据进行数据挖掘与数据分析，实现智能决策。

（3）有色金属智慧矿山案例——江西宜春钽铌矿

江西宜春钽铌矿有限公司是我国目前规模较大的钽铌露采矿山和钽铌锂原料生产基地，目前已形成年处理矿石量231万吨，年生产钽铌精矿（折合量50%）350t、锂云母（折合量5%）12万吨、锂长石108万吨的规模。

1）智能制造现状

宜春钽铌矿有限公司于2016年着手数字化矿山建设规划，并于2017年7月至2018年12月立项实施了“宜春钽铌矿数字化矿山示范——选矿自动化”等多个数字化矿山项目；2020年投资2600万元建设智能矿山，具体建设内容包括智能矿山数据中心、矿车调度系统、破碎机远程遥控系统、电机车远程驾驶系统、移动巡检系统、磨矿生产过程专家系统、摇床智能控制系统、智能浮选专家系统、生产计划管理与执行系统、设备管理系统、物流管理系统、质量管理系统等多种系统，其智能矿山系统架构如图3-1-1所示。同年，立项实施“5G/NB-IoT技术在智慧矿山建设中的研究与应用”。

这些智能化项目实施完成后，将达到以下效果：优化中长期采矿计划，强化采矿作业调度管理，稳定配矿质量，确保3～5年内原矿品位窄幅波动，促进选矿工艺稳定，主产品回收率处于行业领先水平，产品综合回收率90%以上；预计主产品产量在项目完成当年增收10%以上，副产品回收率增收15%以上，当年实现增收4800万元；预计实现设备完好率达到98%；能源成本下降12%，减少废水排放50%以上；促进企业生产经营管理效率提高和生产技术指标提升，提高全员劳动生产率5%～10%。

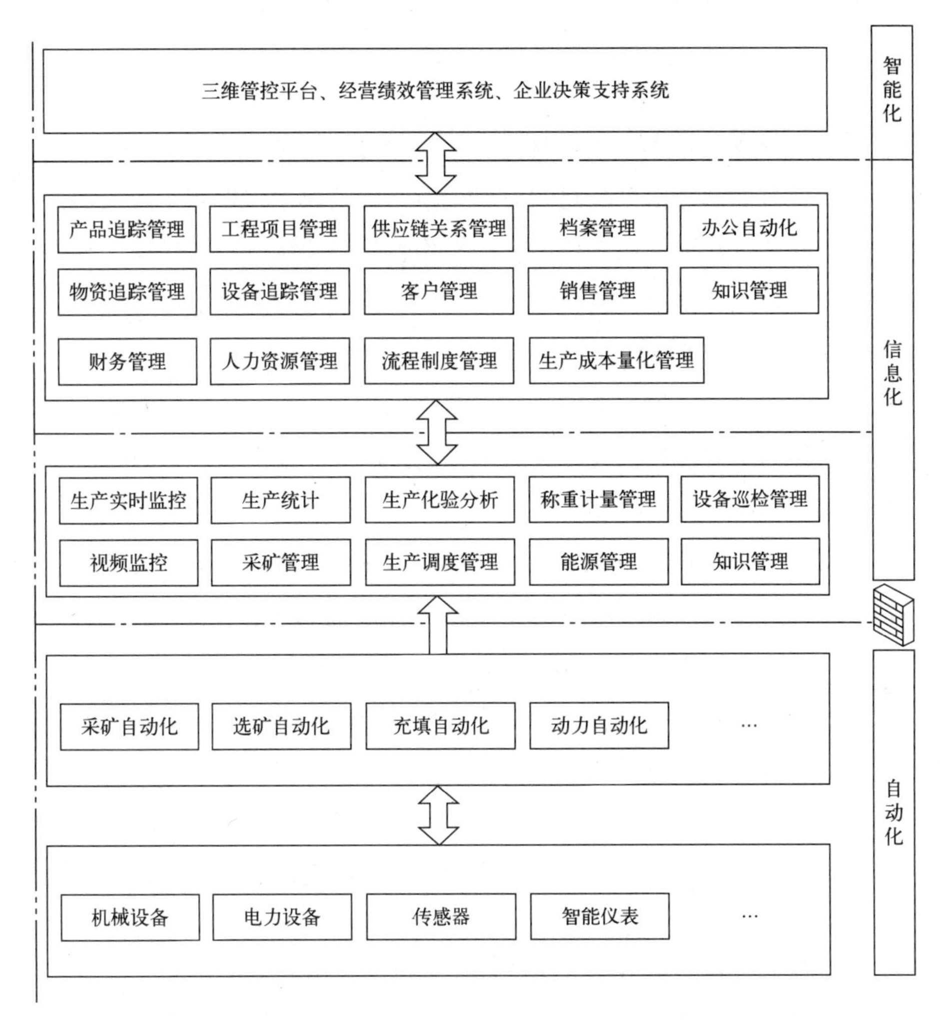

图 3-1-1 江西宜春钽铌矿智能矿山系统架构

2）智能制造技术需求

在智能工厂三层体系架构基础上，宜春钽铌矿智能工厂主要升级改造需求包括：

① 搭建江钨集团私有云。

② 搭建面向实际需求的工业互联网平台系统，通过数据、经验和管理要求的分析，建立最佳模型，并通过 APP 等多种方式实现信息综合利用及资源优化配置，解决采选计量安全等问题。

③ 基于 5G 网络通信技术搭建大数据分析平台，集中存储企业主数据，把矿山的所有空间和有用属性数据实现数字化存储、传输、表达和深加工，并应用于各个

生产环节和管理决策，以实现生产方案优化、高效管理和科学决策。

1.2.2 有色金属冶炼的智能制造现状与智能化需求

（1）有色金属冶炼智能化的发展现状与总体需求

经过几十年的发展壮大，我国有色金属冶炼行业的过程检测、建模、优化、控制和信息化等各方面都取得了长足的发展，整体自动化水平得到了大幅提升，但是在过程检测与感知、建模与数字化、智能操作、先进控制与智能决策、智能制造体系架构方面与国外先进水平存在较大差距。

在过程检测与感知方面，电化学分析法、光谱分析法、X 荧光分析等检测方法为化学成分的分析提供了强有力的手段。但金属含量、杂质含量、溶液成分等一些关键参数在线检测难以实现，大多数的生产仍采用离线检测，高性能检测设备依赖进口，智能融合感知能力有待发展。

在建模与数字化方面，DEM、VOF 和基于 CFD 仿真的虚拟现实可视化仿真方法和技术在一些过程中得到了应用。Outotec、Siemens、ABB 和 ANDRITZ Metals 等企业已经将可视化和数字化技术用于工艺设计、过程模拟、员工培训、远程协助和企业信息化建设等方面，国内有色金属行业也有少量应用，但大多基于冶金可视化仅通过视觉上的直观印象提供辅助决策，模型与过程数据联系还不紧密，不能提供更深入的可视分析与智能决策功能。

在操作、控制与决策方面，由于国外冶金原料性质较稳定，国外的系统和模型可达到较优的经济和技术指标。但我国原料性质多变，引进技术在实际应用中面临着诸多瓶颈问题，从底层控制到上层管理决策仍大量依赖人的经验，难以保证生产全局最优化，还没有形成实现生产制造全流程控制与优化的控制理论及控制系统设计方法。

（2）有色金属智能冶炼案例——江西铜业贵溪冶炼厂

江西铜业集团贵溪冶炼厂（以下简称“江铜贵冶”）是国家“六五”期间 22 个成套引进项目之一，现已成为世界上最大的单体铜冶炼厂，阴极铜产能达到 102 万吨，其闪速炉作业率、铜冶炼综合回收率达到世界第一，吨铜综合能耗为世界第二。

1）智能制造现状

江铜贵冶在基础自动化和信息化方面已经具有比较好的智能制造实施基础。2016 年 6 月，江铜贵冶成为铜冶炼行业首家试点示范项目，其智能工厂总体架构如图 3-1-2 所示。

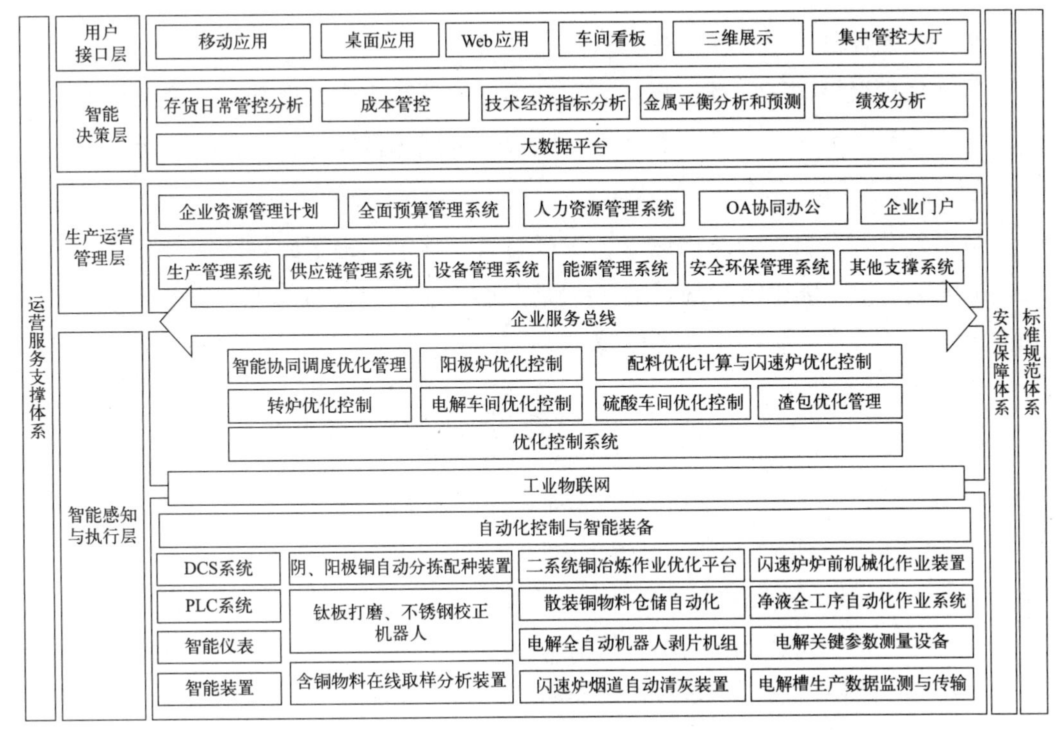

图 3-1-2　江铜贵冶智能工厂总体架构

贵冶智能工厂总体架构围绕智能感知、实时计算、科学决策、精准执行，分为智能感知与执行层、运营管理层和智能决策层三个层次体系。

① 智能感知与执行层。

对已有的 PI 实时数据库系统进行扩容和升级数据系统，对新增加的使用 RFID 技术的感知数据，存储在各个单元级应用系统里。通过自动化系统的改造、智能协调调度优化管理、各工序优化控制方案的落地实现对生产工艺流程的优化控制。

② 运营管理层。

生产管理系统：通过企业服务总线（ESB）与外部业务系统进行集成，通过消息中间件与智能工厂应用系统进行集成。

供应链管理系统：将江铜集团 ERP 采购销售、贵冶进出厂物流、厂内生产物流、仓储管理连接为一个信息化整体，与磅房、铁路、机车、质检等系统进行业务协同集成。

设备管理系统：通过对设备资产实现综合管理，实现“发现问题”到采用趋势分析及综合评价一体化管理，实现“分析问题”到维修及缺陷处理的解决方案。

能源管理系统：实现全厂能源数据采集全覆盖，辅助能源管网实现能源数据及信息的可视化。根据贵冶用能特点，实现能源数据指标的预测及智能决策。

安全环保管理系统：构建平战结合的安全环保应急一体化管控系统，实现安全管控一体化、日常监控预警推送、一键式应急等功能。建立集安防、安全环保监控、生产监控和图像监控于一体的智能化安全监管中心。

日常监控预警推送：基于真实的三维场景和位置信息，实现对生产全过程（原料入场—备料—配料—生产）安全环保风险的可视化管控与智能预警推送。

③ 智能决策层。

利用大数据平台打通从供应链、生产制造、营销和销售到售后服务等产品全生命周期的数据流，优化供应链网络（特别是库存），优化设备管理，自主学习各类主题深层次挖掘分析，辅助企业决策等。

2）智能制造技术需求

在智能工厂三层体系架构基础上，江铜贵冶主要智能制造技术需求包括：

① 搭建贵冶私有云。

② 以电解槽面短路识别、窄带智能仪表为代表的智能感知。

③ 以转炉自动捅风眼机、智能余热锅炉、渣尾矿无人行车为代表的智能装备。

④ 以闪速炉在线优化控制、铜电解始极片剥离自动化、阴极铜及铜阳极板表面质量检测、硫酸铜自动包装及存储等为代表的智能生产。

⑤ 以铜阳极板智能转运、铁运智能化改造为代表的智能物流。

⑥ 以大型设备健康评价、专家诊断为代表的智能服务。

江铜贵冶完成智能化工厂升级改造后，预计其运营成本相较于改造前降低 20%，生产效率提高 20%，产品不良率降低 10%，能源利用率提高 10%。

（3）有色金属智能冶炼案例——株洲冶炼集团

株洲冶炼集团股份有限公司（以下称“株冶集团”）是国家“一五”期间建设的重点企业，铅锌年生产能力达到 60 万吨。其锌产量为中国第一、世界第三，是我国主要的铅锌生产和出口基地、中国铅锌冶炼行业的标杆企业、国家级高新技术企业，也是国家第一批循环经济建设试点企业。

1）智能制造现状

株冶智能制造以绿色、安全、高效为核心目标，以大数据分析平台为核心，打通各子系统间的业务流程，对全厂信息进行集成化与可视化；采用大数据分析技术对 MES、ERP、OA 所形成的生产数据、运营数据进行处理和业务建模，通过优化控制、分析预测、安健环管控、供应链优化等大数据应用实现企业智能化生产与管理。其相应的智能制造总体框架如图 3-1-3 所示。

株冶集团智能制造总体架构以扁平化管理、智能化生产为目标，以业务导向性、技术前瞻性、整体一致性、信息集成性为指导，主要分为业务系统集成协同与大数据分析应用两大方向。

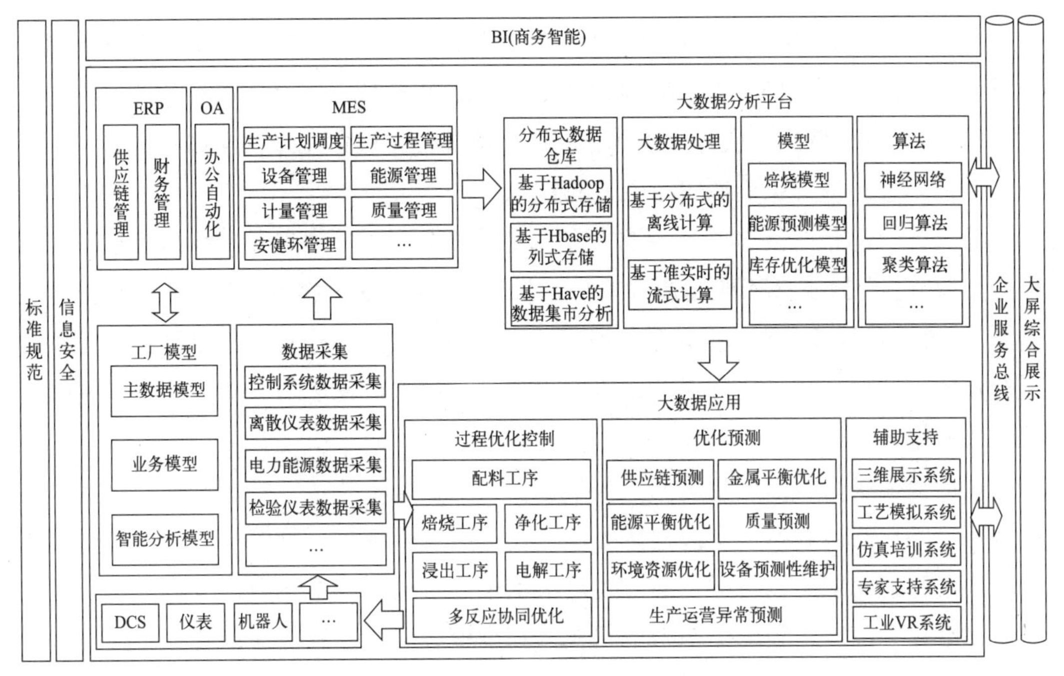

图 3-1-3　株冶智能制造总体框架

① 业务系统集成与协同。

实现智能工厂业务财务一体化、计划调度一体化等业务协同目标，在纵向上实现各业务部门自上到下的专业化管理，在横向上实现各业务部门之间转接流程的明确分工、高效协作，通过全厂信息集成化及可视化、面向安环的生产全流程监控与管理、原料等生产物流集成、产品等生产物流集成等方案最终实现专业管理“纵向到底”、协同管理“横向到边”的全闭环管理。

② 大数据分析与应用。

以大数据平台为辅助支持，对生产装备、工艺参数、能源管理、金属平衡、供应管理等各个流程的机理和生产数据进行建模分析、过程控制，通过面向工艺指标的装备自动化、面向全流程高效绿色生产的多工序协同优化、基于PDCA循环的能源全生命周期管理、物料追踪管理与金属平衡、供应链管理优化实现大数据应用下各业务场景的高效优化。

2）智能制造技术需求

① 物联智能：将生产设备各项电表参数进行实时精准采集，并形成生产设备管理网络，实现设备运行状态实时监控、设备参数优化控制及多设备协同优化管理等。

② 信息系统集成：实施ERP、MES等系统软件，建立企业服务总线，实现企业内部业务和系统数据互联互通，打破“信息孤岛”，实现企业系统数据实时同步及不同业务应用之间的有效通信和高度集成。

③ 快捷移动应用：以OA、APP等为代表的快捷移动应用，实现各单位部门跨地域、高时效协同工作，工业应用软件轻量化部署操作。

④ 透明过程管控：执行透明化、管控一体化，促进企业经营全过程协调性、一致性和透明性，提升企业决策水平及管理水平。

⑤ 智能数据分析：对生产大数据进行深度挖掘分析，建立面向锌冶炼生产全流程应用软件，有效支撑智能制造中的工艺协同、能源平衡、物流高效、环境减排等。

⑥ 流程建模优化：基于工艺机理和生产数据，对全流程各工艺单元及设备系统进行建模，并根据生产实际对关键参数单元进行自动优化控制，实现全生产流程绿色高效运行。

株冶集团未来将通过物联网、大数据、人工智能等技术，打造自动、自治、透明的智能工厂，达到生产全流程数据规范化、信息可视化、管控一体化、操作智能化和决策智能化的建设目标。通过生产决策中心直接对各工作岗位进行决策调度，实现扁平化管理，达到减员70%的目标；在全流程优化控制方面，吨锌产品直流电耗、锌粉消耗量分别小于3000kW·h和32kg，人均锌产能达到国际先进水平，实现工业废水零排放，环保指标达到国内领先水平。

1.2.3 有色金属加工的智能制造现状与智能化需求

（1）有色金属加工智能化的发展现状与总体需求

铝/铜合金加工是有色金属行业应用范围最广、应用量最大的产品。典型的加工流程包括熔炼、铸造、均热、锯切、轧制、固溶、淬火、时效、矫形等多道工序，对质量性能影响的关键变量参数可达数百个，其智能制造与欧美日先进企业相比主要存在以下差距。

数字化材料研发方面，国内还普遍采用经验加模仿的方式进行材料开发，缺乏合金成分-工艺-组织-性能定量规律认知，导致高性能大规格铝/铜材成形及内部组织控制难、质量稳定性差、质量追溯难，未有效采用基因工程、大数据、仿真模拟技术等先进数字化方法。

全流程质量在线管控方面，目前国内有色金属生产企业相继建立了高级排程系统（APS）、制造执行系统（MES）、过程控制系统（PCS）等三级系统。轧机带有AGC自动厚控系统、AFC板型自动控制系统，一些精整设备上也带有表面质量检测系统。但是缺乏全流程的在线检测方法和设备，采用离线和单工序的质量管控，未能实现全流程在线检测和协同管控，产品一致性、稳定性、可追溯性差。

生产效率方面，物流不顺畅、设备故障率高、工艺流程不合理等，导致生产效率低、成品率低、生产成本高。

生产柔性方面，缺乏全流程产品生产协同优化平台，制造过程缺乏柔性，无法实施大规模个性化定制生产，难以满足客户定制化需求。

造成以上差距的重要原因，一是产品质量检测数据可靠性差，各生产工序存在信息孤岛，检测的数据信息资源难以有效用于产品质量提升；二是缺乏有色金属流程工业生产大数据分析挖掘技术，难以通过积累的工业大数据获得有效的工艺优化方法；三是工艺质量控制设备等方面能力缺乏，无法对生产过程进行实时监控和优化；四是材料研发方法落后，缺乏模拟仿真、材料基因工程及大数据分析挖掘等先进材料设计开发方法的指导。

因此有色金属加工实现智能化制造存在以下迫切需求：

① 加强数字化材料研发技术研发，提高研发和工艺优化效率，降低研发成本；

② 打破信息孤岛，建立工业大数据支撑平台，研发基于大数据的智能决策支持技术，实现各工序生产和质量数据的有效采集、高带宽低时延数据传输、工业生产大数据分析挖掘；

③ 开发全流程质量在线管控技术，形成生产质量在线检测、质量在线闭环控制，实现产品质量、性能的全流程智能化、柔性化闭环控制；

④ 建立基于工业物联网的智能物流新模式，研发生产全流程数字化编码与识别技术，应用智能天车、智能仓库、自动托盘运输线等工业物联网和智能化仓储物流装备，完成产线物料的自动跟踪识别、存取与运输、智能调度，提升产线间设备协同性；

⑤ 建立高端铝/铜合金材料智能化生产线，依托智能制造新模式与大数据支撑平台，进行产线升级，构建高端智能化生产线。

（2）有色金属加工的智能制造案例——宁波金田铜业（集团）股份有限公司铜管生产

宁波金田铜业（集团）股份有限公司是国内规模较大的知名铜加工企业，2011年实现销售收入315多亿元，铜加工总量40万吨，产品产量均居行业前列。

1）智能制造现状

构建以生产制造执行系统（MES）为核心、数据采集与监视控制系统（SCADA）为基础平台的智能化架构体系，如彩插图3-1-4所示，最终实现业务精益化、流程信息化、运营数字化的高度融合。信息化建设方面主要围绕CRM、MES、WMS、BI、QIS、SAP系统的改造升级，实现集团所有分子公司核心价值链的信息化全覆盖。数字化车间建设方面，铜管、新材料事业部凭借传感器、智能仪表、RFID射频识别技术、工业以太网等先进技术手段，实现车间生产设备的互联互通，SCADA系统实现生产过程信息进行实时监测、数据查询和统计分析。

2）智能制造技术需求

① 智能感知：数据采集和智能感知是现代企业实现数字化、智能化战略的根本保障，只有将制造过程中的各种信息进行准确采集、感知和融合分析，才能够及时准确掌握制造过程中的动态变化，从而为提高生产效率和制造资源利用率提供支持。

② 人工智能：企业往往缺乏对于大数据的分析和运用，通过人工智能和边缘计算相结合，可以实现产线和设备的闭环分析、预测分析，提供更为智能科学的解决方案，实现过程控制的创新。

③ 5G 网络：5G 网络相比 4G 网络，具备低时延、高可靠和安全传递大量数据等特性，使得万物实时互联成为可能，是未来实现智能工厂的真正基础。

④ 自主生产系统：由传统自动化生产线、工业机器人和 AGV（Automated Guided Vehicle，自动引导车）小车等融合新的智能化系统后诞生的新一代生产力设备平台。智能机器人能够自主学习，并认知自身的工作环境；能够适应环境的改变，并做出相应的决策。

3）智能制造目标

将全面推广以 SCADA 为基础平台、MES 为核心的智能化架构体系，实现全价值链数据的分析，搭建全集团统一管理、统一数据和统一服务的智能化平台。重点提升生产过程信息化管控、车间仓储及物流配送等能力，实施系统集成，实现产品生产制造全过程可视化管理，产品信息全流程可采集、可追溯。具体指标如表 3-1-1 所示。

表 3-1-1 金田公司铜管生产智能化指标

目标	2025 年	2030 年	2035 年
自动化水平	≥60%	≥70%	≥80%
数据采集覆盖率	≥80%	≥90%	≥95%
智能化检测率	≥20%	≥30%	≥50%
生产效率提升	≥30%	≥40%	≥50%

（3）有色金属加工的智能制造案例——中铝瑞闽股份有限公司汽车板生产

中铝瑞闽股份有限公司（以下简称瑞闽）是由中国铝业公司控股的一家从事高精铝板带加工的现代化企业。中铝瑞闽依托中铝科学技术研究院东南分院设立智能应用技术研究所，专业从事智能制造应用技术研发。

1）智能制造现状

中铝瑞闽以培育与保持可持续竞争优势为目标，贯标了两化融合（工业化和信息化深度融合）管理体系，并完成了 404 项目建设和全面风险管理建设。该公司已建成了业财一体化、办公自动化、人力资源管理、设备管理、工程项目管理、全面预算与费控管理、数据开发利用、作业成本法、供应链协同管理等模块集成应用的企业资源计划信息化系统（ERP），同时组织开展生产系统架构研究，完成了高级计划排产系统（APS）、生产制造执行系统（MES）、过程控制系统（PCS）的功能应用研发和系统集成。以建立一个大数据平台、一条智能化生产线、基于材料基因组的材料研发模式、基于大数据的智能决策支持新模式、全流程产品质量在线管控新模式、基于工业互联网的智能物流新模式为架构开展“数字化”工厂项目建设，于2017年获得工信部智能制造新模式试点项目，基本框架如彩插图3-1-5所示。主要项目已经上线使用，取得预期目标。

2）智能制造需求

① 智能工厂：在数字化工厂的基础上，利用物联网技术和监控技术加强信息管理和服务，提高生产过程可控性、减少生产线人工干预，构建高效、节能、绿色、环保、舒适的人性化工厂。

② 5G网络：公司未来在5G应用场景主要有智能物流、无人驾驶、视频监控、虚拟现实、增强现实在设备远程诊断和运维的应用、铝加工智能制造5G应用场景研发，实现5G场景在铝加工智能制造应用。

③ 自主生产系统：由传统自动化生产线、工业机器人和AGV小车等融合新的智能化系统后诞生的新一代生产力设备平台。

④ 远程运维：开展设备管控系统必须转型升级，要由原来的人工任务驱动型转变成信息数据驱动型，同时提高控制系统的信息处理能力和快速响应能力。

3）智能制造目标

总体实现智能设备以及5G通信的全面覆盖，通过物联网技术将智能制造系统包含智能决策和集控中心运用到数字化工厂中，做出分析、推理、判断、构思和决策等；拟采用的智能系统中所包含的AGV小车、智能天车、智能堆垛机、卷材智能管理系统、熔铸生产线的自动检测和监控、热轧生产线的高温焊接机器人、表面检测等智能设备，以及数据采集系统、数据库、工业PON等智能化基础设施，强化工业基础能力，提高综合集成水平，建设人机一体化智能工厂。智能制造的预期目标包括减少劳动定员20%，减少技术废料损失30%，减少非计划停机时间40%，实现五要素（人、机、料、法、环）集中智能管理控制。

随着云计算、大数据、人工智能等技术的发展，智能制造已成为当今世界制造业的共同主题，是提升制造业核心竞争力的必然途径。我国的智能制造不能完全照搬发达国家的战略，应更充分地体现人的能动作用。有色金属工业生产过程从底层生产设备到上层管理，是一个庞大的人机物融合复杂信息物理系统，面对资源、能源和环境的新挑战，在大数据、云计算和国际市场的新环境下，亟需形成平稳优化、高效协同、灵敏自洽的智能制造技术体系。有色金属行业在长期的发展过程中，形成了矿山、冶炼、加工企业分离相对独立运行的态势，与产业链、价值链、供应链的协调发展要求有一定差距，制约了全行业竞争力的提升。随着智能制造技术的进步和全产业生态链的构建成形，围绕有色金属行业上下游产业链、价值链、供应链的跨领域协同智能制造是提升行业成员自主创新和集成应用能力，增强行业核心竞争力，实现合作共赢、互惠互利、共同发展的重要发展方向。

第 2 章
2020～2035 年有色金属行业智能制造目标

2.1 到2025年有色金属行业智能制造目标

2.1.1 有色金属行业2025年总体目标

有色金属行业智能制造的2025年总目标是在矿山、冶炼、加工领域先进生产工艺基础上，充分融合工业大数据和机理知识，通过云计算、新一代网络通信和人机交互（虚拟现实等）等智能制造相关技术，推动“互联网+制造”发展，推进智能制造技术标准体系建设，让数字化网络化制造、在线监测、生产过程智能优化控制、模拟仿真在有色金属行业得到大规模推广应用。新一代智能制造在有色金属矿山、冶炼、加工领域的试点示范取得显著成果，提升有色金属企业在能耗管理、生产模式和安全环保等方面的技术水平，建成若干家“产、供、销、管、控”集成的智能制造示范工厂。

2.1.2 有色金属智慧矿山的2025年总体目标

结合高速发展的信息化、机械化与自动化技术，完成资源环境数字化及采矿装备智能化应用，逐步推进矿山智能化建设，实现部分关键区域的无人化作业；完成主要生产装备的智能化升级，实现部分岗位机器人作业；建立面向“矿石流”的全流程智能生产管控系统，实现生产数据的全面感知、实时分析、科学决策和精准执行，进而实现生产过程优化及管理决策优化；逐步推进传统信息化业务云化部署，搭建高可靠、低延迟、大容量的基础网络环境，建设集充分的大数据计算与挖掘能力、强大的数据可视化能力、数据统一标准化处理能力与现代化安全管理能力于一体的有色金属矿山工业互联平台及虚拟仿真平台，通过对矿山监控监测数据、生产管理数据、企业运营数据等各类数据的智能感知、存储、分析，充分利用人工智能、机器学习等技术，挖掘数据潜在价值，实现自动安全识别、在线检测分析、智能运维、能耗优化、智能决策等功能，不断形成创新应用。

2.1.3 有色金属冶炼智能制造的2025年总体目标

结合我国有色金属冶炼多元素资源共生、原料品质波动大、冶炼工艺复杂等特点，在企业已有自动化、信息化建设基础上，推进工业互联网、大数据、人工智能、5G、边缘计算、虚拟现实等新一代ICT技术在有色金属冶炼企业的应用，实现生产、设备、能源、物流等资源要素的数字化汇聚、网络化共享和平台化协同，具备在工厂层面全要素数据可视化在线监控、实时自主联动平衡和优化的能力，建成集全流程自动化产线、综合集成信息管控平台、实时协同优化的智能生产体系、精细化能效管控于一体的绿色、安全、高效的有色金属智能冶炼工厂，促进企业转型升级、高质量发展，提升企业的综合竞争力和可持续发展能力。

2.1.4 有色金属加工智能制造的2025年总体目标

建立基于材料基因工程的新材料研发新模式，形成熔铸、轧制、热处理等典型制造过程工艺-组织-性能耦合的数字化仿真模拟技术，实现典型工艺的快速优化及新工艺的快速研发，使得基于仿真模拟技术的产品工艺优化普及率达到84%；建立关键工艺参数和产品质量大数据支撑平台，采用大带宽低时延5G通信技术实现数据的实时传输，打破信息孤岛；开发基于大数据的智能决策支持技术，初步形成有色金属制备等典型流程工业生产大数据分析挖掘能力，为工艺优化提供决策支持；形成关键工艺参数和产品质量在线管控技术，实现质量在线检测、质量在线闭环控制，提高产品质量稳定性，关键工序数控化率达到64%；初步建立基于工业物联网的智能物流技术，基本实现生产数字化编码与识别、智能仓储与物流的智能调度，提升产线间设备协同性。

2.2 到2035年有色金属行业智能制造目标

2.2.1 有色金属行业2035年总体目标

有色金属行业智能制造的2035年总体目标是全面实现主要有色金属生产企业“产、供、销、管、控”的智慧决策和集成优化，构建智慧自主生产系统，实现智能化、绿色化与高效化生产；实现新一代智能制造在有色金属行业的大规模推广应用，形成有色金属行业智能制造技术标准体系，我国有色金属行业智能制造技术和应用水平走在世界前列，部分领域处于世界领先水平，把我国建成世界领先的有色金属制造强国。

2.2.2 有色金属智慧矿山的2035年总体目标

具备自主作业功能的各类无人采矿装备及采矿作业系统在矿山现场规模化应用，矿山生产全面转为无人自动化生产；实现企业工业互联网管理平台对“规划、建模、计划、设计、采矿、选矿、冶炼”全流程的智能化管理、调度、决策、运维；采矿方法和采矿工艺进一步发展，各类自主作业矿用智能机器人和特种装备得以充分应用；矿山生产成本进一步下降，生产效率大幅提高，生产决策更为科学，基本建成具有自感知、自分析、自决策、自执行、自学习能力的无人化本质安全型有色金属智能矿山。

2.2.3 有色金属冶炼智能制造的2035年总体目标

各层级、各区域的工业互联网平台广泛应用，数字化设计交付、资产管理、运营服务、感知及装备发生革命性变化，从“数字一代”整体跃升至“智能一代”，通过解决复杂系统的精确建模、实时优化决策等关键问题，形成自学习、自感知、自适应、自控制的智能产线、智能车间和智能工厂，具备可视化调度、自决策的功能，以智能服务为核心的产业模式变革催生制造业新模式、新业态，制造业模式实现从以产品为中心向以用户为中心的根本性转变。

2.2.4 有色金属加工智能制造的2035年总体目标

形成数字化材料研发技术，实现有色金属制造全工艺流程的材料基因工程研发新模式，建立全流程全耦合工艺仿真技术；建立全流程的工艺与产品质量大数据支撑平台，实现各工序数据的实时采集、大带宽低时延传输和存储；形成有色金属制备全流程工业生产大数据分析挖掘能力和智能化决策模式，实现有色金属产品柔性化、差异化需求；建立有色金属制备全流程工艺参数和产品质量的快速在线检测技术和闭环控制装备，显著提高质量稳定性；建立全流程的智能物流技术，实现全自动、智能化的仓储与物流调度；构建典型铝/铜合金制备智能化示范生产线，形成示范效应。

第3章 有色金属行业智能制造亟需突破的瓶颈

有色金属行业现在尚处于智能制造的起步阶段，在智能装备、智能系统、工业软件和新一代信息技术上存在亟需突破的瓶颈问题。

3.1 智能装备

有色金属行业在智能装备上亟需突破的瓶颈主要是三大类，一是智能传感器和先进检测装备，二是智能机器人，三是智能化特种辅助装备。

3.1.1 智能传感器与先进检测装备

在传感与检测方面，由于有色金属生产工艺环境恶劣复杂，数据实时获取困难成为智能制造的重大瓶颈问题。比如电解铝存在严重的电磁干扰，常规检测设备无法持续工作；氧化铝生产过程检测环境容易结疤堵料，料浆流量无法检测；锌电解液杂质含量的检测容易被主元素掩蔽，数据不可靠。因此参数检测的可靠性、稳定性、有效关联和运维成本都存在问题。铜、铅的火法熔炼过程由于设备的封闭性、熔炼过程的动态性及冶炼的高温环境，熔炼过程炉内温度场、动量场的实时测定困难，目前主要研究手段为流体仿真、水模型等间接方式，生产实测数据缺乏，给工艺过程智能控制与优化带来了巨大的挑战。由于缺乏适应有色生产环境的智能传感器和先进检测装备，缺乏全流程有效感知能力，这是实现有色金属行业智能制造的重大障碍。

有色金属加工制造多工序相互影响，组织性能具有显著的遗传特点。有色金属加工制造各关键环节传感器和检测技术的缺乏，影响了全流程的工艺感知和数据采集有效性，阻碍了工业大数据的分析挖掘，成为铝合金制备全流程智能制造的障碍。如熔铸过程液穴形貌缺乏实时监测装置和技术，难以确保铸造过程温度场、流场的均匀稳定性；热轧过程温度场-轧制力-组织演变动态变化且相互耦合，板材轧制开裂、晶粒分布不均匀等问题难以在线实时监测，影响板材的成品率和力学性能的均匀性；辊底炉淬火过程缺乏有效的温度实时采集技术，影响产品的淬火板形；预拉伸过程缺乏拉伸量的实时监测系统，导致板材残余应力均匀性差；残余应力在线快速无损检测技术，难以实现板材残余应力的出厂有效调控。

基于机器视觉的生产指标智能检测系统将会成为未来多个有色金属智能制造领域的关键技术。采用具有机器视觉和智能识别能力的自动监控系统，可实现矿山生产安全辅助监控，基于泡沫图像的浮选过程关键生产指标监测，熔铸过程流体温度的云图监测和温度报警，液穴轮廓的实时快速非接触采集，固溶炉、退火炉等热处理装备内部温度均匀性云图监测，热轧板材表面缺陷的实时监测，板材温度过烧报警，板形监测等。目前国外企业正在尝试基于图像识别的摄像头质量检测系统在生产中应用，如钢板热轧过程表面缺陷的图像采集与预警等，国内有色金属生产领域已经有一批机器视觉质量检测系统得到应用，但是还缺乏面向质量监测的图像深度学习和识别能力。

3.1.2 智能机器人

有色金属工业受到生产环境和工艺的制约，对智能机器人存在特殊的应用要求。有色金属行业操作环境恶劣，对于机器人的耐腐蚀性、稳定性、操作适应性有着极高的要求；有色金属行业操作工况动态变化复杂、操作要求苛刻，要求工业机器人具备快速的机动反应能力；同时从经济成本考虑，又要求生产机器人具有较高的性价比，常规的工业机器人难以适用。有色金属生产比钢铁生产的企业规模小、非标准设备多，对机器人的应用往往也仅停留在金属锭码垛、搬运等简单的操作领域，需要采用特种操作智能机器人和智能天车等特种辅助装备取代难、险、重人工操作，减少人力成本。随着人工智能的进一步发展，工业机器人的智能也在不断提高，具有通用性、灵活性和快速反应能力的智能机器人对于缓解劳动力压力、改善劳动岗位环境、提高产品稳定性具有重要意义。

3.1.3 智能化特种辅助设备

有色金属生产过程对于特种生产设备有多元化需求，具有灵敏感知、精准操作和强适应能力的特种辅助生产设备对行业智能制造的发展具有重大价值，以智能行车与抓斗和矿山智能无人驾驶设备为例说明。

（1）智能行车与抓斗

抓斗在进行散料抓取作业时通常采用的是手动或半自动控制，抓取的物料量难以控制，抓少的时候不能满斗影响效率，抓多时若超载对机械结构不利。通过安装先进的传感器，如激光扫描仪、激光测距仪、编码尺等设备，实时采集数据，经过计算机系统的运算，形成空间立体坐标系，实现行车定位精确控制；再通过计算机模型系统，智能计算、智能决策生成行车作业指令，实现抓斗行车由人工驾驶发展为计算机智能控制，达到改善作业条件、提升安全保障、减员增效及提高作业效率的目的。

（2）矿山智能无人驾驶设备

有色金属矿山开采环境复杂、作业条件恶劣，对无人驾驶设备存在特殊的应用要求。矿山部分区域网络不易布设和维护、井下通信条件较差，给无人驾驶的空间感知定位、路径规划等带来了较多障碍；同时作业现场环境复杂，高温、腐蚀、强磁、强电、振动、多尘的恶劣环境导致许多电子元器件无法正常稳定工作，影响设备的正常运行。因此常规无人驾驶设备难以直接应用，必须进行专项研发。无人驾驶是移动装备、电子、信息、交通、定位导航、网络通信、互联网应用等领域深度融合的新型产业。长期以来，国内外的大型矿山企业、装备生产企业、科研机构等针对矿山无人驾驶设备开展了很多研究，已部分应用在露天矿山，如美国卡特彼勒(Caterpillar)和日本小松(Komatsu)分别与必和必拓(BHP Billiton)、力拓(Rio Tinto)合作并为其提供卡车无人驾驶解决方案。但由于仍存在诸多技术瓶颈，尚未得到全面推广。我国在无人驾驶设备的开发方面起步较晚，亟需突破相关技术瓶颈，开展矿山无人驾驶设备研发与无人驾驶系统建设，从而减少现场作业人员，促进企业实现安全高效生产。

3.2 智能系统

有色金属生产涉及复杂的物理化学变化，难以精确建模，因此有色金属工业的经营决策、资源与能源的配置计划、生产计划调度、生产管理、生产过程控制仍然严重依赖知识工作者的经验。一方面，随着老一代高技能人才逐渐退休，许多企业和专业原本就紧缺的高技能人才将后继乏人。另一方面，有色金属冶金生产过程及其他辅助流程会产生海量的生产数据，蕴含有丰富的知识，对蕴含机理知识、运行特性和控制响应规律的生产数据利用率低，这些知识如何获取和融合，以实现智能自主的决策与控制，目前缺乏有效的方案和技术途径。由于各类系统的智能化水平不高，远远没有实现生产全流程整体优化，流程稳定性、产品质量和一致性也不高，影响了生产效益和产品附加值的提升，亟需发展智能化操作、控制、决策、管理、运维系统，为绿色高效生产提供保障。

此外，由于有色金属企业相对分散的特点，单个有色金属企业的智能制造系统和数据平台规模小，企业内部和企业之间的数据分散而孤立，各个环节间信息不畅、脱节严重，难以支持更大范围内智能操作、决策和管理的实现。正是因为单个企业数据资源有限，知识发现和利用能力不足，迫切需要建立面向行业价值共享的智能化技术服务平台。鼓励企业基于“数据驱动”和“场景设计”理念，对各模块的管理业务和操作过程进行场景化设计，通过大数据、人工智能、边缘计算等技术，解决精确建模、实时优化决策等关键问题，建立具有工艺流程优化、动态排产、能耗管理、质量优化等功能的智能生产系统，实现企业生产的绿色、安全和高质高效。

3.2.1 生产作业与智能控制系统

在生产作业系统方面，针对有色金属流程长、环境复杂、作业地点分散、需要操作协同等实际情况以及在重点作业环节存在需求多样、设备分散、动态性强、作业环境恶劣、安全隐患突出的问题，鼓励企业利用机器人、智能驾驶、人工智能等技术开发智能生产作业系统，实现装备运行状态监控、装备高精度定位、装备作业过程远程操控、料位实时监测、信号自动控制、运输自动调度等功能，达到主生产作业或危险区域远程遥控作业、现场无人少人化的目的，提升生产过程整体的安全水平与生产效率。在智能过程控制方面，结合工艺流程实际情况，针对工序流程协同困难、无法预测和自调节、调整粗放生产波动大、过程控制反应滞后、受限于人的经验和操作、无法实现精细化过程控制等问题，鼓励企业利用机理建模、虚拟仿真、人工智能等多种手段，以工艺过程分析和数学模型计算为核心，应用大数据、人工智能、云计算，通过智能化方法实现精准控制。

3.2.2 生产运行智能优化与决策系统

鼓励有色金属生产企业构建集数据库、知识库、先进数字化工具、虚拟仿真环境等于一体的协同创新体系，打通生产运行全流程数据链，提升基于大数据分析的生产智能控制、运行优化、决策优化和生产现场优化等能力，加速生产过程向自决策、自适应转变。开发数字孪生模型和生产指标预测模型，根据预测结果给出操作建议或控制信号，通过提前测试控制操作轨迹、操作参数，通过改变操作变量对运行操作参数进行决策，进一步实现操作优化，降低工序能耗，提升工序技术指标。以选矿过程为例，针对有色金属选矿破碎、磨矿分级、选别、浓密各生产环节由智能控制系统控制及各工艺环节之间需要协同的问题，应当建设全流程生产优化决策模型和决策指导软件系统。根据精矿产品规格等级、生产产量、质量等目标，并考虑选矿关键设备生产能力、原矿资源约束及质量波动、电量消耗、药剂等材料消耗因素，敏捷优化决策选矿各工艺环节的技术指标，并结合碎-磨-选-浓密生产各环节的运行工况变化，动态调优原矿、设备等资源配置，提升经济指标。

3.2.3 生产计划智能调度与管理系统

由于有色金属生产企业流程长，生产范围较广，不同的区域之间存在协同调度需求，传统上难以自动实现，只能依赖人工调度；设备实时信息传输效率低，无法保证信息的准确性与时效性，影响调度效率。作业调度系统是一个工作点分散、具有多种不确定因素影响的分布式系统，其复杂的内部相互作用、设备状态、运输通道等动态变化导致了调度过程和结果的可变性和复杂性，要对设备进行合理调度与协调，行为识别（疲劳驾驶、超速、急转、急停、闯限），装备作业量统计和作业效率统计。

国内有色金属企业现有生产计划管理系统通常有基础数据管理、生产计划制定、计划分解与下发、计划审核等模块。智能化生产作业组织与任务分配要在此基础上进行深度整合，并且增加滚动作业计划与智能排产、自动配料、生产价值成本估算等功能模块，做到“实时监控、平衡协调、动态调度、协同优化”。近年来，通过将计划编制与数字建模结合，三维可视化技术越来越多地应用在有色金属生产调度的相关软件中。特别是智慧矿山系统，在三维可视化环境下可实现矿山生产计划的编制功能，根据矿体模型、巷道模型、品位模型等数据进行计划编制，支持在三维可视化环境下根据工程类型、施工条件等对计划进行动态更新，为科学组织生产提供技术支持。

在智能生产管理方面，以生产计划为依据，基于生产过程的实时工艺信息和设备运行状态信息，建设包括计划执行、资源合理利用、产量与质量管理的智能生产管理系统。将质量管理理念与信息化管理相融合，对质量管理流程、标准进行固化，建立具有冶金规范（包括工艺规范、检验规范和质量规范）、质量监控、检验化验、统计分析、质量优化等功能的质量管理系统，对产品全流程制造过程的产品质量、工艺参数进行集成和融合，利用 SPC 的方法实现产品质量在线判定与全流程质量追溯分析。鼓励企业利用数据挖掘、深度学习的方法对混合料、电解液、合金锭、铜板产品等质量进行在线诊断、分析和优化，提高产品质量的稳定性，全面提升企业的生产组织管理水平。

3.2.4 能源优化与智能运维系统

对主要能源介质数据进行自动采集、统计分析，对高能耗设备进行动态耗能监测。建立具有能源计划、评价、平衡与预测模型的能源系统，实现能源动态监控和精细化管理。建设由能耗计量装置、数据传输系统及监控平台组成的能耗实时监测系统，实现固定设施、核心工序及大型生产装备等的实时能源消耗监测、能耗统计、故障分析、数据追溯。鼓励企业基于采集和存储能源数据信息，建立能源优化模型，对耗能和产能调度提供优化策略和优化方案；鼓励企业建立融合实时能源数据三维数字化管网，辅助能源管理，并为工厂能源管线检修、改造升级提供支撑。

建设设备远程智能监控和预测性维护系统，提升设备最大处理能力并保证设备安全，降低系统维护工作量，减少生产故障导致的停车时间。针对生产装备、生产流程操作以及生产管理等多级监测、控制以及决策优化系统，鼓励有色金属生产企业依据企业管理模式及生产需要开发智能运维系统及升级准则，规范各类智能系统、装备的工作流程与智能化维护保养规程，实现智能化故障诊断定位、分析以及纠偏。

3.3 工业专用软件

随着工业 4.0、工业互联网、智能制造等理念与技术层出不穷，工业软件正从产品、技术、业务形态、产业发展模式等多维度重塑工业体系，从“以装备为核心的工业”向“以软件定义的工业”转变。工业软件作为现代工业体系的基石，如果严重依赖国外工业软件体系，将对国内众多工业行业的产业安全造成严重的隐患，存在关键技术产品“卡脖子”风险。高度自动化、智能化的工业系统，若采用国外工业控制和优化系统则存在一定的工业系统功能实体安全风险。

3.3.1 有色金属行业发展工业自主软件面临的主要挑战

当前，有色金属行业需要开发突破的自主工业软件主要是工业控制软件、数字孪生仿真软件和智能运维管理软件。有色金属行业工业控制软件面临的主要难点来自工艺多样性和需求多样性，包括工业控制软件如何解决不同工艺流程中的工序协同制造、主动感知和指标预测、生产波动时自适应调整、人机协作方式、精细化监控等。数字孪生仿真软件的难点在于如何融合 3D 与 CFD 技术，将多相多场耦合的反应机理与具体时空的工艺状态变化实现交互实时展示和描述。智能运维管理软件的难点主要是有色金属工业运行管理体系中功能多样、数据多源、网络异构的特点给运维管理智能化敏捷化带来困难，包括如何实现设备远程运维、能源合同管理、环保排放监控管理、大数据驱动的供应链优化、质量管理优化、生产管理优化等。针对破碎机、高压辊磨机、磨机、浮选机、浓密机、回转窑、电解槽、反应槽等有色金属生产过程中的主体采矿设备，通过设备远程运维工业 APP，提供实时监测设备运行状况，提供定期的设备健康评估报告、故障诊断与预测性维护服务，针对生产流程提供 KPI 信息可视化、工艺数据分析、运行参数优化等服务。

3.3.2 智慧矿山工业专业软件

在智慧矿山领域，需要利用高性能计算、VR/AR、区块链、人工智能、GIS、通信、传感、控制与定位等技术建设生产场景和关键设备或工序的虚拟化仿真模型，通过与物理系统进行数据实时交互，打造数据孪生体系。鼓励企业建设全流程的矿山虚拟仿真系统，实时展示矿山生产状态、设备运行工况、人员及移动设备位置，预测矿山生产指标、分析生产的瓶颈环节，优化生产工艺流程及设备匹配关系，实现生产辅助决策与动态优化。鼓励企业通过应急疏散仿真，合理规划疏散设施及路线，根据事故场景确定最优救援方案，为疏散及救援提供最优方案辅助决策，利用VR模拟技术进行技能培训及应急逃生训练。

3.3.3 有色金属冶金工业专业软件

在有色金属冶炼领域，需要创建设备、管线、物料、仪表等对象模型，实现虚拟集成平台应用。建设冶炼设备和工序的三维虚拟对象模型，检测仪表及辅助设备三维虚拟对象模型以及各个交互系统，实现孪生数据集成、交互式遨游、模拟试验等功能。在有色金属加工领域，成分-工艺-组织对有色金属加工产品的性能具有重要影响，为了低成本、短周期、系统地建立成分-工艺-组织对产品性能的影响规律，亟需相关的数值模拟专业软件。

3.3.4 有色金属加工工业专业软件

目前有色金属加工制造领域数值模拟软件应用较多的有达索公司的 ABAQUS 非线性有限元软件（法国）、虚拟仿真软件 ANSYS（美国）、SFTC 公司开发的专门用于金属塑性成形的软件 DEFORM（美国）等。这些数值模拟专业软件全由国外企业研发并控制版权，国内缺乏具备自主知识产权的大型商业软件。

3.4 新一代信息技术

云计算、大数据、物联网、人工智能、移动通信等 ICT 技术的飞速发展及其与制造业的深度融合，对有色金属工业所需的信息技术和产业带来变革性影响。国外不少工业信息企业、制造企业均高度关注 5G、人工智能、工业互联网、大数据等新技术，部分理念、技术、产品已初现端倪。模型驱动和基于模型的系统工程、CPS 系统构建相关的建模技术、数字孪生构建技术、工业大数据驱动的智能优化/决策/服务技术、VR/AR 在虚拟装配/虚拟工厂与工程/培训/维修维护等领域的应用、基于 5G 的设备互联与智能制造、边缘计算软硬件、工业物联网平台（操作系统）等相关技术飞速发展，特别是人工智能相关算法已经在行业中受到广泛重视，例如中国科学院物理研究所北京凝聚态物理国家实验室使用机器学习的方法，对二元合金进行了系统分析，建立了合金成分与性能之间的关联，并对可能的新材料进行了预测。研究过程中使用了支持向量机算法，通过构建多维空间，并在这个多维空间内对数据进行分割，从而建立输入参量与输出参量之间的关联。美国研究者利用机器学习算法，用失败或不成功的实验数据预测了新材料的合成，并且在实验中机器学习模型预测的准确率超过了经验丰富的化学家，这意味着机器学习将改变传统的材料发现方式，发明新材料的可能性也大幅提高。针对大批量工业生产数据的分析，目前已有大量商业的、开源的工具可以使用，如著名的数据挖掘软件 SAS、Knime、OpenRefine、Orange、RapidMiner、Weka 等。数据分析行业广泛使用 Python 和 R 语言进行开发，具有更新快、模块齐全等优点。

3.4.1 关键领域：工业大数据驱动的智能化

随着嵌入式、传感器、工业控制、智能仪器仪表、5G 通信等技术在装备及其系统中的广泛应用，将会采集到大量的过程数据、状态数据，利用大数据、机器学习等人工智能技术对业务活动、业务过程进行智能化优化控制、计划与调度决策、实时监控、预测预警等，将形成工业大数据驱动的智能化工业软件产品和系统。例如，按照目前的采矿模式，岩石力学工程师每日需要数小时在地下矿山观察岩体稳定情况以及每次采场爆破后支护体的损坏情况，而采用 AI 技术，可以利用无人机巡检，大大减少岩石力学工程师的井下工作时间。

3.4.2 关键领域：“云+端”的信息架构服务

5G、NB-IoT 的发展很可能导致工业通信迎来质变，所谓的智能制造将越来越体现在云计算、微服务等“云+端”模式，将对传统的软件架构、实施部署模式、应用方式产生深远的影响。“平台+APP”的“云+端”模式已经在其他工业的信息化领域出现，针对有色金属行业信息服务需求，构建面向底层的设备互联平台（工业互联操作系统）、工业大数据平台、业务处理平台，快速配置或定制工业 APP 应用，将形成新的基于 5G 互联的“云+端”信息架构服务模式。例如，可以基于 5G 网络低时延、大带宽的优势，利用 ADAS（Advanced Driver Assistant System，高级辅助驾驶系统）技术，开展矿山无人驾驶系统建设与应用，减少现场作业人员，实现安全、减员，支撑企业降本增效。

3.4.3 关键领域：面向行业的工业互联网平台

有色金属行业的矿山、冶炼厂和加工厂多处于边远地区，地域分散、规模小、通信不便，很难留住人才。通过工业互联网技术可以将分散的矿区、厂区连接起来，形成集中管控，极大地提高工作效率，保证生产设备的正常运行。而且，工业互联网平台还将促成新技术、新业务、新生态、新业态及新思维的发展，通过战略伙伴协同在产业技术、客户需求和业务模式上共同创新，通过资源统筹协同实现优势互补和资源优化配置，通过生态协同使得产业链各环节之间的连接变得更加紧密，提升企业获利空间。可以利用 AR、机器视觉等技术对矿山生产过程进行虚拟仿真，对生产操作人员进行培训，开展事故应急演练。在行业平台通过实时查询分析生产运营数据，全面掌握当前企业的发展状况和行业竞争力，并通过对关键指标设定适当阈值，使系统能快速察觉企业运作中的不足，在企业运营状况综合评价的基础上，实现对阶段性生产过程状态、成本、效益以及年度整体生产情况等的智能分析与决策。

第 4 章

2035 年有色金属行业重点发展领域及重点任务

4.1 智慧矿山领域重点任务

4.1.1 重点任务一：装备智能化

有色金属矿山智能化装备与自动化控制系统的自主研发，是推进矿山生产过程智能化的硬件基础。通过开展智能化采选装备的研发与传统装备的智能化升级，能够实现采选生产过程的全面感知与精准控制。

（1）子任务一：矿山智能装备自动化控制技术

开展矿山装备精准感知技术研究，部署环境感知终端、智能传感器等数字化工具和设备，融合图像识别、射频识别、电磁感应等关键技术，实现矿山环境数据、装备状态信息、工况参数等的全面无缝化采集，实时感知生产过程和关键装备的运行状态。

开展采选装备智能控制技术研究，攻克复杂工况条件下各生产环节装备的自主行驶、无人作业、能源补充、参数调节、预诊断与预维护等技术难题，提高装备自主作业能力与运转率，降低系统维护工作量，使故障修复从人工经验诊断、人工修复向系统自我诊断、系统自愈方向发展，全面实现作业区域的少人化、无人化，提高生产安全性与生产效率。

（2）子任务二：矿山智能机器人和特种辅助装备研发

研发具有通用性、灵活性和快速反应能力的智能机器人和特种辅助装备，开展有色金属矿山自主作业机器人技术研究，实现特种需求运输、采掘、破碎、支护以及应急救援、配套服务等的无人化作业，并研发自动巡检机器人、管道维护机器人、浮选装备维保机器人、溢流堰清洗机器人、磨机维保机器人等运维机器人。

进行未来采、选矿设备的绿色、高效前沿技术创新开发，包括破碎设备技术方面的爆炸破碎/真空破碎、预处理辅助破碎、热力梯度破碎（微波）；磨矿分级超细磨、磨矿分级一体化技术；浮选设备深层槽式与表层浮选相结合的浮选技术、流态化浮选（预抛尾浮选技术）、高浓度及无水浮选和逆序浮选技术等；磁选低比磁化系数矿物超导强磁分离/分选、弱磁性矿物磁分选、微细粒高精度分选、全流程干选技术研发等；电子废弃物稀有金属的高效电选回收技术、城市二次回收资源有价元素的电选回收设备等；拣选基于三维扫描的矿物识别技术、多传感器识别技术；固液分离磁振联合浓缩脱水技术和加载混凝沉降技术等。

（3）子任务三：矿山装备智能运维技术

研发矿山装备的在线分析智能运维技术，实现采、选矿仪器远程监控、在线分析、深度交叉的数据分析和智能运维。建立标准化信息采集与控制系统、自动诊断系统、基于专家系统的故障预测模型和故障索引知识库，实现装备远程无人操控、工作环境预警、运行状态监测、故障诊断与自修复等功能。

4.1.2 重点任务二：新一代信息技术

（1）子任务一：采选生产工业互联平台

研发采选过程支撑性通信系统，结合采选过程工艺特点及环境特征，开发专用通信系统，融合5G/6G等新一代移动通信技术、双向穿岩通信技术、近场通信技术等数据传输载体，实现矿冶全过程无盲区、无阻隔、无中断、低延迟、高并发数据可靠通信。

开发工业控制和矿业信息服务核心数据平台，构建面向底层的工业大数据平台和面向全流程的业务处理平台，打破各矿山作业之间的信息孤岛，实现矿山生产和质量数据的有效采集、高带宽低时延数据传输与存储，建立金属非金属矿产资源开发利用信息化基础设施和平台应用。针对有色金属工业的实际应用场景，在深入研究工业互联网通用技术架构的基础上，大力推动“云+端”新模式信息架构服务，实现云计算、微服务等“云+端”模式在智慧矿山领域的全面下沉。

以有色金属工业特定细分领域为对象设定研究目标，开展低成本易操作精确感知数据采集、多源数据安全融合、先进制造数据模型、智能管理与智慧协同算法、基于PaaS的组件与服务、微服务架构等研究和系统开发，形成一批具有自主知识产权的工业互联网技术和应用系统。

（2）子任务二：矿山工业大数据分析挖掘

研发大数据分析挖掘技术和智能决策支持技术，全面完成智慧矿山在选矿、采场、定位业务的大数据分析系统开发工作，形成全流程的采、选监控与产品质量追溯，实现选、采矿全过程生产资源包括生产物料、设备、能源、人力、财务及上下游相关产业链的资源优化；快速预测矿山生产计划、操作、运营及调整跨越大空间和多时间尺度资源配置情况。

应用大数据、新一代人工智能以及探索颠覆性的类脑智能决策技术创新，通过人机混合增强决策、类脑科学决策智能的应用，实现采选矿产业链、全流程、大空间的自主智慧决策，实现采选矿的资源优化配置，实现对资源的有效利用和环境保护，协同保障社会利益。

（3）子任务三：矿山图像智能识别技术

开展矿山人工智能领域智慧矿山图像识别技术研究，突破采选作业图像识别与机器学习创新型技术，提高现有检测仪器的测量精度、完成矿井作业的安全行为识别以及危险区域的入侵识别、复杂矿井下算法的自学习与优化能力。同时探索图像处理机器视觉技术在选、采矿过程中针对采集图像样品预处理的应用，如对粉尘干扰、对比度低、照度不均匀图像的修复，多场景自适应去雾处理，大力加强对机器视觉、边缘计算等技术在采选领域的研发并形成新的技术或产品，为我国矿山安全生产提供高技术保障。

（4）子任务四：采选过程先进传感技术与装置研发

开展面向有色金属矿山采选过程的先进传感器研制与检测机理研究，形成自主知识产权的关键光、电、磁、化学等高精传感器件与装置；重点攻克“微量”“三深（深海、深空、深地）”“三稀（稀有、稀土、稀散元素）”等特种应用关键感知技术，并开展自主知识产权的系列化感知及控制装备研发，打破国外垄断。

4.1.3 重点任务三：有色金属矿山全流程精细化管理技术

开展有色金属矿山全流程精细化管理技术研究，突破复杂工况条件下的多变量、强耦合、大滞后采选过程自适应自愈控制技术，实现单目标区域多装备的集群化管控，多目标区域内多装备、多系统的协同化作业，以及全流程的智能化调度等。

（1）子任务一：矿山集群作业多装备多系统集约控制协同技术

开展多装备集群控制原理与策略研究，以实际生产作业任务为基础，以作业装备工况状态为依据，以跨区域装备系统联动机制为支撑，以优化装备作业效率、提高资源利用率和保障作业安全为目标，研究矿山智能生产多装备多系统集约控制协同技术、集群路径规划技术、基于矿山生产工艺的装备作业过程智能调度技术等，并采用射频识别、瞬变电磁感应、无线脉冲检测等手段建设矿山装备碰撞预警系统，实现多区域智能采矿装备的大规模集群化协同作业。

（2）子任务二：选矿多金属成分智能在线检测分析技术

开展选矿智能在线检测分析技术研究，解决选矿过程中的特种参数检测问题，包括贵金属在线检测分析、矿物组成在线分析等。

开展贵金属在线检测分析研究。对于大多数贵金属矿山，其原矿、尾矿中贵金属的含量远低于 0.01%的品位检测非常重要，当前国内外尚无成熟的技术和产品可以适用，研发微量贵金属在线检测分析技术，实现贵金属矿浆品位的在线实时测量，为贵金属选矿企业控制产品质量、提高自动化水平创造条件。

开展矿物组成在线分析研究。研究矿物在线测量技术，实现矿浆中的矿物组成及含量在线测量，填补国内外技术空白，为选矿企业对矿石、矿浆的矿物组成变化做出迅速的判断以及响应提供数据支撑。

（3）子任务三：有色金属矿山能耗分析与优化技术

开展有色金属矿山能耗分析与优化技术研究，实现矿山设备的实时能源消耗监测、能耗统计、故障分析、数据追溯；采用能源调度管理与循环利用新技术，形成智能化能耗监测方案与能耗优化调度系统；以企业能源实时成本、产能指标、生产计划为决策依据，建立矿山能耗优化模型，动态调节矿山大型用电耗能设施、装置的作业计划，降低矿山整体能耗水平，建立矿山智能能源微网，高效回收余能余热，综合利用清洁能源，优化生产能耗成本。

（4）子任务四：矿山智慧物流技术

开展有色金属矿山智慧物流技术研究，针对原料采购、成品销售及厂内物资倒运、物资调拨过程进行智能计量管理，自动采集称重数据实现地磅无人化管理和物流跟踪功能，实现称重计量数据的实时监控与数据共享，解决计量数据的真实性、唯一性、准确性和实时性问题；结合定位系统，实现对车辆进出场实时定位，最终实现材料物资称重、化验质检管理、在途跟踪等综合管理。

4.1.4 重点任务四：矿山虚拟仿真

开展金属非金属矿冶过程的数字建模与仿真技术研究，尤其是采选冶过程机理、数字驱动与机器学习相融合的建模仿真技术，实现矿冶过程高质量虚拟仿真与运行推演。针对智能化、无人化矿山开采技术需求，研究矿山生产系统数学模型的标准化构建技术，形成标准化模型库；设计参数化模型构建工具，简化智能化系统开发流程，优化智能化系统开发周期与开发成本，为金属非金属矿冶过程智能化的快速实施提供支撑。

（1）子任务一：虚拟采矿全流程仿真系统

研发全流程的矿山虚拟仿真平台，实时展示矿山生产状态、设备运行工况、人员及移动设备位置，预测矿山生产指标、分析生产的瓶颈环节，优化生产工艺流程及设备匹配关系，实现生产辅助决策与动态优化。

通过虚拟现实、GIS、通信、传感、控制与定位等技术，建设有色金属采矿三维可视化虚拟集中管控系统，将真实矿山生产场景在虚拟环境中平行体现，实时展示矿山开采状态、设备运行工况、人员及移动设备位置，并进行综合分析、预警告警和全局决策分析。

（2）子任务二：虚拟选厂系统

研发建设有色金属选矿设计与流程模拟平台，描述实体选厂、预测实体选厂指标、引导实体选厂智能优化。通过进行选矿破碎、磨矿、分级、选别、浓密脱水过程的建模仿真计算，实现选矿流程内关键设备的运行状态模拟、单元流程内各节点量化指标计算，稳定和提升选厂技术指标。

4.2 有色金属冶炼智能制造领域的重点任务

4.2.1 重点任务一：新型检测仪表及感知组件开发

针对有色金属冶炼工业过程中，固体散料、高温熔体、烟气、烟尘等介质的位置形态、温度、流量、厚度等参数的测量难题，研究新型检测技术，突破高温热管、图像识别、声音识别等关键技术，开发新型功能一次检测仪表及感知组件。

（1）子任务一：火法冶金典型场景关键检测仪表及感知组件开发

采用工业 CCD 和光学镜头，将图像处理技术与图像采集监视设备结合，通过图像区域特征参数提取和相应计算方法，开发炉体熔池高度检测、炉窑热场图像识别、熔体温度在线检测、熔体成分在线检测等感知系统，实现炉窑内部重要参数的监测。

（2）子任务二：湿法冶金典型场景关键检测仪表及感知组件开发

针对高温、高压、强酸等特殊工况条件以及釜内搅拌装置等对测量的干扰，开发非接触式的高压釜内液位检测仪表，实现釜内液位的准备测量。

湿法冶金生产是有价金属元素从矿物中的化合物转换成溶液中的游离离子或者络合离子的过程，通过在线检测溶液中有价金属的离子浓度可以实时预测冶金过程的资源回收率和反应贫液中有价金属的流失量；通过在线检测溶液中杂质金属的离子浓度可以预测冶金过程中有价金属的提纯效率，控制产品质量；通过在线检测药剂成分的离子浓度可以实现药剂的添加控制，节约药剂成本。

氧化铝生产过程中，结疤厚度将直接影响所需热交换面积，降低生产效率，增加能耗，降低设备寿命，同时有些设备如溶出管道、蒸发器等清理费用高。结合具体生产环节中的工艺条件和料浆成分，快速判断管道结疤厚度情况。如原矿浆输送管道的结疤主要是硫酸盐，拜耳法溶出器和溶出系统高温段主要是钙霞石，其次是钛酸钙等，保温段结疤主要是水化石榴石，脱硅机结疤主要是钠硅渣，蒸发器结疤主要是钠硅渣以钙霞石的形态析出等。

（3）子任务三：电冶金典型场景关键检测仪表及感知组件开发

铝电解阳极电流分布均匀度直接影响铝电解槽的寿命、原铝质量、电流效率等，通过检测每根阳极导杆分布电流的方式，延长铝电解槽的寿命，提高电流效率，降低吨铝电耗。

电解槽电解质水平和铝水平是评判电解槽槽况的重要指标，稳定的电解质水平与铝水平是电解槽稳定的基础。通过AGV小车带测量钎，配合机器视觉系统，自动站位、自动识别出铝孔，测量钎自动探入，机器视觉测量，并生成数据，完成传输。该设备能够减轻工人劳动强度，提高劳动生产率，有利于数据的实时传输与数据分析利用。

通过红外热成像仪获取重有色金属电解槽热成像图像，经过图像增强、图像分割、特征分析、特征提取，将电解槽中的短路极板定位出来，避免人员凭借经验判断接触不良和短路的槽位，减少人工巡视，降低劳动强度和职业病健康隐患。

4.2.2 重点任务二：自动装置及智能装备开发

针对当前有色冶炼生产企业人工劳动强度大、自动化水平较低的现状，开发机械手臂、氧枪更换、炉口清理、自动开堵口等机械和自动化装置，最大化实现机械化代人、自动化减人；针对有色金属冶炼智能装置应用率低的现状，开发无人吊车、巡检机器人等具有一定智能的一体化装置。

（1）子任务一：火法冶金自动装置及智能装备开发

在火冶冶金领域，选取场景典型、应用广泛、特性突出的装备，进行智能化开发，如智能抓斗天车、转炉自动捅风眼机、自动浇铸机、智能打砖机、熔体自动取样机、清结焦智能机器人、自动开堵口机、自动换枪装置等。

（2）子任务二：湿法冶金自动装置及智能装备开发

在湿法冶金领域，选取场景典型、应用广泛、特性突出的装备，进行智能化开发，如槽罐结疤自动清洗机、结疤高压清洗车等。

（3）子任务三：电冶金自动装置及智能装备开发

在电冶金领域，选取场景典型、应用广泛、特性突出的装备，进行智能化开发，如铝电解多功能电解吊车、数字电解槽、极板与导杆焊接机器人、打渣机器人等。

4.2.3 重点任务三：先进过程控制软件开发

针对有色金属冶炼生产过程控制粗放、工艺指标波动较大等实际问题，基于检测元件、组件、装备的采集数据，深入研究火法冶炼、湿法冶炼、化工等各过程的控制策略，采用冶金机理和机器学习算法建立过程模型，开发针对该过程的先进过程控制软件，实现生产过程的稳定优化控制。

4.2.4 重点任务四：虚拟工厂建模及仿真应用研究

基于工程设计和实际生产系统数据，对有色金属冶炼生产各工序的进程协同及工艺过程模拟进行深入研究，建立数字化流程生产动态模型；以实际生产数据对虚拟模型进行动态仿真训练，在逻辑层上与实际生产系统平行运行，开展有色金属冶炼工厂流程仿真“数字孪生”实践应用探索，通过系统工程优化生产过程，来提高生产效率、降低成本和实现质量目标。

（1）子任务一：核心冶金反应设备模拟仿真

通过对冶金反应器内的流场、温度场、电场、磁场、应力场等多物理场耦合仿真，模拟冶金反应过程，优化冶金工艺和设备结构。

（2）子任务二：虚拟有色金属冶金工厂

基于三维建模、冶金机理、仿真模拟、大数据等技术，建立冶金设备智能体库，通过数据互联、系统理论、虚拟技术建立冶炼工厂全生产流程全生命周期数字孪生体系，实现生产系统动态优化、生产辅助决策、大物流仿真分析、设备数据分析与故障诊断、虚拟场景展现、应急疏散模拟演练等功能。

4.2.5 重点任务五：智能冶炼及工业互联等软件开发

以有色冶炼工厂的物质流、能量流、信息流为对象，研究生产活动的数据流动，融合工业以太网和控制以太网技术，开展能源管控、设备维护、巡检管理、安防管理、库存管理、计量管理、质检管理等功能软件开发，为生产运行管理及企业资源优化提供服务。

（1）子任务一：有色金属冶炼设备远程运维

基于工业互联网平台，针对有色金属冶炼过程中的关键设备，利用设备机理、设备运行数据、企业管理数据以及相关算法模型，开发设备远程运维工业APP，实现设备状态实时监控、指标统计分析、主动预警维护和及时运维服务。

（2）子任务二：冶炼生产合同能源管理

针对有色金属冶炼过程中能源消耗量大的工艺和设备，根据企业实际情况开发能源管理工业APP，为有色金属企业提供节能潜力诊断、可行性分析、节能项目设计与实施、节能监测和运行维护等能源管理服务。

4.2.6 重点任务六：云服务平台部署及开发应用

建立不同层级、范围的云服务平台，协同边缘计算，依靠数据挖掘、大数据分析等技术，对有色金属冶炼生产数据及外部信息进行深度分析，为有色金属冶炼行业的生产企业提供数据引用、模型应用、远程诊断、智能预警等专业化智能服务。

4.3 有色金属加工智能制造领域的重点任务

有色金属加工智能制造的重点任务包括数字化材料研发技术、工业大数据平台及分析挖掘技术、全流程质量在线管控技术、基于工业物联网的智能物流技术、智能化生产线等。

4.3.1 重点任务一：数字化有色金属材料研发技术

采用材料多层次、跨尺度的一体化设计方法，研发材料高通量计算和仿真模拟、高通量制备和组织性能表征的新方法与新技术，建立材料成分-组织-工艺-性能间的内在关系，用科学设计方法取代现有的“试错法”经验设计方法，缩短新材料研发周期，降低研制成本。

（1）子任务一：基于材料基因工程的有色金属材料研发

基于材料基因组的材料研发新模式，通过高通量实验测试和计算，获得铝合金/铜合金材料成分-组织-工艺-性能间的内在关系，构建高性能铝/铜合金材料计算、实验与表征融合的材料基因工程专用数据库。结合高通量算法，指导新材料的研发和应用，缩短新材料从设计到应用的时间周期，形成理论预测指导实验验证的新材料研发模式，降低研发成本。

（2）子任务二：有色金属加工全流程全耦合工艺仿真技术

建立铝合金、铜合金等制备全流程的热力组织全耦合仿真模拟技术，通过各工序之间组织性能仿真结果的继承，实现制备全流程的仿真模拟。通过仿真模拟技术，实现生产工艺参数的快速优化，为铝/铜材质量的快速提升提供规律指导。

4.3.2 重点任务二：加工制备工业大数据平台及分析挖掘技术

建立工业大数据采集、传输、存储平台，实现全流程工业大数据的实时管控。研发大数据分析挖掘技术和智能决策支持技术，实现工艺参数和质量等材料加工数据的大数据分析。

（1）子任务一：加工制备工业大数据支撑平台的建立

建立有色金属加工制备全流程的工艺、性能大数据平台，打破各工序之间的信息孤岛，实现各工序生产和质量数据的有效采集、高带宽低时延数据传输、存储，形成全流程的工艺监控与产品质量追溯。

（2）子任务二：加工制备全流程工业大数据分析挖掘技术

有色金属加工业为典型的流程工业，加工流程长，工艺技术复杂，具有工序遗传性，影响质量的因素众多，各工艺参数之间具有强耦合性，传统方法难以有效获得成分-组织-工艺-性能影响规律。通过构建工业大数据分析挖掘技术和智能决策技术，实现关键参数工艺窗口的优化；快速预测工艺参数波动对产品性能的影响；针对新研究产品，能够智能匹配相对合理的生产工艺参数。

4.3.3 重点任务三：有色金属加工生产工艺、质量在线检测与闭环控制

有色金属加工过程在线检测装备和技术的自主研发，是推进制造过程智能化和闭环控制的硬件基础。通过在线实时监测关键工艺参数和产品质量，有效采集工业生产工艺参数和产品全过程质量数据，是材料加工数据库和开展工业大数据挖掘的前提。

（1）子任务一：有色金属加工生产质量在线检测技术

开发应用于铝合金/铜合金产品质量和过程工艺参数的在线检测装备及技术，实现生产全流程的熔体质量、表面质量、内部缺陷、尺寸精度、板形、温度、液位、流量、张力、速度、轧制力等的自动检测、存储和超范围预警，为质量在线闭环控制技术提供基础数据。

（2）子任务二：有色金属加工质量在线闭环控制技术

以智能检测、控制技术装备自主研发为基础，采集生产过程中的工艺参数、质量参数和设备参数，并对数据进行分析。开发关键的工艺控制系统、全流程质量管控系统、设备状态监控和运维系统、能源智能管控系统，融合工序级、过程级、全厂级生产智能控制系统，打破信息孤岛，实现全流程优化控制。关键工艺控制系统实现全流程工艺与质量参数的自动采集，工艺规程自动生成和优化。数据分析结果相互调用，形成在统一平台上完成全流程质量管控方式。

4.3.4 重点任务四：基于工业物联网的有色金属加工厂智能物流技术

开发基于工业物联网的智能物流技术，能够实现仓储与物流的智能调度，进而提升产线间设备的协同性，提高产品的生产效率。

（1）子任务一：有色金属加工厂产品物料数字化编码与识别

铝/铜合金从原料到最终的板材、管材、型材等，需要经过熔铸、轧制和热处理

等多工序的处理，材料的形状、尺寸、性能等均会发生变化，传统方法在板材上进行的标记，在生产过程中会发生变形、模糊甚至无法识别等一系列问题。这些问题的出现，使得物料自动跟踪、工艺参数自动收集记录变得困难，产品质量检测数据与生产工艺参数难以匹配，积累的工业大数据难以用于分析挖掘，从而导致全流程仓储物流难以实现。数字化编码体系是材料生产过程实现智能制造的核心，做好数字化编码与识别能够有效促进项目的高效完成，促进企业的数字化建设和发展。

（2）子任务二：有色金属加工厂智能化仓储物流装备及技术

建立基于工业物联网的智能物流新模式，应用智能天车、智能仓库、AGV小车、自动托盘运输线等工业物联网和智能化仓储物流装备，开展产线物料的自动跟踪识别、存取与运输，实现智能仓储与物流的智能调度，提升产线间设备协同性，提高生产效率。

4.3.5 重点任务五：有色金属加工智能化生产线

依托智能制造新模式与大数据支撑平台，构建智能化生产线，实现有色金属产品的数字化研发、基于工业生产大数据的自动化决策制定、产品柔性个性化研发定制、产品质量的在线快速检测和闭环调控、工业设备的远程监测与运维、基于物联网的智能仓储、物流调度等，真正实现有色金属的智能化生产。共建设四条智能化生产线，分别为：铜板带智能化示范生产线、铜管智能化示范生产线、航空铝板智能化示范生产线、铝合金汽车板智能化示范生产线。

第 5 章

2035 年有色金属行业智能制造技术发展路线图

5.1 有色金属行业智能制造技术发展总路线图

面向有色金属行业智能制造 2025 年和 2035 年的总体目标，重点围绕有色金属生产体系需要的智能装备、智能系统、工业软件和新一代信息技术融合应用，开展智能传感器和先进检测装备、智能机器人、智能化特种辅助装备、生产作业与智能控制系统、运行智能优化与决策系统、智能调度与管理系统、能源优化与智能运维系统等关键技术领域的重点研发，在有色金属智慧矿山、智能冶炼和智能加工领域建成若干智能制造示范工厂，形成有色金属行业产业模式的根本转变，如图 3-5-1 所示。

项目		2025年	2035年
总体需求		有色金属行业战略地位重要，属于为整个制造业和服务业提供基础原材料的重要流程生产行业。然而，目前我国有色生产过程的智能化水平整体不高，尚处于智能制造的起步阶段，未能达到国际先进水平，距离真正意义上的智能制造仍有较大的差距，在智能装备、智能系统、工业软件和新一代信息技术上存在亟需突破的瓶颈	
发展目标		到2025年末，通过云计算、新一代网络通信和人机交互等智能制造相关技术，推动“互联网+有色金属制造”发展，推进智能制造技术标准体系建设，让数字化网络化制造、在线监测、生产过程智能优化控制、模拟仿真在有色金属行业得到大规模推广应用；新一代智能制造在有色金属矿山、冶炼、加工领域的试点示范取得显著成果，建成若干家“产、供、销、管、控”集成的智能制造示范工厂	到2035年末，各层级、各区域的工业互联网平台广泛应用，数字化设计交付、资产管理、运营服务，感知及装备发生革命性变化，从“数字一代”整体跃升至“智能一代”，通过解决复杂系统的精确建模、实时优化决策等关键问题，形成自学习、自感知、自适应、自控制的智能产线、智能车间和智能工厂；具备可视化调度、自决策的功能，以智能服务为核心的产业模式变革催生制造业新模式、新业态
发展重点	智能装备	发展具有机器视觉和智能识别能力的智能传感器和先进检测装备，研发具有通用性与灵活性的智能机器人，突破以智能行车和矿上无人驾驶车辆为代表的智能化特种辅助设备	
	智能系统	利用机器人、智能驾驶、机理建模、虚拟仿真、人工智能、大数据、三维可视化等技术，促进生产作业与智能控制、生产运行智能优化与决策、生产计划智能调度与管理、能源优化与智能运维的水平提升	
	工业专用软件	解决目前对国外工业软件体系的依赖性问题，自主研发包含工业控制软件、数字孪生仿真软件和智能运维管理软件等在内的主要工业软件，避免未来关键技术产品“卡脖子”风险	
	新一代信息技术融合应用	利用大数据、机器学习、5G、NB-IoT、工业互联网等技术，形成工业大数据驱动的智能化工业软件产品和系统，构建“云+端”信息架构服务新模式，促成面向行业的工业互联网平台	

图 3-5-1 有色金属行业智能制造技术发展总路线图

5.2 有色金属智慧矿山技术发展路线图

面向有色金属智慧矿山的 2025 年和 2035 年总体建设目标，围绕资源环境数字化、采矿装备智能化、关键区域作业无人化实现智能化升级，建立面向“矿石流”的全流程智能生产管控系统，实现生产数据的全面感知、实时分析、科学决策和精准执行，建设有色金属矿山工业互联平台及虚拟仿真平台，实现 “规划、建模、计划、设计、采矿、选矿、冶炼”全流程的智能化管理、调度、决策、运维，基本实现具有自感知、自分析、自决策、自执行、自学习能力的无人化本质安全型有色金属智能矿山，如图3-5-2所示。

<table>
<tr><th colspan="2">项目</th><th>2025年</th><th>2035年</th></tr>
<tr><td colspan="2">发展目标</td><td>到2025年末，完成主要生产装备的智能化升级，实现部分岗位机器人作业，建立工业控制和矿业信息服务核心数据平台，工业大数据分析挖掘，实现高效生产，关键应用场景及行为自动安全识别关键设备智能运维，先进传感器研制与检测机理研究，实现关键传感器产权自主化，实现典型作业环节的多装备多系统集群化协同作业，实现典型贵金属、矿物组成的智能在线检测分析，实现典型设备的能耗分析与优化，实现智能计量管理、物流跟踪与实时监控，实现典型矿山的采矿、选矿虚拟仿真</td><td>到2035年末，全流程生产设备自主运行，实现作业区域无人化，实现多种类智能机器人在采选作业的全面推广，全流程工业控制、流程管理与产品质量大数据支撑平台，精确感知、多源融合、智慧协同，全流程大数据分析挖掘能力和智能化决策，实现资源优化配置，采选全流程智能安全识别及全系统智能运维，突破特种应用关键感知、控制技术，实现采选全流程感知控制技术产权自主，实现矿山生产全流程的多装备多系统大规模集群化协同作业，实现包括特种参数在内的所有贵金属、矿物组成的智能在线检测分析，实现矿山生产全流程的能耗分析与优化，实现矿山全流程物流数据共享与智能分析决策，全流程矿山虚拟仿真技术大规模应用，实现生产预测、动态模拟与辅助决策</td></tr>
<tr><td rowspan="4">发展重点</td><td>装备智能化</td><td colspan="2">提升智能装备自动化控制的水平，实现作业区域的少人化、无人化，提高生产安全性与生产效率。研发具有通用性、灵活性和快速反应能力的智能机器人和特种辅助装备，实现特种需求运输、采掘、破碎、支护以及应急救援、配套服务等的无人化作业</td></tr>
<tr><td>新一代信息技术</td><td colspan="2">融合5G/6G等新一代移动通信技术，发展专用工业互联平台；研发大数据分析挖掘技术，促进选矿、采场、定位业务的系统开发工作；开展矿山人工智能图像识别技术研究，突破采选作业图像识别与机器学习创新型技术；开展先进传感技术与装置研发，形成关键技术装置的自主知识产权</td></tr>
<tr><td>全流程精细化管理技术</td><td colspan="2">发展多装备多系统集约控制协同、智能在线检测分析、能耗分析与优化、智慧物流等技术，从而促进有色金属矿山全流程精细化管理，突破复杂工况条件下的多变量、强耦合、大滞后采选过程自适应自愈控制</td></tr>
<tr><td>矿山虚拟仿真</td><td colspan="2">研发全流程的矿山虚拟仿真平台，实现生产辅助决策与动态优化；研发建设虚拟采矿与虚拟选厂的仿真平台，进行选矿破碎、磨矿、分级、选别、浓密脱水过程的建模仿真计算，稳定和提升选厂质量</td></tr>
</table>

图3-5-2　有色金属智慧矿山技术发展路线图

5.3　有色金属冶炼智能制造技术发展路线图

面向有色金属冶炼智能制造的2025年和2035年总体建设目标，推进工业互联网、大数据、人工智能、5G、边缘计算、虚拟现实等新一代ICT技术在有色金属冶炼企业的应用，实现生产、设备、能源、物流等要素的数字化汇聚、网络化共享和平台化协同，在铜镍冶炼、铅锌冶炼、氧化铝、电解铝等典型行业建成集全流程自动化产线、综合集成信息管控平台、实时协同优化的智能生产体系、精细化能效管控于一体的绿色、安全、高效的有色金属智能冶炼工厂，实现有色金属冶金企业生产模式的根本转变，如图 3-5-3 所示。

项目		2025年	2035年
发展目标		到2025年末，结合我国有色金属冶炼多元素资源共生、原料品质波动大、冶炼工艺复杂等特点。在企业已有自动化、信息化建设基础上，推进工业互联网、大数据、人工智能、5G、边缘计算、虚拟现实等新一代ICT技术在有色金属冶炼企业的应用，实现生产、设备、能源、物流等资源要素的数字化汇聚、网络化共享和平台化协同，具备在工厂层面全要素数据可视化在线监控、实时自主联动平衡和优化的能力，建成集全流程自动化产线、综合集成信息管控平台、实时协同优化的智能生产体系、精细化能效管控于一体的绿色、安全、高效的有色金属智能冶炼工厂，促进企业转型升级、高质量发展，提升企业的综合竞争力和可持续发展能力	到2035年末，各层级、各区域的工业互联网平台广泛应用，数字化设计交付、资产管理、运营服务，感知及装备发生革命性变化，从“数字一代”整体跃升至“智能一代”，通过解决复杂系统的精确建模、实时优化决策等关键问题，形成自学习、自感知、自适应、自控制的智能产线、智能车间和智能工厂，具备可视化调度、自决策的功能，以智能服务为核心的产业模式变革催生制造业新模式、新业态，制造业模式实现从以产品为中心向以用户为中心的根本性转变
发展重点	新型检测仪表及感知组件开发	针对有色金属冶炼工业过程中，固体散料、高温熔体、烟气、烟尘等介质位置形态、温度、流量、厚度等参数的测量难题，开展火法冶金典型场景新型检测仪表及感知组件开发、湿法冶金典型场景新型检测仪表及感知组件开发、电冶金典型场景新型检测仪表及感知组件开发	
	自动装置及智能装备开发	针对当前有色金属冶炼生产企业人工劳动强度大、自动化水平较低的现状，开展火法冶金典型场景自动装置及智能装备开发、湿法冶金典型场景自动装置及智能装备开发、电冶金典型场景自动装置及智能装备开发，最大化实现机械化代人、自动化减人	
	先进过程控制软件开发	针对有色金属冶炼生产过程控制粗放、工艺指标波动较大等实际问题，基于检测元件、组件、装备的采集数据，深入研究火法冶炼、湿法冶炼、化工等各过程的控制策略，采用冶金机理和机器学习算法建立过程模型，开展针对该过程的先进过程控制软件开发，实现生产过程的稳定优化控制	
	虚拟工厂建模及仿真应用研究	通过模拟冶金反应器内的流场、温度场、电场、磁场、应力场等多物理场耦合，实现核心设备模拟仿真，优化冶金工艺和设备结构；基于三维建模、冶金机理、仿真模拟、大数据、数据互联、系统理论、虚拟技术等，建立冶炼工厂全生产流程全周期数字孪生体系，实现有色冶金虚拟工厂	
	智能冶炼及工业互联等软件开发	基于工业互联网平台，利用设备机理、设备运行数据、企业管理数据以及相关算法模型，开展关键设备远程运维；并针对有色金属冶炼过程中能源消耗量大的工艺和设备，根据企业实际情况开发能源管理工业APP，为有色金属企业提供节能潜力诊断、可行性分析等能源管理服务	
	云服务平台部署及开发应用	在不同层级、范围，开展云服务平台部署及开发应用，协同边缘计算，依靠数据挖掘、大数据分析等技术，对有色金属冶炼生产数据及外部信息进行深度分析，为有色金属冶炼行业的生产企业提供数据引用、模型应用、远程诊断、智能预警等专业化智能服务	

图 3-5-3　有色金属冶炼智能制造技术发展路线图

5.4 有色金属加工智能制造技术发展路线图

面向有色金属加工智能制造的 2025 年和 2035 年总体建设目标，围绕数字化材料研发、工业大数据平台及分析挖掘、全流程质量管控和工业物联网智能物流关键技术领域推进重点任务研发，形成典型工艺材料基因工程研发新模式，建立全流程的工艺与产品质量大数据支撑平台，建立有色金属制备全流程工艺参数和产品质量的快速在线检测技术和闭环控制装备，显著提高质量稳定性，满足有色金属产品柔性化、差异化需求，构建典型铝/铜合金制备智能化示范生产线，形成示范效应，如图 3-5-4 所示。

项目		2025年	2035年
发展目标		到2025年末，完成典型工艺材料基因工程研发新模式，完成典型工艺–组织–性能耦合数字化仿真模拟，建立关键工艺参数和产品质量大数据支撑平台，以工业大数据分析挖掘能力提供工艺优化决策支持，完成关键工艺参数和产品质量在线检测技术，完成工序级、过程级、全厂级生产智能控制系统融合与检测控制装备研发，以仓储物流的智能调度提升产线间设备协同性	到2035年末，完成全工艺流程材料基因工程研发新模式与全流程全耦合工艺仿真技术，实现全流程工艺与产品质量大数据支撑平台数据实时采集、大带宽低时延传输存储，以全流程大数据分析挖掘能力和智能化决策实现柔性化、差异化需求，完成全流程工艺参数和产品质量在线检测与质量闭环控制，实现全流程的智能物流技术与全自动智能化的仓储与物流调度
发展重点	数字化材料研发技术	开展基于基因工程的材料研发，形成理论预测指导实验验证的新材料研发模式，缩短新材料从设计到应用的时间周期，降低研发成本；建立铝合金、铜合金等制备全流程的热力组织耦合仿真模拟技术，实现生产工艺参数的快速优化，为铝/铜材质量的快速提升提供规律指导	
	工业大数据平台及分析挖掘技术	建立有色金属加工制备全流程的工艺、性能工业大数据支撑平台，打破各工序之间的信息孤岛；通过工业大数据分析挖掘技术，实现关键参数工艺窗口的优化，快速预测工艺参数波动对产品性能的影响，并针对新研究产品能够智能匹配相对合理的生产工艺参数	
	全流程质量在线管控技术	开发生产质量在线检测技术，实现生产全流程熔体质量等的自动检测、存储和超范围预警；以智能检测、控制技术装备自主研发为基础，开发关键工艺控制系统、全流程质量管控系统、设备状态监控和运维系统、能源智能管控系统，实现统一平台的调用，形成质量在线闭环控制技术	
	基于工业物联网的智能物流技术	以产品物料数字化编码与识别，促进工业大数据的有效积累，为材料生产过程实现智能制造奠定基础，促进企业的数字化建设和发展；基于工业物联网的智能物流新模式，发展智能化仓储物流装备，实现智能仓储与物流的智能调度，提升产线间设备协同性，提高生产效率	

图 3-5-4　有色金属加工智能制造技术发展路线图

参考文献

[1] 工业和信息化部. 有色金属工业发展规划(2016—2020 年)[J]. 有色冶金节能, 2016,32(06): 1-5.

[2] 冯东琴. 浅谈有色金属工业绿色制造标准体系建设[J]. 中国有色金属, 2020(11): 70-71.

[3] European Commission.Energy 2020: A strategy for competitive,sustainable and secure energy[R].Brussels, 2010.

[4] Stephen Gardner. A green industrial policy for Europe. BLUEPRINT SERIES 31.

[5] 贾明星. 七十年辉煌历程 新时代砥砺前行—— 中国有色金属工业发展与展望[J]. 中国有色金属学报, 2019,29(9): 1802-1808.

[6] 李旺兴. 氧化铝生产理论与工艺[M]. 长沙: 中南大学出版社, 2010: 9.

[7] 孟杰. 我国铝冶炼技术现状及发展趋势[J]. 有色金属(冶炼部分), 2002(02): 26-28.

[8] 王玉军. 浅谈氧化铝、电解铝的冶炼技术及发展动向[J]. 中国金属通报, 2019(10): 8-10.

[9] 苏其军,杨万章.铝电解[M].昆明: 云南科技出版社, 2009: 1-372.

[10] 邱竹贤.铝电解原理与应用[M].徐州: 中国矿业大学出版社, 1998: 1-243.

[11] 刘业翔,李劼.现代铝电解[M].北京: 冶金工业出版社,2008: 310-324.

[12] Strelez C L, Taiz A J, Guljanizki B S, et al. The metallurgy of magnesium[J]. Journal of the Electrochemical Society, 1956, 103: 3.

[13] 娄光伟, 张祖逖, 申玉鹏. 硅热法炼镁的节能和清洁能源解决方案[J]. 有色金属, 2005 (3): 16-19.

[14] 彭建平, 冯乃祥, 王紫千. 硅热法炼镁节能还原炉研究[J]. 节能, 2008(8): 13-14.

[15] Saeki I, Konno H, Furuichi R, et al. The effect of the oxidation atmosphereon the initial oxidation of type 430 stainless steel at 1273K[J]. Corrosion Science, 1998, 40(2-3): 191-200.

[16] Youngjae Kim, Junsoo Yoo, Jungshin Kang. Applicability of the electrochemical oxygen sensor for In-Situ evaluation of MgO solubility in the MgF_2-LiF molten salt electrolysis system[J]. Metals, 2020, 10(7): 906.

[17] 韩永福, 李旗帅, 强晓超.探讨关于电解镁的技术应用[J]. 世界有色金属, 2018(16): 17-19.

[18] 周小淞.流水线电解镁技术概述[J]. 湖南有色金属, 2011,27(04): 37-39.

[19] 林高逵. 江西锂云母-石灰石烧结工艺的改进研究[J]. 稀有金属与硬质合金, 1999(137): 46-48.

[20] Vieceli N, Nogueira C A, Pereira M F C, et al. Optimization of lithium extraction from lepidolite by roasting using sodium and calcium sulfates[J]. Mineral Processing & Extractive Metallurgy Review, 2017, 38(1): 62-72.

[21] 郭春平, 周健, 文小强, 等. 锂云母硫酸盐法提取锂铷铯的研究[J]. 有色金属(冶炼部分), 2015(12): 31-33.

[22] Zhang X, Aldahri T, Tan X, et al. Efficient co-extraction of lithium, rubidium, cesium and potassium from lepidolite by process intensificationof chlorination roasting[J]. Chemical Engineering and Process-Process Intensification, 2020, 147: 107.

[23] Yan Q X, Li X H, Wang Z X, et al. Extraction of lithium from lepidolite using chlorination roasting-water leaching process[J]. Transactions of Nonferrous Metals Society of China, 2012, 22(7): 1753-1759.

[24] Yan Q, Li X, Wang Z, et al. Extraction of valuable metals from lepidolite[J]. Hydrometallurgy, 2012, 117:116-118.

[25] Yan Q, Li X, Yin Z, et al. A novel process for extracting lithium from lepidolite [J]. Hydrometallurgy, 2012, 121-124: 54-59.

[26] 张皓, 张超磊, 王倩, 等.吸附法盐湖卤水提锂专利分析[J].河南科技, 2016(12): 88-91.

[27] 叶流颖, 曾德文, 陈驰, 等.卤水提锂吸附剂应用研究进展[J].无机盐工业, 2019, 51(3): 16-19.

[28] 张梦华, 聂骁垚, 胡潘辉, 等.吸附法从盐湖卤水中提锂研究进展[J].广州化工, 2012, 40(15): 27-29.

[29] Ji P Y, Ji Z Y, Chen Q B, et al.Effect of coexisting ions on recovering lithium from high Mg^{2+}/Li^{+}ratio brines by selective-electrodialysis[J].Separation and Purification Technology, 2018, 207: 1-11.

[30] Qiu Y, Yao L, Tang C, et al.Integration of selectrodialysis and selectrodialysis with bipolar membrane to salt lake treatment for the production of lithium hydroxide [J].Desalination, 2019, 465: 1-12.

[31] 刘向磊，钟辉，唐中杰.盐湖卤水提锂工艺技术现状及存在的问题[J].无机盐工业, 2009, 41(6): 4-6, 16.

[32] 任世中，曾英，李陇岗，等.盐湖卤水提锂方法研究进展[J].广州化工, 2013, 41(1): 35-37, 50.

[33] Chen S Q, Nan X J, Zhang N, et al. Solvent extraction process and extraction mechanism for lithium recovery from high Mg/Li-ratio brine[J]. Journal of Chemical engineering of Japan, 2019,52(6): 508-513.

[34] Nguyen T H, Lee M S. A Review on the separation of lithium ion from leach liquors of primary and secondary resources by solvent extraction with commercial extractants[J]. Processes, 2018, 6(5): 55.

[35] Zhou Z Y, Qin W, Liu Y, et al. Extraction equilibria of lithium with tributyl phosphate in kerosene and $FeCl_3$[J]. Journal of Chemical & Engineering Data, 2011, 57(1): 82–86.

[36] Zhao Z W, Si X F, Liang X X, et al. Electrochemical behavior of Li^{+}, Mg^{2+}, $Na^{+}$and K^{+} in $LiFePO_4/FePO_4$ structures[J]. Transactions of Nonferrous Metals Society of China, 2013, 23 (4): 1157-1164.

[37] Zhao Z W, Si X F, Liu X H, et al. Li extraction from high Mg /Li ratio brine with $LiFePO_4$ /$FePO_4$ as electrode materials[J]. Hydrometallurgy, 2013, 133: 75-83.

[38] Liu X, Chen X, Zhao Z, et al. Effect of Na^{+}on Li extraction from brine using $LiFePO_4$ /$FePO_4$ electrodes[J]. Hydrometallurgy, 2014, 146: 24-28.

[39] 孙晓峰. 双底吹连续炼铜技术的应用与发展[J]. 有色设备, 2020,34(06): 5-8.

[40] 李海春，陆金忠，潘璐. 铜冶炼底吹连续吹炼开炉实践[J]. 中国有色冶金, 2020,49(05): 46-48.

[41] 周松林，葛哲令. 中国铜冶炼技术进步与发展趋势[J]. 中国有色冶金, 2014, 43(5): 8-12.

[42] 王 森. 火法炼铜技术现状及发展趋势[J]. 江西建材, 2015(19): 284-285.

[43] 刘志宏. 中国铜冶炼节能减排现状与发展[J]. 江西有色金属, 2014(5): 1-12.

[44] 廖爱民. 我国铅火法冶炼技术现状及进展研究[J]. 世界有色金属, 2018(01): 3-5.

[45] 李卫锋，张晓国，张传福. 我国铅冶炼的技术现状及进展[J]中国有色冶金, 2010,2: 30-32.

[46] 汤裕源，刘丽. 锌冶炼工艺综述与展望[J]云南冶金, 2020,49(06): 38-41.

[47] 蒋继穆. 我国锌冶炼现状及近年来的技术发展[J]. 中国有色冶金, 2006 (5): 19-23.

[48] 魏昶，李存兄. 锌提取冶金学[M]. 北京：冶金工业出版社, 2013.

[49] 李若贵. 常压富氧直接浸出炼锌[J]. 中国有色金属, 2009(3): 12-15.

[50] 吴东升.镍火法熔炼技术发展综述[J].湖南有色金属, 2011,27(01): 17-19.

[51] 何焕华. 中国镍钴冶金[M]. 北京：冶金工业出版社, 2009: 17-90.

[52] 冯建伟. 红土镍矿选矿工艺与设备的现状及展望[J]. 中国有色冶金, 2013, 42(5): 1-6.

[53] 董训祥，秦涔. 红土镍矿高炉工艺技术及发展趋势[J]. 炼铁, 2017, 36(3): 60-62.

[54] Rubisov D H, Papangelakis V G. Sulphuric acid pressure leaching of laterites-a comprehensive model of a continuous autoclave[J]. Hydrometallurgy, 2000, 58(2): 89-101.

[55] Linssen T, Cool P, Baroudi M, et al. Leached natural saponite as the silicate source in the synthesis of aluminosilicate hexagonal mesoporous materials[J]. The Journal of Physical Chemistry B, 2002, 106(17): 4470-4476.

[56] 中国钨业协会. 中国钨工业发展规划(2016—2020 年)[J].中国钨业,2017,32(1): 9-15.

[57] Lassner E, Schubert W. Tungsten: properties, chemistry, technology of the element, alloys, and chemical compounds[M]. New York: Kluwer Academic/ Plenum, 1999: 7-40.

[58] Zhao Z W, Li J T, Wang S B, et al. Extracting tungsten from scheelite concentrate with caustic soda by autoclaving process[J]. Hydrometallurgy, 2011, 108: 152-156.

[59] Li J T, Zhao Z W. Kinetics of scheelite concentrate digestion with sulfuric acid in the presence of phosphoric acid[J]. Hydrometallurgy, 2016, 163: 55-60.
[60] Raj P S. Modern hydrometallurgical production methods for tungsten[J]. JOM, 2006, 58: 45-49.
[61] 何利华, 赵中伟, 杨金洪. 新一代绿色钨冶金工艺——白钨硫磷混酸协同分解技术[J]. 中国钨业, 2017,32(03): 49-53.
[62] 马运柱, 刘业, 刘文胜, 等. 高纯钨制备工艺的原理及其研究现状[J]. 稀有金属与硬质合金, 2013, 41(04): 5-9.
[63] 向铁根. 钼冶金[M]. 长沙: 中南大学出版社, 2009: 16-55.
[64] 徐双, 余春荣. 辉钼精矿提取冶金技术研究进展[J]. 中国钼业, 2019,43(03): 17-23.
[65] 张文钲, 刘燕. 钼冶金技术发展近况[J]. 中国钼业, 2013,37(03): 1-5.
[66] Lasheen T A, El-Ahmady M E, Hassib H B, et al. Molybdenum Metallurgy Review: hydrometallurgical routes to recovery of molybdenum from ores and mineral raw materials [J]. Mineral Processing and Extractive Metallurgy Review, 2015, 36: 3, 145-173.
[67] Zhou Q S, Yun W T, Xi J T. Molybdenite limestone oxidizing roasting followe by calcine leaching with ammonium carbonate solution[J]. Transactions of Nonferrous Metals Society of China, 2017, 27(7): 1618-1626.
[68] 李大成, 刘恒, 周大力. 钛冶炼工艺[M]. 北京: 化学工业出版社, 2009: 3-50.
[69] Chen G Z, Fray D J, Farthing T W. Direct electrochemical reduction of titanium dioxide to titanium in molten calcium chloride[J]. Nature, 2000, 407: 361-364.
[70] 刘建民, 鲁雄刚, 李谦, 等. 熔盐电解制备难熔金属的回顾与展望[J]. 自然杂志, 2006, 35(2): 97-104.
[71] 王震, 李坚, 华一新, 等. 钛制取工艺研究进展[J]. 稀有金属, 2014, 38(5): 915-927.
[72] 池汝安, 刘雪梅. 风化壳淋积型稀土矿开发的现状及展望[J]. 中国稀土学报, 2019, 37(2): 129-140.
[73] 施展华, 朱健玲, 程哲, 等. 离子型稀土开采提取技术的现状与发展[J]. 世界有色金属, 2018(17): 48, 50.
[74] 罗仙平, 钱有军, 梁长利. 从离子型稀土矿浸取液中提取稀土的技术现状与展望[J]. 有色金属科学与工程, 2012, 3(5): 50-53, 59.
[75] 邓佐国, 徐廷华. 离子型稀土萃取分离工艺技术现状及发展方向[J]. 有色金属科学与工程, 2012, 3(4): 20-23, 30.
[76] 肖燕飞, 黄小卫, 冯宗玉, 等. 离子吸附型稀土矿绿色提取技术研究进展[J]. 稀土, 2015, 36(3): 109-115.
[77] Zhu Z W, Cheng C Y. Solvent extraction technology for the separation and purification of niobium and tantalum: A review[J]. Hydrometallurgy, 2011, 107: 1-12.
[78] 徐光宪. 稀土: 上[M]. 北京: 冶金工业出版社, 1995: 105-260.
[79] 许延辉, 刘海蛟, 崔建国, 等. 包头混合稀土矿清洁冶炼资源综合提取技术研究[J]. 中国稀土学报, 2012, 30(5): 632-635.
[80] 王秀艳, 马玉莹, 张丽萍, 等. 包头稀土精矿硫酸低温焙烧分解工艺研究[J]. 稀土, 2003, 24(4): 29-31.
[81] 杨庆山, 杨涛. 氟碳铈矿的冶炼新工艺研究[J]. 稀有金属与硬质合金, 2014, 42(1): 1-4.
[82] 张国成, 黄小卫. 氟碳铈矿冶炼工艺述评[J]. 稀有金属, 1997(3): 34-40.
[83] 2018 年有色金属行业市场现状与发展趋势[J]. 中国铸造装备与技术, 2019, 54(03): 1-2.
[84] 张桂芳. 试析铝合金加工技术的现状与发展趋势[J]. 黑龙江科技信息, 2009(21): 20-20.
[85] 陈长军, 陈春灿, 赵景申. 有色金属加工行业工业技术服务的现状分析[J]. 有色金属加工, 2017, 46(01): 1-4.

[86] 鄢铁强. 探讨人工智能技术在有色行业智能制造中的应用[J]. 世界有色金属, 2019(22): 11-13.
[87] 方俊宇. 有色金属行业自动化技术的现状和发展趋势研究[J]. 现代工业经济和信息化, 2018, 8(03): 83-84.
[88] 杨晓霞, 邓宪洲. 有色金属加工行业现状特点及发展趋势[J]. 有色金属加工, 2015, 44(02): 1-5.
[89] 吴苗苗, 刘利民, 韩雅芳. 材料基因工程——材料设计、模拟及数据库的顶层设计[J]. 今日科苑, 2018(10): 53-58.
[90] 闫纪红, 李柏林. 智能制造研究热点及趋势分析[J]. 科学通报, 2020(8): 1-11.
[91] 李波, 杜勇, 邱联昌, 等. 浅谈集成计算材料工程和材料基因工程: 思想及实践[J]. 中国材料进展, 2018, 37(07): 264-283.
[92] 张新明, 邓运来, 张勇. 高强铝合金的发展及其材料的制备加工技术[J]. 金属学报, 2015, 51(03): 257-271.
[93] Moyne J, Iskandar J. 智能制造的大数据分析[J]. 中国电子商情(基础电子), 2020(Z1): 57-62.
[94] 汪洪, 项晓东, 张澜庭. 数据+人工智能是材料基因工程的核心[J]. 科技导报, 2018, 36(14): 15-21.
[95] 邓玉锋. 金属板材加工的制造执行系统的研究与开发[D]. 无锡: 江南大学, 2015.
[96] 黄涛. 浅论有色金属加工工艺及装备智能化工作的现状及提升[J]. 中国金属通报, 2019(10): 277-278.
[97] 陈春灿. 浅论有色金属加工工艺及装备智能化工作的现状及提升[J]. 有色金属加工, 2018, 47(03): 7-9.
[98] 陈鸣, 谭韶生. 有色金属加工中的网络智能监控技术研究[J]. 中国金属通报, 2017(07): 73-73.
[99] 陈甲学, 陈圆圆, 胡清波. 浅谈有色金属轧制设备安装中的质量控制[J]. 科技资讯, 2013(02): 97-97.
[100] 陈丁文. 铝板带加工企业智能化物流方案研究[J]. 中国有色金属, 2019(16): 68-69.
[101] 杨梦勤, 刘红兵. 基于大数据虚实结合实训平台的构建与应用[J]. 轻工科技, 2020, 36(02): 71-72.
[102] 王世进. 基于自治与协商机制的柔性制造车间智能调度技术研究[D]. 上海: 上海交通大学, 2008.
[103] 蔡灏旻. 具有强粘性的柔性制造系统物流策略研究[D]. 杭州: 浙江大学, 2017.
[104] 杨晔逵. 大数据时代有色金属行业信息化发展策略研究[J]. 资源信息与工程, 2018, 33(03): 180-181.
[105] 刘鑫. 有色金属产业链中大数据的信息融合算法[J]. 中国金属通报, 2016(02): 42-43.
[106] 向薇. 生产制造企业大数据分析平台技术[J]. 电子技术与软件工程, 2020(01): 159-60.
[107] 廖德华, 曾维平, 陈向. 基于工业大数据的有色金属产业数字化转型[J]. 世界有色金属, 2017(09): 54-56.
[108] 淮金. 中国高端装备制造产业现状与未来(上)[N/OL]. 中国有色网, 2017-09-16.
[109] 中共中央办公厅, 国务院办公厅. 2006—2020 年国家信息化发展战略. 2006-03-19.
[110] 国务院办公厅. 国务院关于积极推进"互联网+"行动的指导意见. 2015-07-04.
[111] 国务院办公厅. 国务院关于印发促进大数据发展行动纲要的通知. 2015-09-05.
[112] 国务院办公厅. 国务院关于深化制造业与互联网融合发展的指导意见. 2016-05-20.
[113] 工业和信息化部, 国家发展和改革委员会, 科技部, 等. 智能制造工程实施指南(2016—2020 年). 2016-08-19.
[114] 工业和信息化部. 工业和信息化部关于印发有色金属工业发展规划(2016—2020 年)的通知. 2016-10-18.
[115] 工业和信息化部, 财政部. 工业和信息化部财政部关于印发智能制造发展规划(2016—2020 年)的通知. 2016-12-08.
[116] 国务院办公厅. "十三五"国家战略性新兴产业发展规划. 2016-11-29.

[117] 国务院办公厅. 国务院关于印发新一代人工智能发展规划的通知. 2017-07-20.
[118] 国务院办公厅. 国务院关于深化“互联网+先进制造业”发展工业互联网的指导意见. 2017-11-27.
[119] 工业和信息化部. 工业和信息化部关于印发工业互联网平台建设及推广指南和工业互联网平台评价方法的通知. 2018-07-09.
[120] 柴天佑, 丁进良, 桂卫华, 等. 大数据与制造流程知识自动化发展战略研究[M]. 北京: 科学出版社, 2019.
[121] 桂卫华, 王成红, 谢永芳, 等. 流程工业实现跨越式发展的必由之路[J]. 中国科学基金, 2015, 29(05): 337-342.
[122] 工业和信息化部. 工业和信息化部有色金属行业智能矿山建设指南(征求意见稿). 2019-11-08.
[123] 工业和信息化部. 工业和信息化部有色金属行业智能冶炼工厂建设指南(征求意见稿). 2019-11-08.
[124] 工业和信息化部. 工业和信息化部有色金属行业智能加工工厂建设指南(征求意见稿). 2019-11-08.
[125] 李国清, 胡乃联. 智能矿山概论[M]. 北京: 冶金工业出版社, 2019.
[126] 吴立新, 古德生. 数字矿山技术[M]. 长沙: 中南大学出版社, 2009.
[127] 杨清平, 蒋先尧, 陈顺满. 数字信息化及自动化智能采矿技术在地下矿山的应用与发展[J]. 采矿技术, 2017, 17(5): 75-78.
[128] 王安, 杨真, 张农等. 矿业工业 4.0 与“互联网+矿业”内含、架构与关键问题[J].中国矿业大学学报(社会科学版), 2017, 19(2): 54-60.
[129] 王李管. 数字矿山技术进展[J]. 中国有色金属学报, 2016, 26(8): 1693-1710.
[130] 张达. 关于矿山智能化开采新模式的思考[J]. 矿业装备, 2016(6): 16-23.
[131] 陈何, 万串串, 张达, 等. 数字化全信息驱动的安全高效采矿技术研究[J]. 矿冶, 2016, 25(4): 1-4.
[132] Mullin R. Lanxess teams with Citrine on AI[J]. Chemical & Engineering News, 2019, 97(20): 12-12.
[133] Zhang X Y, Ming X G, Liu Z W, et al. A reference framework and overall planning of industrial artificial intelligence (I-AI) for new application scenarios[J]. International Journal of Advanced Manufacturing Technology, 2019, 101(9-12): 2367-2389.
[134] Palhares R M, Yuan Y, Wang Q. Artificial intelligence in industrial systems[J]. IEEE Transactions on Industrial Electronics, 2019, 66(12): 9636-9640.
[135] 钱锋, 桂卫华. 人工智能助力制造业优化升级[J]. 中国科学基金, 2018, 32(3): 257-261.
[136] 桂卫华, 阳春华, 陈晓方, 等. 有色冶金过程建模与优化的若干问题及挑战[J]. 自动化学报, 2013, 39(03): 197-207.
[137] 周晓君, 阳春华, 桂卫华. 全局优化视角下的有色冶金过程建模与控制[J]. 控制理论与应用, 2015, 32(09): 1158-1169.
[138] Zhang J, Tang Z, Liu J, et al. Recognition of flotation working conditions through froth image statistical modeling for performance monitoring[J]. Minerals Engineering, 2016, 86: 116-129.
[139] 林若虚. 典型有色金属冶炼企业智能建设近况与标准化工作对策[J]. 中国有色金属, 2019, (15): 60-62.
[140] 郭建红. 基于智能有色金属工业互联网的自动化控制体系研究[J]. 世界有色金属, 2019(03): 14-15.
[141] 袁小锋, 桂卫华, 陈晓方, 等. 人工智能助力有色金属工业转型升级[J]. 中国工程科学, 2018, 20(04): 59-65.
[142] 李杰. 工业人工智能[M]. 上海: 上海交通大学出版社, 2019.
[143] 桂卫华, 岳伟超, 陈晓方, 等. 流程工业知识自动化及其在铝电解生产中的应用[J]. 控制理论与应用, 2018, 35(7): 887-889.
[144] 丁进良, 杨翠娥, 陈远东, 等. 复杂工业过程智能优化决策系统的现状与展望[J]. 自动化学报, 2018, 44(11): 1931-1943.

[145] 丁进良. 动态环境下选矿生产全流程运行指标优化决策方法研究[D]. 沈阳: 东北大学, 2012.
[146] 孙传尧, 周俊武. 流程工业选矿过程智能优化制造发展战略[J]. 有色金属(选矿部分), 2019(05): 1-5.
[147] Jiang Y, Fan J, Chai T, et al. Data-driven flotation industrial process operational optimal control based on reinforcement learning[J]. IEEE Transactions on Industrial Informatics, 2018, 14(5): 1974-1989.
[148] Yang C, Ding J. Constrained dynamic multi-objective evolutionary optimization for operational indices of beneficiation process[J]. Journal of Intelligent Manufacturing, 2017, 30(7): 2701-2713.
[149] LeCun Y, Bengio Y, Hinton G. Deep learning[J]. Nature, 2015, 521(7553): 436-444.

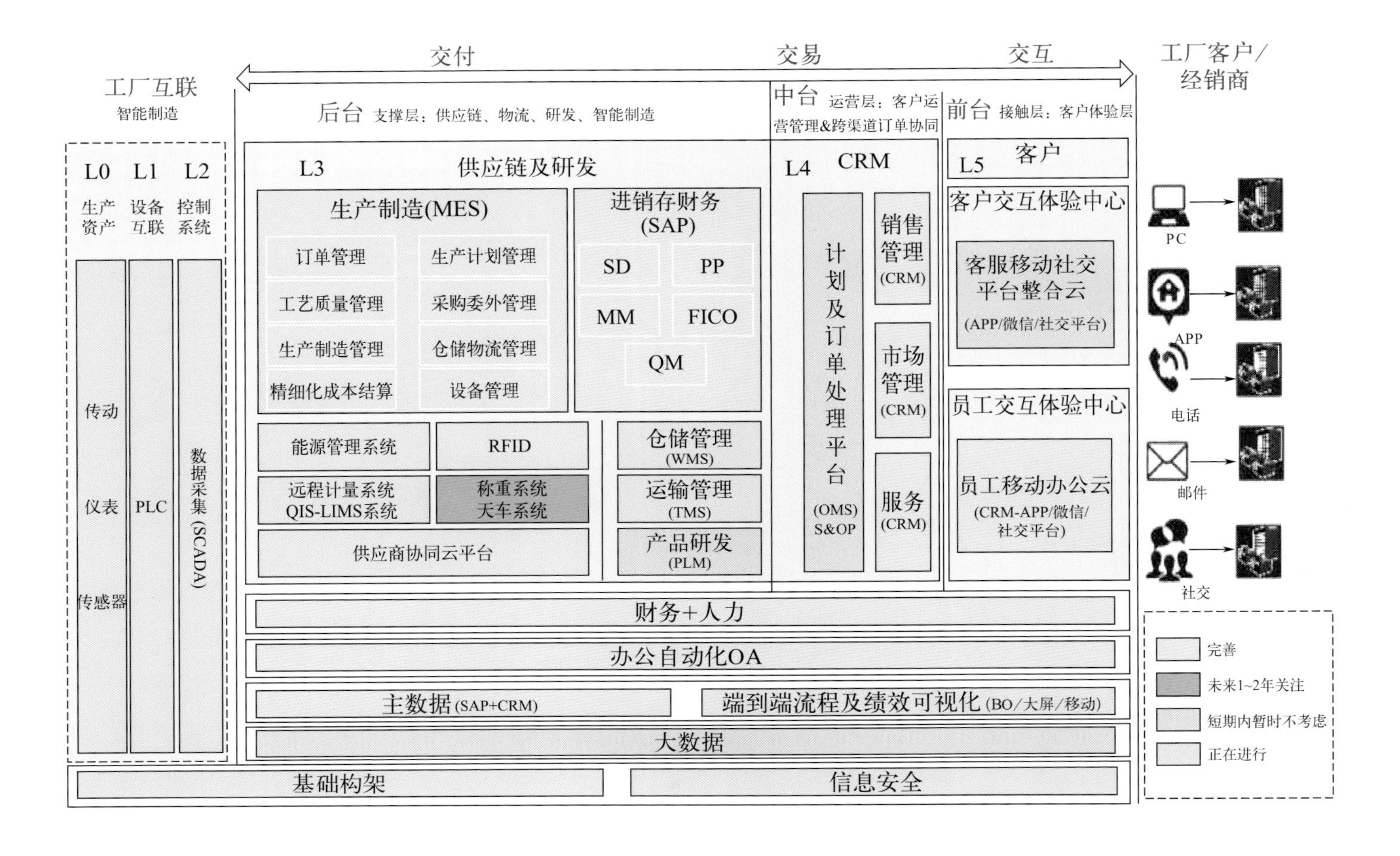

图 3-1-4　宁波金田铜业智能制造总体框架

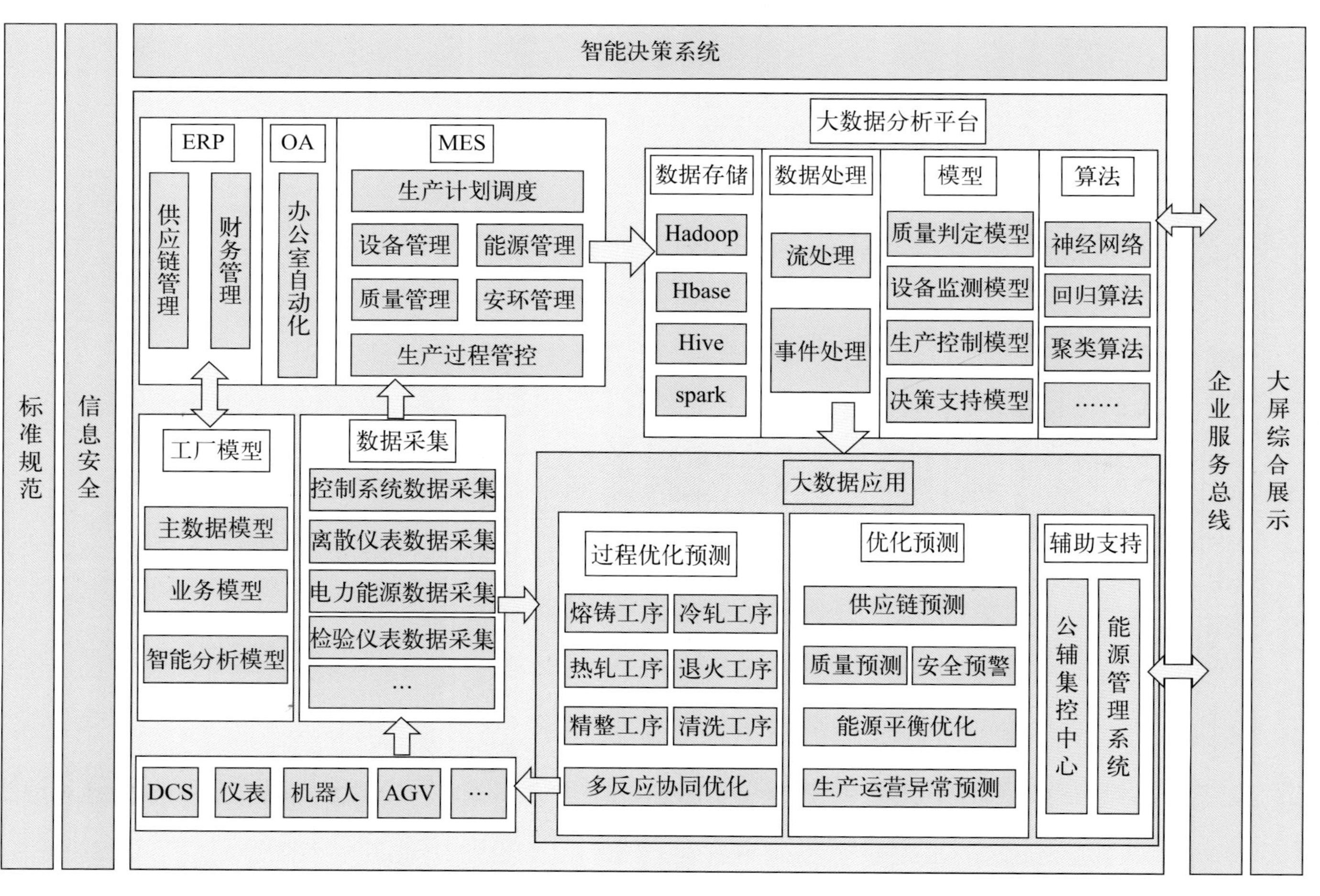

图 3-1-5　中铝瑞闽股份有限公司智能制造总体框架